U0211238

□浙江大学环境与能源政策研究中心

ENVIRONMENTAL GOVERNANCE AND SUSTAINABLE DEVELOPMENT: CHINA'S EXPERIENCE AND GLOBAL PROGRESS

浙江大学公共管理蓝皮书系列

ENVIRONMENTAL GOVERNANCE AND SUSTAINABLE DEVELOPMENT: CHINA'S EXPERIENCE AND GLOBAL PROGRESS

环境治理与可持续发展

中国经验和全球进展

主 编 郭苏建 方 恺 周云亨

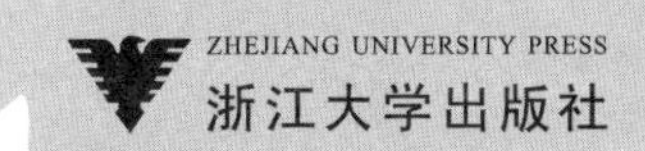
ZHEJIANG UNIVERSITY PRESS
浙江大学出版社

前　　言

联合国发布的《2030 年可持续发展议程》是当今世界各国合作发展的新契约。把握全球可持续发展的前沿动态，探索构建现代环境治理体系，是推进我国国家治理体系和治理能力现代化的内在要求。鉴于生态环境问题的复杂性与长期性，未来落实可持续发展议程国别方案、推进国家环境治理体系现代化的根本出路在于调动各方积极性，着力解决区域发展中不平衡、不充分和不可持续的问题，以统筹协调的方式破解经济、社会和环境之间的矛盾。为此，当前阶段要着力解决三个层面的问题：一是全球层面，如何与各国交流互鉴，携手打造人类命运共同体，建设持久和平、普遍安全、共同繁荣、开放包容、清洁美丽的世界；二是国家层面，如何将健全环境治理体系与践行可持续发展理念有机结合，为推动我国生态环境质量根本好转、建设生态文明和美丽中国提供有力的制度保障；三是地方层面，如何将环境保护和永续发展贯穿于政治、经济、文化和社会建设的方方面面，营造人与自然和谐相处的生产、生活和生态环境。

针对上述问题，2019 年 11 月 23—24 日，浙江大学环境与能源政策研究中心联合浙江大学公共管理学院、浙江省之江青年社科学者协会共同主办了"新时代中国清洁能源与可持续发展"学术研讨会。会议在浙江大学紫金港校区举行，来自高等院校、科研机构、相关产业的专家和学者围绕"环境治理与绿色发展""环境治理与可持续发展的中国经验""环境治理与可持续发展的国际进展""环境治理与产业政策的探索实践"等重要理论和实践问题，开展深入的交流与讨论，为我国生态文明和绿色发展献计献策，并在此基础上编写了这部论文集。

同济大学可持续发展与管理研究所所长诸大建教授以"后 2020 五年

发展规划与生态文明导向的合作治理”为题发表了主旨演讲。当下,国内正在以 2035 年中国基本实现现代化为目标,紧锣密鼓地研制国民经济和社会发展第十四个五年规划。诸教授认为,新一轮发展规划研制要基于国际上可持续发展的前沿研究成果,深耕“包含模型”,加强生态文明导向的合作治理及其能力建设,通过组织合作和利益相关者参与,具体包括加强政府宏观管理、加强组织间和公私间的合作、加强公民参与和培育新伦理、新人格等,在更高的水平上推进生态文明建设和可持续发展。

宁波大学校长沈满洪教授则结合浙江实践,发表了题为“绿色发展的中国经验及未来展望”的主旨演讲。沈教授首先对绿色发展的几个基本概念进行了辨析,指出绿色发展可以分成浅绿色发展和深绿色发展,深绿色发展要求源头控制,浅绿色发展强调技术万能。绿色发展贯穿和渗透于创新、开放、协调、共享的各方面和全过程。其次,他对浙江的绿色发展历程进行了回顾和总结,指出一方面要看到绿色发展的成就巨大,另外一方面也要看到目前存在的问题。沈教授用三大矛盾来概括,即经济持续增长与环境污染严峻、环境容量有限之间的矛盾,经济总量扩张与资源有限供给、资源利用效率低下之间的矛盾,人民日益增长的优质生态需求与政府不尽理想的优质生态供给之间的矛盾。随后沈教授介绍了绿色发展的基本经验,主要概括为坚持“一张蓝图绘到底”的“接力棒”精神;坚持“人与自然和谐共生”的生态优先论;坚持“绿水青山就是金山银山”的绿色发展论;坚持“良好生态环境就是最普惠的民生福祉”的生态惠民论;坚持“山水林田湖草是生命共同体”的生态系统论;坚持“建立系统完整的生态文明制度”的生态治理理论;坚持“政府主导、企业主体、公众参与”的协同治理论。最后沈教授对浙江省绿色发展在文化、产业、资源等方面的发展提出未来展望。

中科院城市环境研究所陈伟强研究员作了题为“低碳转型下的能源—金属耦合:全球进展与中国贡献”的报告。陈研究员提出,关键金属的战略意义重大,未来谁拥有关键金属,谁就拥有低碳能源发展的主动权;全球能源转型将使关键金属资源的需求量超过供应量,因此各国对关键金属的争夺在所难免;我国拥有丰富的关键金属资源,为全球低碳能源转型供给了大量的关键金属，并为此付出了巨大的环境、生态和居民健康代价；在全球能源系统低碳转型的背景下，我国需要进一步定量研究关键金属与能源技术的耦合关系，建立关键金属供给风险的识别方法、缓解途径和管理策略，为能源—金属的协同管理及参与全球资源—能源治理提供科学基础和决策支持。

宁波大学谢慧明教授作了题为“水制度量化研究进展：对象、方法与框架”的报告。谢教授首先介绍了量化水制度的研究对象和研究方法。接着，他指出，量化水制度研究旨在局部均衡或一般均衡的分析框架下评价水制度绩效，其经验研究主要通过控制变量、随机实验、自然实验或可计算一般均衡模型等方法进行。最后，谢教授强调要进一步践行系统分析思路，区分水在经济社会发展规律中所体现的投入、产出、约束或润滑功能，探讨研究方法的稳健性，最终完善水制度量化研究的一般均衡框架。

华东理工大学余亚东副教授作了题为“基于物质足迹的城市环境压力及驱动力研究”的报告。余副教授及其团队在经济系统物质流分析的理论基础上，测算了上海市 2010—2013 年的物质足迹，以此衡量上海市资源代谢全生命周期过程的环境压力，并且将资源结构效应引进 IPAT 方程来分析环境压力的驱动力。他的报告指出：2010—2013 年间，上海市的经济增长与环境压力处于相对解耦状态，其环境压力增长的主要驱动力为人口增长和富裕度的增加，而技术水平的提升则在部分程度上减少了环境压力的增长，资源结构变化对环境压力的影响很小，但单个资源（如能源、铜等资源）比例的变化对环境压力具有不可忽视的影响。

东北大学王鹤鸣副教授作了题为“基于物质流分析的中国循环经济监测框架”的报告。王副教授首先指出，SDGs 框架中的资源、水、土地和食物问题之间具有耦合关系。中国对资源需求的增长对于全球资源的可持续利用也会产生巨大影响。随后，王副教授介绍了日本和欧盟提出的循环经济监控框架，并以此为基础，建立了一系列用于估算资源开采量、国内消费量以及进出口物质量的指标。首先，他对 1995—2015 年中国循环经济指标进行分析，分别说明了各项指标在 1995 年、2005 年和 2015

年的变化趋势;其次他对比了中国和欧盟的循环经济指标;最后,王副教授分享了两点启示:一是随着近年来资源消耗量趋稳,我国可以将重心由资源流动的管理转向库存的管理;二是可以利用区块链等新技术构建循环利用数据统计平台,在资源利用上实现弯道超车。

中科院地理资源所韩梦瑶副研究员以中巴经济走廊优先项目为例,作了题为“中国跨境风电项目的建设模式、梯度转移及减排潜力研究——以中巴经济走廊优先项目为例”的报告。韩副研究员首先介绍了近年来有关“一带一路”碳排放项目的研究进展,指出中巴经济走廊目前是“一带一路”建设过程中发展最好的项目之一。随后,她从巴基斯坦的风电管理结构、开发运营模式、关键设备采购与供应、风电并网及电价协商等方面展开具体案例介绍。最后,韩副研究员提出,伴随跨境风电项目的梯度转移,中国可再生能源项目的落地并网同样取决于东道主国家的政策制度安排、建设运营模式、设备供应体系以及电价收购协议等,这有助于协助沿线国家完善能源政策制度、加快清洁电力发展、应对气候变化、落实碳减排承诺,为绿色“一带一路”建设过程中可再生能源项目的推广落地提供借鉴支持。

北京林业大学于畅副教授作了题为“森林城市建设对大气质量的影响”的报告。于副教授首先回顾了近年来京津冀的大气质量变化趋势以及在森林城市建设方面的基本情况,然后以2002—2016年京津冀地区13个地级市(直辖市)的面板数据作为研究样本,在STIRPAT模型的理论框架基础上,就发展森林城市对减少城市雾霾污染的作用展开实证研究方面的介绍。研究结果表明,衡量森林城市特征的园林绿地面积、绿化覆盖面积和城市维护建设投入均能显著降低城市PM2.5浓度。另外,人口密度、地区经济发展水平、产业结构和技术创新均会对PM2.5浓度产生不同程度的显著影响。最后她指出,在京津冀城市群的协调发展中,应进一步加强森林城市建设,提升城市的绿色生态空间和生态质量,进而提升城市的大气质量。

江苏大学副教授孙华平作了题为“中国在全球价值链中的出口隐含碳分析”的报告。孙副教授使用非竞争投入产出模型,结合TiVA数据库，在测算了 20 个国家 37 个产业的全球价值链参与指数以及全球价值链地位指数的基础上，分析出口净隐含碳与全球价值链融入程度的关系。结果表明，我国是最大的出口净隐含碳国，出口隐含碳强度较大，但人均出口隐含碳较少。发达国家全球价值链参与度和全球价值链地位指数都较高，“一带一路”国家全球价值链地位指数偏低，全球价值链参与度、产业结构对二氧化碳的减排有明显的正向作用，人力资本对减排也有一定的正向作用。

浙江大学公共管理学院周云亨副教授作了题为“天然气安全评价指标体系的构建与应用”的报告。周副教授引入了能源安全 4A 分析模型，在此基础上建构了天然气安全指数。具体来说，一是资源可利用性（availability），即从地质学视角来探讨能源安全问题，评估一国天然气资源禀赋；二是贸易可获得性（accessibility），即从地缘政治学的视角来探讨能源安全问题；三是环境可接受性（acceptability），即从生态学的视角来探讨能源安全问题；四是经济可承受性（affordability），即从经济学的视角来探讨能源价格对经济产出及消费者行为的影响。综合来看，在被测度的 22 个国家中，天然气安全度最高的国家是挪威，其次为伊朗、俄罗斯、土库曼斯坦和阿尔及利亚等国，德国、加拿大、墨西哥、乌克兰和印度则排名靠后。

浙江大学公共管理学院方恺研究员作了题为“气候治理与可持续发展目标深度融合的机遇、挑战与对策”的报告。方研究员指出，随着全球升温幅度和极端天气概率加速变大，气候变化成为人类社会面临的严峻挑战。为更积极有效地应对气候危机，有必要将气候治理与可持续发展目标（SDGs）进行深度融合。随后，他阐释了气候治理与 SDGs 的关联分析模型，并以中国为例，分析了当前气候治理与 SDGs 深度融合上面临的政策协同难、国内国际压力大等问题。最后，方研究员建议通过跨部门合作、多元主体共治、跨学科研究等措施以实现应对气候变化政策与 SDGs 的协同增效。

上海交通大学环境科学与工程学院董会娟研究员作了题为“我国城市再生资源回收体系建设的问题与建议”的报告。董研究员认为，城市再生资源回收再利用是应对资源匮乏、解决“垃圾围城”的有效手段，也是实现我国循环经济和可持续发展的必然选择。通过分析我国再生资源回收存在的问题，董研究员倡导创新我国城市再生资源回收体系，推动“互联网+”模式建设，并对“前端分类—中端回收—末端处理”全链条回收网络建设对再生资源回收构建的重要性进行了强调。

吉林大学新能源与环境学院宋俊年副教授基于模糊 AHP-VIKOR 模型和生命周期可持续性评价，作了题为“秸秆能源化利用技术的综合评价:基于模糊 AHP-VIKOR 模型和生命周期可持续性评价”的报告。宋副教授首先构建了由环境、技术、经济和社会四个方面(共十五项)组成的评价指标体系，在秸秆获取、预处理、能源化过程、运输到最终使用的全生命周期内，对秸秆能源化利用的全过程进行可持续性评价，结合生命周期环境与技术经济评价的结果和专家意见，采用 VIKOR 模型确定技术的可持续性排序。最后他介绍，直燃发电、气化发电和固体成型燃料在环境优先和经济优先两种情况下具有最好的可持续性，但是由于政府引导、技术发展等因素的变化，最终排名会随着时间的推移而发生变化。

西南财经大学苗壮副研究员作了题为“中国部分地区公路交通系统全要素运营效率实证研究”的报告。苗副研究员以实证方法介绍为开端，以加法结构的 BAM 技术效率测算和 Luenberger 生产率分解分析为基础，将 2006—2015 年中国 30 个省级区域面板数据作为研究样本，通过全要素分解分析，对中国省级区域公路系统安全运行、减排的治理重点展开阐释。他指出，交通事故发生数、公路系统排放的二氧化碳以及公路投资是导致中国省级区域大气环境无效率的重要因素，交通事故的减少以及碳减排技术的进步显著优于其技术效率的下降效应，政府后期应重点加大对公路系统内二氧化碳的环境规制力度。

浙江工业大学叶瑞克副教授作了题为“中国新能源汽车推广应用示范试点评估——基于十二个城市的比较研究”的报告。叶副教授介绍了评估的背景和目的、评估范围、评估方法、评估结果，最后提出了政策建议。通过探寻购置补贴的作用，发现新能源汽车推广应用的相关要素，以及要素之间相互的关联，进而评估试点城市的绩效。具体而言，通过构建一个推广应用的内源驱动模型，包括需求条件、政策、模式创新等内容，发现十二个中国城市可以分为四大类型，彼此之间耦合协调度存在差异，要素的协同效应还有很大的提升空间。在此基础上，叶副教授提出以下政策建议：第一，关注充放电设施和其他配套政策；第二，加强各维度要素的耦合作用，尤其是要提升耦合协调度；第三，四大类型城市应结合自身情况选择适合自身发展的电动汽车发展路径。

香港科技大学公共政策研究院朱鹏宇副教授作了题为“城市收缩、城市扩张与空气污染——基于中国的经验证据”的报告。朱副教授在使用2016年中国地级市与县级市的PM2.5浓度数据的基础上，运用一般嵌套空间模型分析了城市收缩、城市扩张与空气污染的联系。结果显示，不断收缩的城市对于当地的空气污染缺乏显著的直接影响作用，但可能导致邻近城市的空气质量恶化。此外，建成区面积快速增加的收缩城市，其空气污染水平也会显著提升。因此，朱副教授指出，对于收缩城市的规划者来说，应考虑更加可持续的发展模式来替代再工业化尝试。

目　录

主旨论文　环境治理与绿色发展

专题一　环境治理与可持续发展的中国经验

专题二　环境治理与可持续发展的国际进展

专题三:环境治理与产业政策的探索实践

主旨论文

环境治理与绿色发展

后 2020 五年发展规划与生态文明导向的合作治理*

诸大建

同济大学可持续发展与管理研究所

摘要：当下，中国正在以 2035 年基本实现现代化为目标，紧锣密鼓地制订国民经济和社会发展第十四个五年规划。笔者认为，新一轮发展规划研制要基于国际上可持续发展的前沿研究成果，深耕“包含模型”，加强生态文明导向的合作治理及其能力建设，通过组织合作和利益相关者参与，具体包括加强政府宏观管理、加强组织间和公私间的合作、加强公民参与和培育新伦理、新人格等，在更高的水平上推进生态文明建设和可持续发展。

一、后 2020 年五年规划需要深耕“包含模型”

在中国，经济社会发展五年规划是实现中国特色现代化的路线图和主要抓手；用五年发展规划推动生态文明和可持续发展，是中国的体制优势和独特竞争力。传统上，五年规划被认为主要是发展规划，有关合作治理的内容不多。事实上，可持续发展和生态文明的目标，从浅层次上看是发展层面的问题，从深层次上看则是治理层面的问题。从根本上说，在中国，只有通过政府统筹下的多元组织合作治理才能实现可持续发展和生态文明的宏伟目标。

在可持续发展过程中，人们对经济、社会、环境三者因果关系的认识及其思想演进，存在四种不同的思想模型（图 1）[1]。模型 1 是增长模型，

---

* 本文在作者承担的世界自然基金会（WWF）（中国）为中国环境与发展国际合作委员会（以下简称国合会）提供的研究报告部分内容基础上改写而成。

即在传统的发展模式中，环境被看作是经济社会的微不足道的子系统，这是1972年联合国环境大会前国际发展思想的主流；模型2是并列模型，认为经济、社会、环境在可持续发展中是并列关系，环境问题得到重视，但是强调末端治理，这是1972—1992年间的思想主流；模型3是相交模型，注意在经济、社会、环境的交界面进行改进，要求提高经济社会发展的效率、降低资源环境影响，但是物质效率提高与物质规模扩张之间存在矛盾，这是1992—2012年间的思想主流；模型4是包含模型，这一发展思想顾及了地球生物物理状态存在极限，强调地球物理极限内的经济社会繁荣，即经济社会发展要与资源环境消耗绝对脱钩。这四种模型中，实际上只有后三种真正是将环境与经济和社会结合起来考虑的(见图1)。事实上Raworth的甜甜圈经济学就是包含模型的深化[2]，从中可以看到发展首先需要通过解决增长满足基本需求，一旦进入社会底板，就要解决两个门槛问题，即经济增长不要超过生态天花板，同时要带来社会福利的最大化。包含模型是可持续发展思想演进的最新成果，且与中国生态文明强调发展不能突破生态红线，有共同的价值观和方法论，可以为深化生态文明的理论与政策提供思想启示和想象空间。

中国改革开放40年来的五年规划，在生态文明和绿色发展方面，有一个由浅入深的演进过程[3]。粗略研究后可以发现，1981—1995年间，“六五”“七五”“八五”规划的指导思想主要是增长模型，社会发展得到重视，开始与经济增长并列，但是没有单列的资源环境部分；1996—2005年间，“九五”“十五”规划的指导思想是并列模型，由于引入了可持续发展概念，资源环境部分开始与经济增长和社会发展并重，但是限于末端污染治理等内容；2006—2015年间，“十一五”“十二五”规划的指导思想是相交模型，开始强调低碳经济和循环经济、能源强度和资源生产率等概念，绿色发展从经济社会过程的末端进入到源头；2016年开始的“十三五”规划，指导思想开始显露包含模型，强调了生态红线和生态功能分区等概念，要求用生态红线倒逼发展模式转型。

事实上，2020年中国将达到人均GDP 1万美元，从甜甜圈经济学的内圈进入中圈，这时就要进入新的发展阶段，重点解决两个门槛问题，即经济增长不要超过生态天花板，用一定的经济增长带来尽可能大的社会

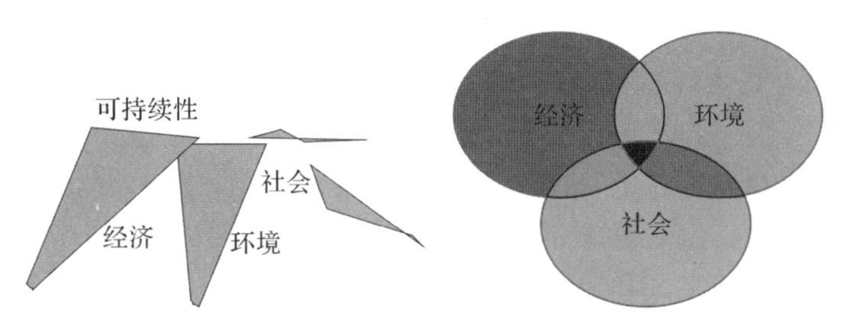

(a) 经济、社会、环境的并列模型 (b) 经济、社会、环境的相交模型

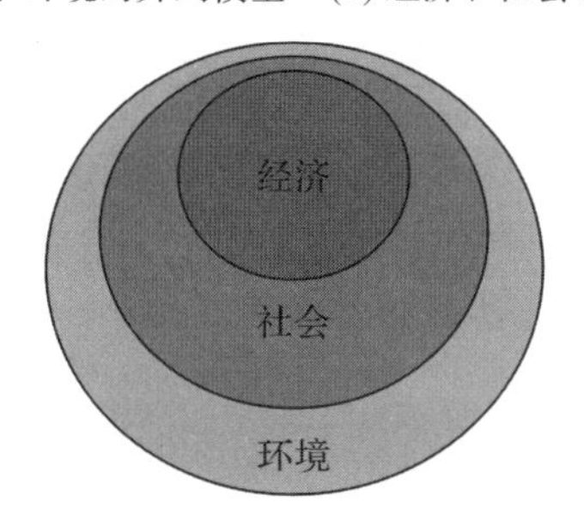

(c) 经济、社会、环境的包含模型

图 1 经济、社会、环境相互关系的三种思想模型(诸大建,2015a)

福利,而要做到这些就需要加强面向生态文明的宏观管理。我们认为,在2020—2035 年新一轮的五年规划研制中,要从生态文明全覆盖、全渗透的角度处理经济、社会、环境、治理四者的关系,在资源环境部分强调红线约束生态门槛,在经济增长部分强调内涵提升改进效率,在社会发展部分强调生态公平绿色消费,在合作治理部分强调适应与减缓匹配。

二、宏观管理与政府间的合作和整合

基于包含模型和甜甜圈经济学的思想启示,我们建议从“十四五”规划开始,后 2020 的五年规划要进一步把合作治理与生态文明建设结合起来,加强有利于生态文明建设的政府间合作与整合,包括规划整合、体制整合、指标整合、政策整合等内容。

（一）规划整合

2012年以来，我国的五年规划研制开始按照“五位一体”的思路展开，即分为经济建设、政治建设、文化建设、社会建设、生态文明建设五方面。从可持续发展的角度看，存在的问题是把生态文明的内容集中在传统的资源、环境、生态等章节，渗入经济社会发展主流的内容不多，给人的感觉是在发展的主流之外谈生态文明。事实上，生态文明与经济建设、政治建设、文化建设、社会建设的关系，或者生态文明建设在“五位一体”中的作用，如图2所示[4]。我们认为，后2020的五年规划要超越传统的资源环境领域，即生态文明纳入五年规划需要强调全覆盖，进行主流化，包括在资源环境部分强调红线约束和生态门槛，在经济增长部分强调内涵提升和改进效率，在社会发展部分强调生态公平和绿色消费，在合作治理部分强调适应性管理与减缓性管理双管齐下。

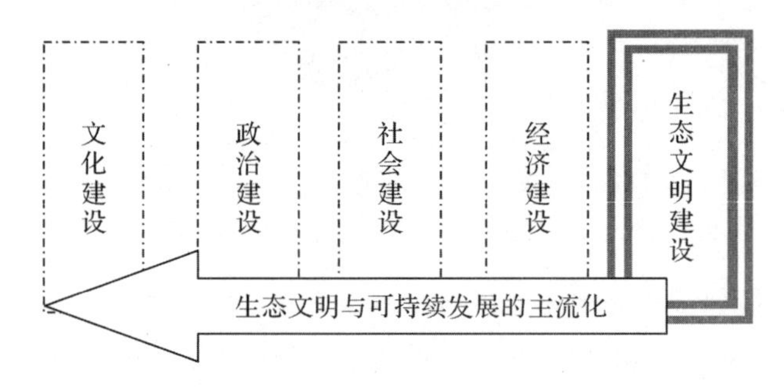

图2 生态文明的主流化与中国“五位一体”建设[3]

（二）体制整合

从体制安排看问题，许多人认为生态文明的主导部门是资源环保部门，这其实是传统的资源环境主导或末端治理导向的体制思想。如果生态文明是既要有生态保护又要有文明发展的整合模式，那么面向生态文明的体制建设就需要在传统的资源环境生态管理体制之外，加强发展部门的生态化和绿色化。在五年规划中，有两个方面的内容需要加强，一个是发改委等综合部门应该更好地进行顶层设计，统筹协调整个生态文明的工作，而不是简单地重复资源环境部门的事情；另一个是各个发展部门应该把生态文明融入专业领域，促进经济社会各个领域的生态化和绿色化进程；而传统的资源环境部门除了进一步做好末端治理的防守工作之外，应该更好地加强生态红线、环境底线、资源上限的把控，倒逼各个领域的发展模式转型。当年我们承担国合会循环经济政策研究课题，就提出循环经济的主管部门需要从环保局转入发改委，由此使得循环经济成为绿色经济发展的主流。我们相信，如果生态文明的体制安排，从单纯的环保部门进入更多的发展部门，那么生态文明建设就可以进入高一个层级的发展。

（三）指标整合

生态文明既然是环境与发展的整合，那么测量生态文明的绩效指标就不能是单纯的经济社会发展指标，也不能是单纯的资源环境生态指标，那些用资源环境指标好说明生态文明好的做法是没有说服力的[5]。如本报告第二部分用二维矩阵和绝对脱钩分析中国整体和地方生态文明的发展情景那样，我们建议在五年规划研制中，要加强那些能够将环境与发展整合起来的复合指标，例如在绿色增长方面可以用单位土地的经济产出、单位能耗的经济产出、单位水耗的经济产出、单位废弃物的经济产出等资源生产率指标测量绿色经济的发展水平；在绿色发展方面可以用单位生态足迹的人类发展测量地方生态文明的发展水平和类型；用发展与环境的相对脱钩、绝对脱钩说明生态文明的发展状态等[6]。

（四）政策整合

与可持续发展相一致，生态文明的目标是经济增长要高效，社会分配要公平，自然消耗有红线，政府宏观政策的设计也必须与三类政策相配套，只有效率与公平的概念是不够的，要把发展的生态规模问题作为重要的政策手段进行强调。研究国际上有关二氧化碳排放的制度建设和政策体系，可以发现生态文明的制度建设有“确定规模、分配产权、市场交易”三个环节，它们的作用具有内在的逻辑关系和操作顺序。首先是“划分生态红线”制度，对关键自然资本要确定可以接受的生态消耗规模，将原来产权不明晰的自然物品分为可使用和不可使用两个部分，对于生态红线内不可使用的自然资本要按照公共物品的原则，严格实行政府管制，对可以使用的自然物品有可以接受的总量限制；随后是确定资源环境产权制度和用途管制制度,明确自然资本的所有者或经营者,将可使用的部分用拍卖或者免费的方式进行初始分配,使原来的非市场物品转化为可交易的市场物品;最后是基于产权的市场交易制度,即资源有偿使用和生态补偿制度等,旨在提高自然资本的使用效率。由于生态规模和公平分配是在市场之外由政治机制和管理机制决定的,因此这是一个将政府机制、市场机制、社会机制整合起来的合作治理过程。

三、组织合作与公私间的界面管理

用五年发展规划推进生态文明,除了加强政府内部条线之间合作的宏观管理,还特别需要增强企业、社会组织等非政府组织的参与和合作,在强调生态文明建设政府机制的同时,推进生态文明建设的社会化和市场化。在生态文明进程中,组织层次的战略创新与协作创新,一方面需要在自身层面加强面向生态文明和可持续发展的组织变革,另一方面需要在组织之间加强有利于生态文明的界面管理与公私合作[7]。

(一)组织合作

五年规划研制要强调,生态文明建设不仅需要政府组织自上而下的发力,更需要市场组织和社会组织自下而上的广泛参与。五年规划推动生态文明,只强调政府作用是不够的,生态文明建设中不同的任务需要不同的组织形式发挥作用。过去 40 年,我们的微观技术一直在提升,单位 GDP 的物质消耗强度是降低的,单位产品与服务的资源生产率是提高的,但是为什么资源、能源和污染产生的总量和规模在增加?这表明单纯强调政府、企业、社会组织中的一方是不够的。通常,公共性的政府组织负责公共物品与公共事务,营利性的企业组织生产与提供私人物品、私人服务,社会组织或非政府非营利组织负责具有公共池塘性质的社会事务。重要的是,生态文明需要协调整合所有组织的力量,每类组织在生态文明中要承担起与自己业务有关的责任。一方面,政府在管理中需要用资源红线、环境红线、生态红线等予以硬约束,加强生态服务的公平分配,大幅度提高生态效率;另一方面,宏观上的生态红线和生态规模要得到控制,需要中观上的生态公平和微观上的生态效率提供实现机制。

（二）愿景提升

五年规划研制要强调，各类组织要在生态文明的整体利益中实现自己的价值，用生态文明的指标评价自己的表现和绩效。在一般意义上，生态文明建设要求各类组织，不管有什么利益偏好，都要在组织愿景中通过追求经济利益、社会利益、环境利益的整合去追求组织自身的特殊利益，在不影响甚至增加其他组织利益的前提下实现组织自己的价值[8]。在具体要求上，不同的组织在社会发展和生态文明中的责任大小可以按照与业务关系的远近或轻重缓急分为三种类型。以企业组织为例，第一类是组织承担全部责任的事务，例如有毒食品的生产，企业组织具有全部责任，所谓不干坏事；第二类是组织承担部分责任的事务，例如影响环境的产品，企业组织和政府组织都具有责任，前者具有生产责任，后者具有监督责任；第三类是非组织引起但是组织可以参与解决问题的所谓自愿责任，例如企业参加慈善活动就是按照能力大小承担责任。只有每类组织将生态文明和绿色发展的一般要求、共同愿景与组织的特殊任务、特殊利益结合起来，每个组织成为生态文明建设中的活跃分子，生态文明的宏观目标才能在组织发展中具有可执行性。

（三）界面管理

五年规划研制要强调，生态文明导向的合作治理还需要推进政府与非政府组织之间的公私合作。国际社会的可持续发展需要广义的公私合作伙伴关系（Public-Private-Partnership），就是说政府自上而下的机制与非政府组织自下而上的机制要形成合力[9]。在生态文明建设中，公共性强、需求相对单一、易于监管的事情，可以采用政府主导的公私合作方式；反之，可以并且尽量采用企业和社会组织主导的公私合作方式，以推进生态文明建设的市场化和社会化。无论什么形式的公私合作，组织之间面向生态文明的界面管理需要强调如下环节：一是任何组织均需要超越单部门、单主体的传统管理模式，在组织发展与战略管理中引入内部和外部的利益相关者，外部相关者不仅要包括价值链上下游的直接合作者，也要包括非直接的政府、社会民间组织、媒体等；二是多元组织要分头讨论，寻找既对组织发展重要也对社会发展重要的事项，寻找既对资源环境保护重要也对经济社会重要的交集区；三是从内外部有交集的地方发现符合生态文明和可持续发展三重底线的优先事项，在此基础上制定出有利于生态文明发展的战略，然后进入有可操作性的计划、执行、评估等管理流程。

四、公民参与生态文明建设

合作治理推进生态文明的链条，从宏观管理到组织管理再到个体管理，作为个体的人是其中的原子力量。生态文明需要公民参与，而公民参与的关键在于教育、宣传和引导。在后 2020 年的五年发展规划研制中，生态文明建设需要与文化建设融合起来，开展有中国特色的面向生态文明的教育、宣传、研究与国际传播活动，培养公民参与生态文明的新伦理、新人格。

（一）从环境教育到生态文明教育

传统的环境教育是在经济人模式之外传播资源环境方面的知识、技能与方法，但是生态文明教育不是传统的环境教育，而是要培育全面发展的人，从物质需求、生态需求、社交需要、精神需要等美好生活的完整性出发，培育在乎自己、在乎他人、在乎自然的新伦理、新人格[10]（图 3）。现实中，人们仍然把生态文明的教育和宣传当作简单的环境教育，后 2020 年新一轮五年规划的研制，要将当下流行的环境教育提升到培养面向生态文明的全面发展的新伦理、新人格。这需要规划和开展包括思想认识、制度体系和物质设施在内的整体建设。

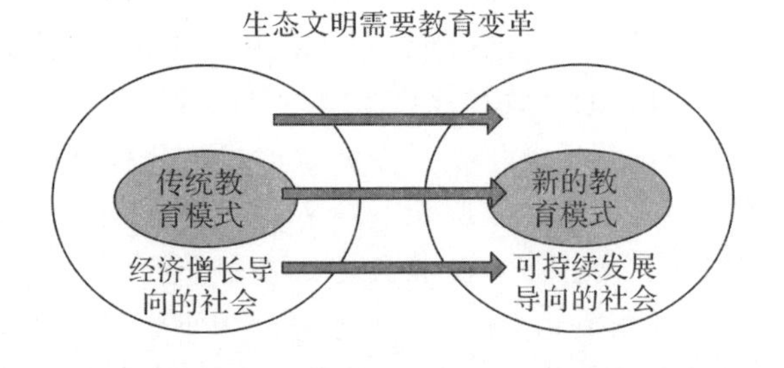

图 3　将环境教育提升成为面向生态文明的新伦理、新人格

（二）开展生态文明的全民终身教育

后 2020 年面向生态文明的五年规划研制，要把生态文明教育看作以中国方式和中国实践贯彻落实的全球可持续发展教育，并且强调生态文明教育是全民教育和终身教育。一方面，要通过正式的体制安排在基础教育和高等教育以及其他各种形式的正式教育中传输生态文明与可持续发展的思想；另一方面，要利用各种非正式教育和宣传媒体手段，提供生态文明和可持续发展方面的终身教育和全民教育。面向生态文明的全民教育和终身教育，要重点针对三个关键少数人群——权力精英、市场精英、文化精英展开，他们是当下最能影响中国生态文明发展的人群。

（三）加强与新伦理、新人格有关的知识生产与国际合作

五年规划面向生态文明的研制，不仅要重视新伦理、新人格理念的传播，也要重视这方面的知识生产与知识创新。要推动高等院校和人文社科深入开展这方面的学术研究，特别是加强生态文明新思想与可持续发展新思想的关系研究。例如生态文明新伦理的四个需求如何与可持续发展的四个资本形成对接，如何与马斯洛心理学中关于人的发展的五个需求相对接，如何说明中国的五位一体建设与生态文明新伦理、新人格的内在联系等[11]。要与国际组织合作，用国际上易接受和可以理解的语言讲好中国生态文明与文化建设相结合的故事，为国际可持续发展教育注入中国生态文明的思考与实践。

参考文献

[1] Mauerhofer V. 3-D sustainability：An approach for priority setting in situation of conflict interests towards a sustainable development [J]. Ecological Economics，2008,64：496-506.

[2] Raworth K. Doughnut Economics [M]. London：Random House Business Books，2017.

[3] 诸大建. 走向美丽中国——生态文明与绿色发展[M]. 上海：上海人民出版社，2015a.

[4] 盛馥来，诸大建. 绿色经济：联合国视野中的理论、方法与案例[M]. 北京：中国财政经济出版社，2015.

[5] 小约翰·柯布,王伟.中国的独特机会:直接进入生态文明[J].江苏社会科学,2015,(1):130-135.

[6] WWF.中国的新型城镇化与生态足迹影响分析[R].北京:WWF,2015.

[7] 诸大建.可持续性科学导论——可持续发展与治理研究[M].上海:同济大学出版社,2015b.

[8] Zhu D. Research from global Sustainable Development Goals (SDGs) to sustainability science based on the object-subject-process framework [J]. Chinese Journal of Population Resources and Environment, 2017, 15(1): 8-20.

[9] Zhang S, Zhu D, Shi Q, et al. Which countries are more ecologically efficient in improving human well-being? An application of the Index of Ecological Well-being Performance[J]. Resources, Conservation & Recycling, 2018,129: 112-119.

[10] Raworth K. A safe and just space for humanity: Can we live with in the doughnut [R]. Oxfam Policy and Practice: Climate Change and Resilience, 2012.

[11] 诸大建.中国城市可持续发展研究报告[R].北京:联合国开发计划署,2016.

绿色发展的中国经验及未来展望*

沈满洪

宁波大学,东海研究院,长三角生态文明研究中心

摘要:绿色发展是对工业革命以来的黑色增长范式的变革。深绿色发展是绿色发展的高级形态。中国已经进入到生态环境安全等低层次需要与生态环境审美、生态环境民主等高层次需要并存,浅绿色发展与深绿色发展并存的阶段。浙江省的绿色发展走在全国前列,以浙江省为例,绿色发展的中国经验是:坚持"一张蓝图绘到底"的"接力棒"精神,坚持"绿水青山就是金山银山"的绿色发展论,坚持"人与自然和谐共生"的生态优先论,坚持"良好的生态环境就是最普惠的民生福祉"的生态惠民论,坚持"山水林田湖草是生命共同体"的生态系统论,坚持"建立系统完整的生态文明制度"的生态治理论。面向未来,深入推进绿色发展要坚持生态文化普及化、生态产业主导化、生态消费时尚化、生态资源经济化、生态环境景观化、生态城乡特色化、生态科技创新自主化、生态文明制度体系化等战略。

关键词:绿色发展;阶段判断;中国经验;未来展望

在习近平生态文明思想的指引下,绿色发展已经成为发展方向和世界潮流。本文以绿色发展的核心概念阐释作为铺垫,着重就绿色发展的阶段判断、绿色发展的中国经验以及绿色发展的未来趋势进行阐述。

---

* 国家社科基金重点项目"推进区域生态创新的财税政策体系研究——以长三角地区为例"(19AZD004)。

一、绿色发展的基本概念

(一)绿色发展与黑色增长

绿色发展是针对工业革命以来,以生态破坏、环境污染、资源枯竭为代价的“黑色增长”范式的变革。在指导思想上,黑色增长观认为,要征服自然、驾驭自然、改造自然,主张“对自然的否定就是通往幸福之路”“驾驭自然,做自然的主人”;绿色发展观认为,要顺应自然、保护自然、敬畏自然,“要像保护眼睛一样保护生态环境,像对待生命一样对待生态环境”。在方法论上,黑色增长观认为,生态系统是经济系统的子系统,经济系统无限膨胀;绿色发展观认为,经济系统是生态系统的子系统,要考虑环境容量、自然承载力[1]。在发展模式上,黑色增长是以成本高投入、资源高消耗、污染高排放、生态大破坏为代价获得经济高产出的不可持续发展模式;绿色发展是成本低或适度投入、资源低消耗、污染低或无排放的可持续发展模式。因此,绿色发展是对黑色增长的扬弃,“抛弃”的是“黑色”,反对超越极限的增长;“发扬”的是“增长”,反对“零增长”。

(二)深绿色发展与浅绿色发展

绿色发展又可以分成浅绿色发展和深绿色发展。从局部和全局的关系看,浅绿色发展观就环境论环境,“头痛医头,脚痛医脚”“水利不上岸,环保不下河”;深绿色发展观强调整体性思维和系统论观点,而新发展理念正是体现系统论思维的深绿色发展观。从末端和源头的关系看,浅绿色发展观强调末端治理,基于“生产→污染→治理”的线性经济思维进行环境治理。深绿色发展观强调源头控制,基于“减量化、再使用、再循环”的循环经济思维进行环境治理。从环境与经济的关系看,浅绿色发展观认为环境与经济是对立的,经济增长必然影响环境保护,保护环境必须限制经济增长,如“增长极限论”等;深绿色发展观认为环境与经济是对立统一的,保护环境有利于更好发展,更好发展也有利于环境保护,习近平总书记的“绿水青山就是金山银山”重要论断就突破了非此即彼观。从技术和制度的关系看,浅绿色发展观往往强调技术万能论,技术可以解决一切问题;深绿色发展观认为技术是重要的,但制度也是重要的,甚至比技术更重要,所以在习近平生态文明思想中,分量最重的是关于生态文明制度建设的重要论述。总之,深绿色发展是浅绿色发展的高级形态。

(三)绿色发展与循环发展、低碳发展

"绿色发展"与"循环发展""低碳发展"是什么关系?三者各有侧重,其中,"绿色发展"针对生态危机和环境危机,旨在建设环境友好型社会;"循环发展"针对资源危机,旨在建设资源节约型社会;"低碳发展"针对气候危机和能源危机,旨在建设气候舒适型社会。因此,这三个概念可以呈并列关系,如"着力推进绿色发展、循环发展、低碳发展"的表述就体现了这种并列关系。从含义广狭角度看,三个概念之间具有包容关系,其中,"绿色发展"含义最广,"循环发展"其次,"低碳发展"最窄。"绿色发展"既要求生态建设和环境保护,又要求资源节约和高效利用。"循环发展"的基本原则是减量化、再使用和再资源化,这三个原则也正是"绿色发展"的应有之义。"低碳发展"针对碳减排和碳循环利用,仅仅是循环发展的一个组成部分[2]。党的十八届五中全会从包容关系阐述绿色发展,把循环发展和低碳发展的相关内容纳入其中。这样,既解决了多个概念难以分辨的问题,又避免了几个概念之间在逻辑上可能出现的歧义。党的十九大报告及全国生态环境保护大会等均保持"绿色发展"的提法。

二、绿色发展的阶段判断

绿色发展是生态文明思想在发展领域的集中概括。生态文明是名词,绿色发展可以是名词也可以是动词;生态文明的含义更加宽泛,绿色发展的含义更加聚焦;生态文明从文明高度进行抽象,绿色发展从发展角度进行阐释。党的十七大报告首次提出生态文明,与此同时也提出了绿色发展,迄今已经十多年。那么,中国绿色发展已经到了什么阶段呢?

(一)从微笑曲线看绿色发展所处阶段

图1中,横轴是从"研发设计"到"生产制造"再到"品牌营销"的企业生产周期的全过程。纵轴反映的是利润率。研发设计环节,由于专利制度的保护,往往拥有高利润率。500多年前专利制度的发明,大大激发了人力资本的投资和发明家的积极性,并催生了近代科技革命。品牌营销环节,由于商标权的保护、营销网络的构建,也拥有高利润率。吉利汽车并购沃尔沃,在短短几年时间内就收回成本,就是因为利用沃尔沃现成的

全球营销网络。生产制造环节是利润率最低的。20 世纪 90 年代末，桐庐分水镇的圆珠笔产能可以做到全世界每人每年发一支。但一支直圆珠笔只卖 1 角钱甚至 8 分钱，生产销售一支圆珠笔只挣 1 分钱甚至半分钱。到现在为止，中国总体上还是“世界工厂”“中国制造”。因此，从“研发设计”到“生产制造”再到“品牌营销”，利润率呈现先不断下降，再不断上升的变化，在图 1 中表现为一条 U 形曲线。加上一双眼睛，就像微笑的样子，因此，称作微笑曲线[3]。

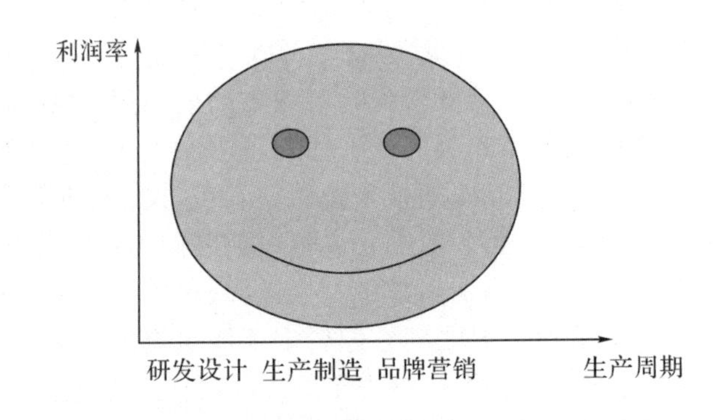

图 1 从微笑曲线看绿色发展所处阶段

如果将中美两国作一个比较，在相当长一段时期内，美国专门赚研发设计和品牌营销的高利润率的“大钱”，中国主要赚生产制造的低利润率的“小钱”。2006 年召开了第三次全国科技大会，首次提出了自主创新战略。这是具有里程碑意义的大事。研究表明，一个国家要有核心竞争力必须要有核心技术。但是，任何一个国家都不会把核心技术卖给人家，往往是拥有了更为先进的技术，才会把淘汰了的技术卖给人家。因此，中国必须走自主创新之路。自此开始，中国的科技进步突飞猛进，科技进步对经济增长的贡献率从 2005 年的 45%提升到 2018 年的 58.5%。可见，中国正处于从微笑曲线的底端向微笑曲线的两端延伸的阶段。不过，这与发达国家高达 80%以上的科技进步贡献率相比仍然有很大差距。因此，一方面，要看到中国目前还落后于发达国家；另一方面，也要看到中国具有赶上甚至超过发达国家水平的潜力。

从高速度增长转向高质量发展，就是要从微笑曲线的底端向两端延伸，这既要依靠生产制造环节实现高就业率，又要依靠研发设计和品牌营销环节获取高利润率。

（二）从资源依赖性倒 U 形曲线看绿色发展所处阶段

图 2 中，横轴反映的是工业化水平，纵轴反映的是资源依赖度。资源依赖度可以用每年人均自然资源消耗量来表示，如每年人均石油的消耗量、煤炭的消耗量、水资源的消耗量等。水平的虚线粗略表示集约线，该线以上表示粗放式增长，该线以下表示集约式增长。发达国家在工业化过程中，相当一部分国家、相当一部分自然资源经历过这样的倒 U 形轨迹，即随着工业化进程的推进，资源依赖度先是按照边际递增的速度递增，然后是按照边际递减的速度递增，到达顶点时大约进入工业化中期；从工业化中期向工业化中后期转型的过程中，资源依赖度呈现出递减的趋势，经济增长越来越依靠科技进步而不是自然资源的投入。

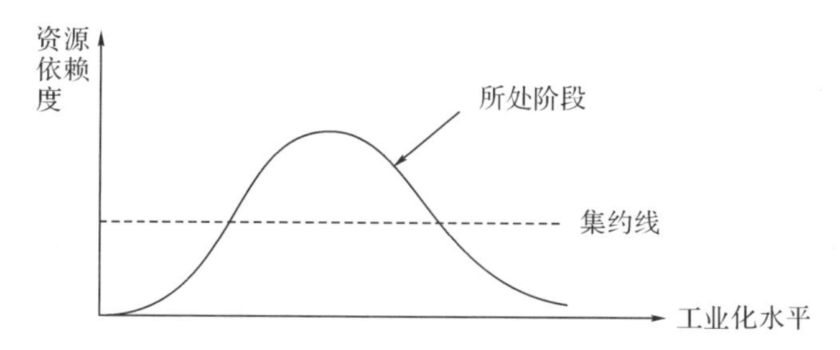

图 2　从资源依赖性倒 U 形曲线看绿色发展所处的阶段

中国在相当长时期内，随着工业化水平的提高，资源依赖度不断提高，直到 2015 年左右资源依赖度才开始下降。其中，浙江省等长三角地区下降得更加明显。图 2 的圆点表示中国目前所处的位置。由此可以得出两个结论：第一，党的十八大以来，经过艰苦的努力，中国已经完成了资源依赖性倒 U 形曲线的逆转，从上升转为下降，说明绿色发展的趋势已经呈现，这是一个了不起的成就。第二，中国仍然处于粗放式发展的阶段，资源依赖度尚未到达集约线以下，资源生产率依然还是远低于发达国家水平。因此，我们不能够满足于现状，还要强力推进绿色发展。

（三）从环境库兹涅茨曲线看绿色发展所处阶段

图3中，横轴反映的是人均收入水平，纵轴反映的是环境退化状况，比如说某个城市的空气质量中重度污染、严重污染的天数占365天的比重，地表水中Ⅴ类水体与劣Ⅴ类水体河段占所有河段的比重等。水平虚线表示环境阈值线，在该线以上表示污染排放超过环境阈值，人与自然之间不和谐，环境质量不能令人满意；在该线以下表示污染排放处于环境阈值范围之内，人与自然是和谐的，环境质量已经令人满意。研究表明，几乎所有的发达国家在工业化过程中都经历过倒U形的轨迹，也就是说，随着人均收入水平的上升，环境质量先不断退化，退化到某个极点，老百姓忍无可忍，于是各种环保主义运动兴起，迫使政府想方设法治理环境，经过短则三五十年（如日本）、长则一两百年（如英国）的治理，终于实现环境质量的好转，基本实现人与自然的和谐。

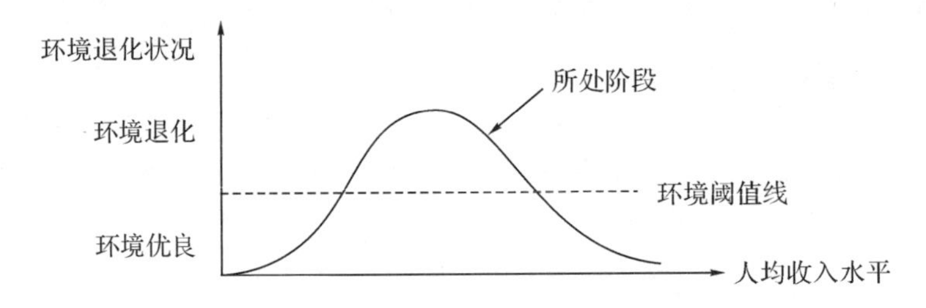

图3 从环境库兹涅茨曲线看绿色发展所处阶段

中国在工业化加快推进的数十年时间里，随着经济持续增长，环境质量总体上在不断退化。党的十八大以来，得益于中央和地方采取强硬的态度和强有力的措施推进生态文明建设，环境质量终于在2015年左右开始好转，其中浙江省等长三角地区实现环境质量明显好转。由此，得出两个结论：第一，中国跨过了环境库兹涅茨曲线的顶端，实现了逆转，开始了好转，浙江省等长三角地区则实现了显著好转，这是来之不易的成就。第二，中国目前的环境质量状况仍然没有达到令人满意的状态，还处于环境污染超过环境阈值的范围，需要继续加大治理力度。所以，一方面要看到中国的绿色发展成就巨大，绿色发展理念越来越深入人心，绿色发展战略越来越清晰明了，绿色发展制度越来越落到实处；另一方面也要看到存在的问题依然突出，这可以用三对矛盾来概括，即经济持续增长与环境形势严峻、环境容量有限之间的矛盾十分尖锐，经济总量扩张与资源有限供给、资源利用效率低下之间的矛盾十分尖锐，人民日益增长的优质生态需求与政府不尽理想的优质生态供给之间的矛盾十分尖锐。

从生态环境安全需要的角度来看，迄今为止还没有完全解决“一口水”“一口气”“一口饭”的基本问题。这些都是“污染防治攻坚战”所要解决的低层次需要。但同时，随着收入水平的上升，人们对生态环境审美的需要、生态环境民主的需要、生态环境协商的需要、优质生态产品的需要等高层次需要又提上了议事日程。所以，现在是高层次需要和低层次需要并存的特殊阶段，也是浅绿色发展与深绿色发展并存的阶段。在这样的阶段，生态文明建设的任务和压力一点都没有减轻。

三、绿色发展的中国经验——以浙江省为例

浙江省是习近平生态文明思想的重要萌发地，也是习近平生态文明思想率先践行地。正因此，浙江省的绿色发展走在全国前列。党的十八大以来，浙江绿色发展的理念、举措和经验得到广泛传播。因此，在一定程度上讲，“浙江经验”就是“中国经验”。

（一）坚持“一张蓝图绘到底”的“接力棒”精神

浙江省的绿色发展经历了下列多个阶段：绿色浙江建设→生态省建设→生态浙江建设→美丽浙江建设→诗画浙江建设。这些不同的战略表述均是不同时期浙江绿色发展的集中概括。这些战略目标，一方面坚持绿色主线一脉相承，另一方面坚持绿色程度不断深化。浙江历届省委省政府及各级党委政府的一个可贵精神就是以“咬住青山不放松”“一任接着一任干”“功成不必在我”的“接力棒”精神，把“一张蓝图绘到底”，描绘出如诗如画的浙江“大花园”。浙江省之所以成为生态文明建设示范区，杭州市之所以成为美丽中国的样本，安吉县之所以成为全国第一个生态县，靠的就是“一张蓝图绘到底”的“接力棒”精神和锲而不舍、常抓不懈的韧劲。

（二）坚持“人与自然和谐共生”的生态优先论

浙江的资源禀赋是“七山一水两分地”。“地域小省”“资源小省”“环

境容量小省"的省情加上改革开放的先发优势,导致率先遭遇"成长中的烦恼"。2005年浙江省接连发生了"东阳画水事件""嵊州新昌事件""长兴天能事件"等一系列环境问题引发的群体性事件。如何看待这些事件?时任省委书记的习近平同志旗帜鲜明地提出"以凤凰涅槃、浴火重生的精神进行脱胎换骨的改造"[4],坚定不移地推进生态文明建设。正是在生态优先观的指导下,如今的东阳市已经成为"歌山画水"的金名片,如今的新昌县已经成为全国科技创新示范县,如今的长兴县已经成为新能源基地。可以说,浙江省的产业生态化已经基本完成了脱胎换骨。实践证明:浙江只能生态优先,浙江能够生态优先。

(三)坚持"绿水青山就是金山银山"的绿色发展论

"绿水青山就是金山银山"重要论断在浙江率先提出,也是在浙江率先实践。绿色发展就是要做到"经济生态化,生态经济化"。浙江省在经济绿色化方面采取"两条腿"走路的办法:一方面,浙江省不遗余力地推进存量经济和传统产业的快速改造,大力推进传统重化工业的"清洁化生产"和"循环化发展",大幅度提高了"资源生产率"和"环境生产率"。宁波市"镇海炼化"等的绿色化和"吉利汽车"等的智能化生产达到了世界先进水平。另一方面,浙江省不遗余力地推进增量经济和新兴产业的快速发展,大力推进战略性新兴产业的发展,做到产业经济发展的"高新化"——大力发展高新技术产业,和"轻型化"——大力发展文化创意产业,依靠脑袋就能赚钱的新经济出现两位数的高增长,如今杭州市的数字经济已经领跑全国。

(四)坚持"良好的生态环境就是最普惠的民生福祉"的生态惠民论

在党的十八大结束后的中央政治局常委记者见面会上,习近平总书记旗帜鲜明地提出:"人民对美好生活的向往,就是我们的奋斗目标"[5]。浙江省坚定不移地执行资源节约和环境保护国策。一方面,努力满足人民群众"一口水""一口气""一口饭"等绿色发展和生态文明建设的基本需要,通过"五水共治""五气共治"等一系列"组合拳"实现生态环境状况的显著好转;另一方面,努力满足人民群众对"生态环境审美""生态环境权益""生态环境民主"等绿色发展和生态文明建设的高层次需要,通过"四边三化""诗画浙江""环境协商"等"组合拳"使得浙江全省域成为"大花园”。

（五）坚持“山水林田湖草是生命共同体”的生态系统论

“山水林田湖草是生命共同体”是习近平生态文明思想的重要论断。浙江省自觉地付诸行动。从总系统与子系统的角度看，浙江省坚持以生态环境保护为前提、以生态经济发展为主线、以生态文化建设为保障的全面发展战略；从城乡空间布局的角度看，浙江省先后以“生态省”和“美丽浙江”作为总牵引，大力实施“生态市”“美丽城市”、“生态镇”“美丽城镇”、“生态村”“美丽乡村”等特色鲜明、层级分明的生态化建设；从系统运行角度看，浙江省十分重视目标体系，适时调整生态文明建设目标，工作体系上以“千万工程”“五水共治”等为抓手，保障体系上以组织资金政策等为保障，在考核体系上以奖优罚劣等作为激励。

（六）坚持“建立系统完整的生态文明制度”的生态治理论

作者曾经就水制度建设对全国政府公务网做了拉网式的普查，发现浙江省的水制度是全国最健全的[6]。浙江省最早探索水权交易制度，最早探索排污权有偿使用和交易制度，最早探索水生态补偿制度。迄今为止，浙江省已经形成了系统的生态文明制度体系：形成了总量控制制度、生态红线制度、终身追责制度等别无选择的强制性制度；绿色财税制度、绿色产权制度等权衡利弊的选择性制度；生态道德教育、舆论绿色引导、绿色社团建设等道德教化的引导性制度。浙江省的绿色发展制度体系是全国最为完整的，也是运行最为有效的。其中原因就是坚持了政府主导、以企业为重要主体、公众参与的生态环境协同治理观。在绿色发展中，浙江省实现了从传统管理转向现代治理、从功能混乱转向职能明确、从单打独斗转向协同作战。

四、绿色发展的未来趋势

生态文明建设的构成要素包括生态文化、生态产业、生态消费、生态资源、生态环境、生态科技、生态制度，这些要素放到空间当中就是生态城乡。因此，围绕八个要素提出绿色发展八个方面的战略趋势展望。

第一，实施生态文化普及化战略，让生态价值、生态道德、生态习俗内化于心并外化于行。这里的核心在于“普及化”。具体地说，要树立生态生命观,“像对待生命一样对待生态环境”;“人与自然是生命共同体,人类必须尊重自然、顺应自然、保护自然”。[7]要树立生态价值观。生态是有生命的,生态是有价值的,生态价值是可以转化的。要树立生态道德观。伦理道德不仅是处理人与人之间的关系(包括当代人之间和代与代之间),也要处理人与自然之间的关系。“坚持人与自然和谐共生”。要树立生态文化观。努力做到以文化人,形成生态自觉、生态自律、生态习俗。

第二,实施生态产业主导化战略,让绿色发展、循环发展、低碳发展成为生产活动的主旋律。这里的核心在于“主导化”。“生态产业主导化”的要求远远高于“产业生态化”的要求。为此,要大力倡导绿色发展,遏制黑色发展;倡导循环发展,遏制线性发展;倡导低碳发展,遏制高碳发展。从途径上讲,对于存量经济与传统产业而言,要走循环经济与清洁生产之路(循环化、清洁化),浙江的镇海石化、绍兴印染等已经走出了一条成功之路;对于增量经济与新兴产业而言,要走技术创新与文化创新之路(高新化、轻型化),浙江的绍兴新昌、湖州长兴、金华东阳等就是转型升级的成功范例。

第三,实施生态消费时尚化,让绿色消费、循环消费、低碳消费成为社会的风尚。消费行为对绿色发展影响重大。消费行为直接影响绿色发展和生态文明,而且具有传导性。消费者用货币购买商品的过程实际上就是“投票”的过程。用货币购买绿色产品或用绿色生产方式生产的产品,就是支持绿色发展;用货币购买黑色产品或用黑色生产方式生产的产品,就是抵制绿色发展。因此要高度重视“货币选票”的作用。要改变摆阔式消费,推崇适度性消费;改变破坏性消费,推崇保护性消费;改变奢侈性消费,推崇节约型消费;改变一次性消费,推崇重复性消费。要加强消费主体的教化,开展创建节约型机关、绿色家庭、绿色学校、绿色社区和绿色出行等行动。

第四,实施生态资源经济化战略,通过价格显示,做到自然资源、环境资源、气候资源价值的实现。要牢固树立和践行“绿水青山就是金山银山”的理念。一方面,要大力推进生态科技创新和生态制度创新,提高自然资源生产率,加强自然资源需求侧管理,优化自然资源投入结构、提高资源配置效率和利用效率。另一方面,要大力推进财税制度改革和产权制度改革，推动基于庇古理论[8]的资源税、环境税、碳税及生态补偿、循环补助、低碳补贴等制度改革；推动基于科斯理论[9]的用水权、排污权、用能权、碳权等制度改革。

第五，实施生态环境景观化战略，让生态环境、生活环境、生产环境满足审美感受。正是基于人们对美的需要的快速上升，浙江省主动提出了将全省打造成一个“大花园”的构想。每个市县镇就是“大花园”的一个组成部分。无论到杭州、宁波、绍兴的城市看看，还是到衢州、丽水、湖州的乡村看看，处处有美景。但是，“大花园”的打造还不充分、不平衡。因此，绿色发展的推进要从普通环境转向优美环境，从普通产品转向生态产品。既要打造优美的生态环境——自然生态美，又要打造优美的生活环境——生态人居美，还要打造优美的生产环境——生态经济美。为此，要以规划为引领，以设计为核心，以养护为保障。

第六，实施生态城乡特色化战略，形成城市—城镇—村落差异化和特色化。2013 年中央城镇化工作会议指出，既要让城市依托现有山水脉络，使居民“望得见山、看得见水、记得住乡愁”，也要注意保留村庄原始风貌，“慎砍树、不填湖、少拆房”。2018 中央农村工作会议强调，按照产业兴旺、生态宜居、乡风文明、治理有效、生活富裕的总要求，建立健全城乡融合发展体制机制和政策体系。实施生态城乡特色化战略的目标是两个：一方面，要做到城市与城镇之间、城镇与村落之间、村落与城市之间有足够的差异度并且尽可能有隔离带；另一方面，城市与城市之间、城镇与城镇之间、村落与村落之间有足够的差异度，防止“千城一面”“千镇一面”“千村一面”的现象。差异就是特色，特色就是优势。为此，要推进城乡多规合一，城乡统筹，明确定位，彰显特色。

第七，实施绿色科技自主化战略，形成基础研究、应用研究、成果转化的绿色科技创新体系。创新引领是第一动力，自主创新是引领绿色发展的第一动力。在绿色且经济、循环且经济、低碳且经济的情况下，只要推广和鼓励即可。但是，在绿色不经济、循环不经济、低碳不经济的情况下怎么办？只有依靠科技创新，才能从绿色不经济转向绿色经济，从循环不经济转向循环经济，从低碳不经济转向低碳经济。创新引领是永无止境、不可估量的。例如，太阳能光伏发电的成本，2010 年为 1.0～1.1 元/度，

2013年为0.7～0.8元/度,2018年则降到0.39元/度。当新能源的价格与老能源的价格相当的时候,就是新能源替代老能源的时候。而且,中国经济成为世界第二大经济体后,要更加重视绿色科技的自主创新。要努力形成具有中国特色的基础研究、应用研究、成果转化的绿色科技创新体系。

第八,实施生态制度体系化战略,形成完善的生态文明体制、机制和制度,全面实现生态文明治理现代化。生态文明制度在推进绿色发展中具有决定性作用。生态文明制度又可以细分为各种体制、机制和制度。体制层面比较宏观,机制层面属于中观,制度层面比较微观。因此,要实现生态文明体制改革、机制创新、制度建设需要同频共振。就生态文明制度建设而言,特别需要加强体系化建设,做到别无选择的强制性制度、权衡利弊的选择性制度和道德教化的引导性制度的体系化;正式制度、非正式制度和实施机制的体系化;源头性制度、过程性制度和末端性制度的体系化。有了生态文明制度的保障,就可以推进生态文明治理体系和治理能力现代化。要实现生态文明治理现代化就要做到:从单中心管理转向多中心治理,从一刀切管理转向多元化治理,从碎片化管理转向系统性治理。总之,生态文明治理体系和治理能力的现代化要为国家治理体系和治理能力现代化做出应有的贡献。

参考文献

[1] 沈满洪."绿色发展"及相关概念辨析[N].文汇报,2017-06-09(W15).

[2] 吕乃基,兰霞.微笑曲线的知识论释义[J].东南大学学报(哲学社会科学版),2010, 12(3): 18-22,126.

[3] 习近平.干在实处走在前列:推进浙江新发展的思考与实践[J].理论与当代,2013,(11):55.

[4] 中共中央文献研究院.习近平关于"不忘初心、牢记使命"重要论述选编[M].北京:党建读物出版社、中央文献出版社,2019.

[5] 沈满洪,谢慧明,李玉文,等.中国水制度研究[M].北京:人民出版社,2017.

[6] 习近平.决胜全面建成小康社会,夺取新时代中国特色社会主义伟大胜利——在中国共产党第十九次全国代表大会上的报告[R].北京:人民出版社, 2017.
[7] 庇古.福利经济学[M].北京:华夏出版社,2007.
[8] 科斯.财产权利与制度变迁[M].上海:上海三联书店,上海人民出版社,1994.

专题一

环境治理与可持续发展的中国经验

低碳转型下的能源—金属耦合：全球进展与中国贡献*

汪　鹏[1,2]　王翘楚[1,2]　韩茹茹[3]
刘　昱[1,2]　蔡闻佳[4,5]　陈伟强[1,2]

1. 中国科学院城市环境研究所；2. 中国科学院城市环境与健康重点实验室；
3. 北京科技大学能源与环境工程学院；4. 清华大学地球系统科学系；
5. 清华—力拓资源能源与可持续发展研究中心

摘要：低碳能源技术高度依赖稀土、钴、锂等具有较高供应风险的关键金属。在全球能源系统低碳转型的时代背景下，部分金属由原先的“耗能资源”逐渐变成制约低碳能源技术发展的“赋能资源”。基于这一新型的“能源—金属耦合”关系，美国、欧盟和日本等发达国家已率先对关键金属进行了系统的识别、梳理和管控，并发布了一系列关键金属清单和风险控制方案。然而，我国对关键金属的研究仍然有限，缺乏对关键金属资源与低碳能源的协同认知。本文在系统梳理相关文献的基础上指出，关键金属的战略意义重大，未来谁拥有关键金属，谁就拥有低碳能源发展的主动权；全球能源转型将使关键金属资源的需求量超过供应量，因此各国对关键金属的争夺在所难免；我国拥有丰富的关键金属资源，为全球低碳能源转型供给了大量的关键金属，并为此付出了巨大的环境、生态和居民健康代价；在全球能源系统低碳转型的背景下，我国需要进一步定量研究关键金属与能源技术的耦合关系，建立关键金属供给风险的识别方法、缓解途径和管理策略，为能源—金属的协同管理及参与全球资源—能源治理提供科学基础和决策支持。

关键词：低碳能源；关键金属；能源—金属耦合；生态环境；产业生态学

---

* 国家自然科学基金委员会与联合国环境规划署合作研究项目(71911101150)；中科院前沿科学重点研究项目(QYZDB-SSW-DQC012)和清华—力拓资源能源与可持续发展研究中心基金资助。

一、引言

为了应对气候变化这一重大而紧迫的全球挑战,世界主要国家纷纷布局新能源发电技术和先进电池储能技术[1],并将其视为新一轮科技革命和产业革命的突破口,通过着力提升能源产业结构开辟新的经济增长点,增强国家技术竞争力并保持全球领先地位[2]。世界能源系统向清洁化、低碳化甚至无碳化快速转型已是大势所趋。2018 年,欧盟发布报告指出,要实现 2050 年温室气体“净零排放”的目标,80%以上的电力须由可再生能源供应[3]。日本在同年发布的第五期《能源基本计划》中也明确提出要在 2030 年实现清洁能源占总电力供应 44%的发展目标[4]。美国特朗普政府虽然在总体上坚持化石能源和新能源并举的能源战略,但仍向新能源材料领域投入大量资金构建研究和产业联盟,降低技术成本,加快技术研发和市场化进程[5]。我国在党的十九大报告中指出,“构建清洁低碳、安全高效的能源体系”。相关研究也指出,我国应在 2050 年形成以可再生能源为主的能源体系,其中可再生能源占总发电量的比例将达到 85%以上[6]。国际可再生能源署(IRENA)在最新报告中指出,截至 2018 年底,可再生能源已占全球发电装机容量的三分之一,其中太阳能和风能占增长量的 84%[7]。同时,在当今世界的许多地区,可再生能源已是成本最低的发电能源[7]。

低碳能源技术的发展严重依赖稀土、钴、锂、镍、镓、铟、铂族金属等具有较高供应风险并对国家经济和发展战略影响重大的关键金属[8-10]。然而,相对于其日益增长的需求,这些关键金属的储量和供给却十分有限。比如,为了完成全球可再生能源转型,到 2050 年,部分关键金属的总消费量甚至将达到其全球矿产储量的 70%~2500%[11,12]。更为严峻的是,这些关键金属资源的储量和产能分布相对集中[13],势必会进一步制约全球部分能源技术的发展和低碳转型。在全球能源系统大变革的背景下,金属由原先的“耗能资源”逐渐演变成制约低碳能源技术发展的“赋能资源”。面对这一新型的能源—金属耦合关系,部分发达经济体,如美国[8,13-15]、欧盟[16,17]等对此高度重视并较早开展了一系列研究。最新研究指出,能源和金属领域已经成为世界各国博弈的新舞台[18-20]。作为全球新能源市场领头羊和关键金属供应大国,我国对新能源发展面对的金属资源风险认识不足,众多优质关键金属资源被大量开采、浪费和出口[5]。在全球能源系统变革和关键金属争夺的时代背景下,迫切需要剖析能源—金属的耦合关系,为我国能源技术发展及关键金属资源安全的协同规划提供科学基础和决策支持。

二、谁掌握关键金属,谁就拥有低碳能源

(一)能源获取的资源瓶颈正从化石资源向金属资源转变

能源是人类生存和社会发展的重要基础。纵观人类的发展史,共经历了三次能源系统的重大变革:第一次变革大约发生在40万年前,以人工火代替自然火的利用为标志,木材、秸秆等生物炭资源成为能源的主要来源;第二次能源革命起源于工业革命时期,以蒸汽机、发电机与发动机的发明与大规模利用为标志,煤炭、石油与天然气的碳基化石资源成为能源的主要来源;第三次能源革命正发生于当下,传统的碳基能源系统难以为继,能源系统减碳化、无碳化成为主要趋势[5]。碳基时代向低碳时代的转型已拉开序幕。其中,全球风能、太阳能等可再生资源分布广泛、资源储量大、市场潜力巨大,在世界各国的能源发展规划中占据重要地位。然而,风能和太阳能等低碳能源技术的发展严重依赖金属资源,特别是某些关键金属。如图1所示,太阳能光伏技术的功能高度依赖镓、铟、锗和碲等稀有金属[21-24];风电技术[25-28]和新能源汽车[29]需要稀土永磁电机作为关键部件;动力电池技术的发展需要消耗大量的锂、钴、镍等稀有金属。德国弗劳恩霍夫系统与创新研究所的一项研究表明:预计到2030年,全球能源系统对镓、铟和钕的需求将分别增长到2006年的6.09倍、3.29倍和3.82倍[30]。在全球能源系统低碳变革的大背景下,金属资源在“能源—金属耦合关系”中扮演着双重角色:一方面,金属的开采、生产及回收需要消耗大量能源;另一方面,能源获取的代价正从煤炭、石油等碳基化石资源向稀土、钴、铂族金属、锂和镍等金属资源转变。目前,金属作为“耗能资源”的特征已经被广泛研究[31,32],而较少有文献从“赋能资源”的角度去探讨金属与全球能源系统转型和格局演变的关系。

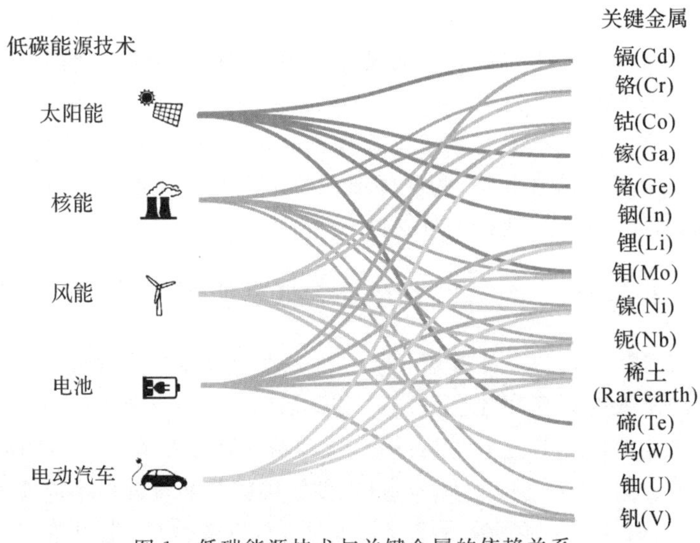

图1 低碳能源技术与关键金属的依赖关系

(二)关键金属储量有限且地理分布极不均衡

尽管太阳能和风能的资源潜力近乎无限,但是其技术发展所必需的关键金属资源不但储量有限,而且地理分布高度不均(表1)。例如,太阳能电池技术所需的镓、锗、钼和铟元素主要分布在我国,目前各金属的供应量分别约占全球的95%、66%、45%和43%;风电技术所需的钴元素主要来自刚果(金),约占全球总供应量的58%;铬元素主要分布于南非,约占全球总供应量的48%;铌元素主要由美国供给,占全球供应量的74%;稀土资源主要分布在中国,占全球总供给量的81%;锂元素主要来自澳大利亚和智利,分别占全球总供应量的44%和33%。关键金属资源的稀缺性和不均衡性将会对全球能源系统低碳转型造成至少三方面的影响:首先,低碳技术的"规模效应"会因关键金属的稀缺性而不复存在,甚至这些技术的成本可能随其产量增加而大幅攀升。例如,作为动力电池的关键原料,钴的国际价格在过去几年内上升了4倍。其次,关键金属从资源开采、原料冶炼到部件制造各个阶段环环相扣,产业链日益复杂。因此,低碳技术的全球供应链和产业链的风险在增大。最后,低碳技术的发展需要多种关键金属资源的共同支撑,而这些金属资源分布于不同的国家。

以中国为例,虽然中国的稀土、镓和钨等资源储量丰富,但是镍和钴资源严重不足,仅为全球的16%和1%,对外依存度较高[33,34]。除资源要素外,全球低碳能源在技术研发、设备制造、终端市场等方面的格局也发生着动态变化,金属—能源耦合系统在全球尺度上的复杂性持续上升,给各国参与全球治理带来巨大挑战[19,20]。

表1 全球关键金属主要供应国

金属	符号	最大供应国	供应比例	其他供应国(比例)
镓	Ga	中国	95%	俄罗斯(15%);乌克兰(15%)
钨	W	中国	83%	越南(7%);俄罗斯(3%)
稀土	REEs	中国	81%	澳大利亚(15%);印度(2%)
铋	Bi	中国	79%	老挝(13%)
锑	Sb	中国	73%	塔吉克斯坦(10%);俄罗斯(10%)
镁	Mg	中国	67%	土耳其(12%)
锗	Ge	中国	66%	俄罗斯(5%)
钒	V	中国	54%	巴西(11%);俄罗斯(20%)
钼	Mo	中国	45%	加拿大(20%);美国(15%)
铟	In	中国	43%	韩国(29%)
锡	Sn	中国	35%	印度尼西亚(17%)
银	Ag	秘鲁	18%	中国(10%)
锂	Li	澳大利亚	44%	智利(33%)
铌	Nb	美国	74%	巴西(9%)
铍	Be	美国	74%	中国(22%)
镍	Ni	印度尼西亚	19%	加拿大(10%)
钴	Co	刚果(金)	58%	俄罗斯(4%)
铬	Cr	南非	48%	土耳其(18%)

资料来源:美国地质调查局。

(三)全球能源低碳转型在局部地区造成巨大的环境和健康代价

低碳能源技术的大规模使用能够有效降低全球碳排放和改善生态环境[35]。然而,金属资源的开采、冶炼、加工和制造会消耗大量能源,并带来二氧化碳及其他污染物的排放问题,具体体现在:一方面,金属资源的开采和冶炼过程会产生大量废水、废气和废渣,污染区域的土壤、水、大气以及生态系统,危及当地居民健康[36,37];另一方面,大部分的关键金属元素(如银、碲、铟、镓、硒、锗以及稀土等)是以共生矿或伴生矿的形态存在(如铟主要来自铅锌矿,镓主要来自铝土矿),因此关键金属资源的使用势必驱动大量共生或宿主金属的开采冶炼,将导致更多的能耗以及二氧化碳和其他污染物的排放[38],削减了低碳能源技术的碳减排潜力。太阳能多晶硅电池生产排放的四氯化矽会对眼睛、皮肤与呼吸道产生巨大危害,同时会对区域生态系统造成不可逆转的破坏;而薄膜太阳能电池使用的重金属镉是致癌物质,会对生产工人的肾脏、肺与骨骼造成损伤[39]。与此同时,发达国家也在将关键金属生产过程中污染最为严重的环节向发展中国家转移。以稀土为例,作为除中国以外的最大稀土生产商,澳大利亚莱纳斯公司将产生大量放射性废物的稀土加工厂设置在马来西亚关丹,引发当地民众多次游行抗议。因此,在金属—能源耦合视角下,全球低碳能源技术的发展会引发严重的环境转移问题:在全球尺度上,新能源技术的大规模使用虽然在使用端有效减少了碳减排,但同时也会在关键原料的开采和生产端引发碳和多种其他污染物的排放;在区域尺度上,由于资源的开采与设备的制造大多分布在环境规制较为薄弱的发展中国家或者偏远的矿区,全球能源系统低碳转型将碳排放和其他潜在环境生态影响转移并集聚到资源的开采、冶炼和产品的制造国家和区域,给当地生态系统和居民及工人的身体健康造成巨大的危害。

(四)能源低碳转型将重塑全球能源—资源深度耦合的地缘政治结构

全球能源低碳转型将会深刻重塑世界能源的供需格局和地缘政治格局。国际可再生能源署(IRENA)[40]和国际能源署(IEA)[41]的研究报告指出,随着全球能源需求重心从化石能源转向低碳、清洁能源,化石能源输出国的全球影响力将逐渐削弱。同时也有研究表明,目前已探明的关键金属储量并不能满足所有国家实现能源低碳转型的金属需求[12,42]。在此过程中,围绕新能源和关键金属产业链的新的国际能源地缘政治格局正在逐步形成。如何掌握风能、太阳能和其他可再生能源的关键技术以及如何确保所需关键金属的安全供给将成为影响未来全球能源地缘政治格局走向的决定性因素[43]。为此,能源低碳转型与关键金属安全供应的研究逐渐兴起,各国纷纷布局新一代能源战略和关键金属战略。在全球能源低碳转型的驱动下,部分国家将会凭借其丰富的资源禀赋提升在区域或全球舞台的政治影响力。例如,Manberger 等人通过对钴、镍和稀土等 14 种金属或类金属资源的全球分布和地缘政治格局分析发现,由于大部分金属资源的地理集中度高于石油,全球能源系统转型将会带来更为严峻的地缘政治挑战,而全球能源转型成功的关键取决于可再生技术替代品的可获取性、出口国的稳定供应和各国地缘政治战略[44]。同时,相关研究指出,全球能源低碳转型将重塑地缘政治关系,并缔造更为紧密的国家与地区间联系。因此,亟须建立能源转型战略、关键金属资源战略与地缘政治战略深度耦合的研究体系,以促进全球能源系统的成功转型[45]。在未来的国际能源格局中,谁掌握了关键金属,谁就掌握了低碳能源。

三、能源转型下发达国家对关键赋能金属的争夺愈演愈烈

(一)能源低碳转型带来世界范围内的关键金属资源争夺

伴随着世界能源发展形势的深刻变革,全球能源结构转型正在快速推进,确保关键金属稳定充足的供应对实现全球能源低碳转型至关重要。然而,关键金属储量稀缺与地理分布不均衡的特性将使得关键金属资源的国际争夺愈演愈烈。国际能源署预测,2030 年全球光伏发电(PV)的装机容量将达到 1721GW,2050 年将达到 4674GW,将为全球贡献约 16%的电力[46];国际可再生能源署在《全球能源转型:2050 年路线图》中指出,全球电动汽车存量将从 2015 年的 120 万辆增长至 2050 年的 9.65 亿辆[47];美国能源信息署(EIA)在《国际能源展望 2019》报告中指出[48],2018—2050 年全球可再生能源消耗量将以年均 3%的速率增长,其中碲和锂的需求增速最高,分别为 6.9%和 6.2%。然而,若以当前金属资源开采量的年均增长率计算,未来部分关键金属资源(如表 2 列出的这些元素)将难以满足全球可再生能源转型对金属资源的需求。此外,预计 2050 年全球能源低碳转型对关键金属资源的需求将增加至其储量的 70%~440%,其中银、铂、碲、钴和铟的未来需求量将分别达到全球储量的 4.4 倍、2.9 倍、2.7 倍、1.9 倍和 1.7 倍(图 2),锂、钴、铟和钒的未来需

求量将达到2017年的965%、585%、241%和173%[50]。除低碳能源技术外，每年约有数百万吨的关键金属应用于城市与工业化的基础设施建设。同时，电力、自动化、通讯、运输和生产等先进技术领域对这些金属材料也有大量需求。可见，随着全球能源低碳转型的推进，世界范围内的关键金属资源争夺在所难免，因此识别这些关键金属的供应风险、保障其稳定充足的供应以及制定能源技术—关键金属的协同管理策略尤为迫切[51]。

表2 全球可再生能源转型下关键金属资源总需求量及其未来年平均增速的预测

金属	符号	2030年金属额外需求量（吨）	2050年金属额外需求量（吨）	开采量年均增长率（1998—2016年）	未来需求增长率（可再生能源发电驱动，2011—2050年）
金	Au	—	—	1.48%	2.8%
镉	Cd	6672	25395	0.20%	2.7%
硼	B	782	1013	2.32%	3.2%
铈/镧	Ce/La	—	—	0.00%	3.2%
铜	Cu	61475776	18093241	2.92%	3.4%
镝	Dy	6190	15754	0.00%	5.2%
镓	Ga	232	885	−0.77%	3.1%
钆/钐/铽	Gd/Sm/Tb	1350	3194	0.00%	3.8%
锂	Li	—	—	4.61%	6.2%
钕	Nd	81097	207296	0.00%	4.5%
铅	Pb	—	—	2.43%	2.7%
镨	Pr	1722	3306	0.00%	3.9%
铂/钯	Pt/Pd	—	—	0.02%	2.8%
锡	Sn	524796	1997495	2.05%	3.1%
碲	Te	6625	25218	4.54%	6.9%
钛	Ti	86775	260405	2.00%	2.7%
钒	V	—	—	2.75%	3.2%

资料来源：全球能源与金属需求报告[49]。

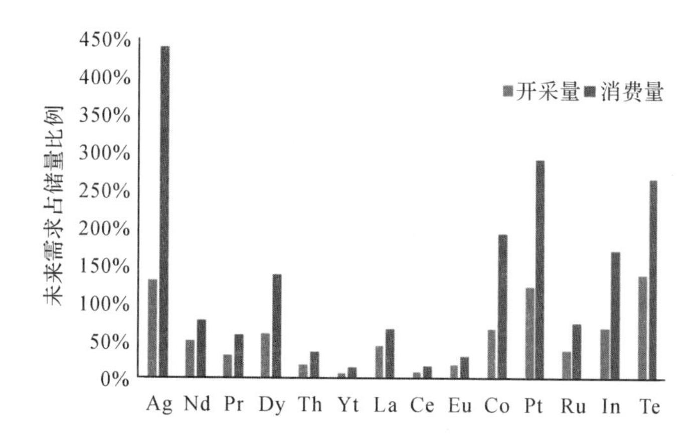

图 2 2050 年全球部分关键金属总需求量与资源储量的比例

(二)发达国家纷纷加强关键赋能金属的获取和供应保障能力

越来越多的国家意识到关键金属对能源技术的支撑和保障作用,纷纷制定相应举措以促进本国关键金属资源的勘查、开采和储备能力。其中,美国[15]、欧盟[52]、日本[53]、澳大利亚[54]和英国[55]等世界主要经济体较早开展了关键金属的识别、梳理和管控,并发布了一系列关键金属清单和相关政策研究报告。2018 年 5 月,美国内政部公布了对美国经济和国家安全至关重要的 35 种矿产资源,要求提升对这些矿产的掌控力,降低对外依存度;2019 年 6 月,美国商务部发布了《确保关键矿产安全和可靠供应的联邦战略》,从科技研发、供应保障、国际贸易、地质调查、矿业政策和人力资源等方面提出了保障关键矿产供应的 61 项具体措施;欧盟为保证产业发展需求,降低关键金属供应风险,于 2008 年启动关键原材料的评估并持续更新,直至 2017 年将其种类增加到 27 种;英国于 2015 年更新了风险矿产清单,共包含 41 种矿产类型;作为世界上钴资源最为丰富的国家,刚果民主共和国也将钴等资源纳入国家战略矿产名录。此外,各国亦致力于寻求安全可靠的贸易伙伴来确保本国关键金属资源的稳定供应[44]。2010 年,日本开始与蒙古和澳大利亚建立战略伙伴关系,以获得稀土资源供应,从而减少对中国的依赖;2019 年 6 月,美国国务院发布《能源资源治理倡议》,旨在促进采矿部门完善能源矿产的供应链,该倡议涉及澳大利亚、巴西和刚果民主共和国等9个国家。

四、我国在全球能源低碳转型中的贡献和挑战

(一)全球能源低碳转型实际上以中国的资源消耗为前提

我国为世界各国供应了大量的关键金属资源及含资源的各类能源技术产品,为支撑全球能源低碳转型做出了巨大贡献。美国地质调查局2018年的报告指出(表1),在近25种关键金属矿产中,中国供应量超过40%的关键金属多达十多种,涵盖了大部分低碳能源技术所需的关键材料。经济合作与发展组织的报告研究指出,中国分别是美国13种关键矿产、欧盟21种关键矿产、英国23种矿产的最大供应国;我国稀土资源储量约占全球总储量的1/3,却承担了全球90%以上的市场供应。除此之外,我国在2017—2018年向全球供应了94%的镓、60%的锗、40%的铟、82%的钨、65%的碲和55%的钒[56]。同时,我国也是全球风机与光伏材料的制造中心。美国国家可再生能源实验室(NREL)研究数据显示,2017年全球光伏装机量约为92GW,其中98%由亚洲国家供应,而我国就占57%。另外,由于关键金属在战略性新兴产业和国防安全等关键领域也具有不可替代的作用[57,58],我国的关键金属资源被美国、日本和欧盟等经济体长期以低廉的价格大量囤积,致使我国未来发展的正常需求恐无法得到满足。

(二)我国为全球能源低碳转型付出了巨大的环境代价

由于我国是全球关键金属资源的主要出口国,全球能源低碳转型已经并将继续增加我国关键金属资源的开采和出口,使我国为全球能源低碳转型承担巨大的环境代价。以稀土为例,由于长期的无序、非法开采,我国稀土资源快速枯竭,并引发了一系列生态环境问题,如山体滑坡、水土流失、植被破坏等。同时,稀土矿产开采、分离等工艺和生产技术不可避免地产生大量废水(含高浓度氨氮、氟、重金属等)、废气(含氟、硫)和废渣(钍和铀等放射性元素)等污染物,严重污染地表水、地下水、大气及农田[59,60]。2013年,我国稀土开采导致植被总受损面积为177km^2,生态破坏价值量总损失为81.1亿元,工业废水产生量为378.3万t,COD排放319.5t,氨氮排放782.5t,重金属铅排放1817.2kg,液态氟化物排放

88.4t,磷排放 1997.6kg,工业废气 94.5 亿 m^3,烟粉尘 462.1t,SO_2 1721.1t,工业废渣 3.5 万 t[60-62]。有关研究显示:2001—2013 年,我国稀土资源开发的生态环境成本为 761.7 亿。其中,采选导致的生态破坏损失为 721.8 亿元,冶炼导致的环境治理成本为 39.9 亿元[63]。

(三)我国实现能源转型的关键金属供需缺口巨大

为了保障我国能源供应、改善生态环境和提升国际竞争力,十九大报告强调"推进能源生产和消费革命,构建清洁、低碳、安全、高效的能源体系",同时将新能源和新能源汽车作为战略性新兴产业重点发展[64],并制定了一系列宏伟的战略目标[64,65]。而这些目标的实现需要关键金属作为基础支撑。一方面,我国关键金属的资源储量丰富,但是长期以来缺乏对"能源—金属耦合关系"的认知,众多优质金属资源被大量开采、浪费和出口[66],我国相应的关键资源禀赋优势被逐步削弱。另一方面,为了实现低碳能源转型目标,预计到 2050 年,我国风力发电的金属需求量将增长到 2000 年 230～312 倍,太阳能技术的金属需求量为 20～137 倍[67];到 2030 年,我国新能源汽车对稀土的需求量将达到 31.5 万 t,占全球总产量的 22%[68]。作为世界低碳能源生产和消费中心,中国将成为全球关键金属的需求大国。然而,我国实现能源转型的关键金属缺口巨大。根据梁靓等人的评估[66],我国约有 84%～99%的镍、钴、锂及锰资源都要依赖进口。由于技术、开发成本和其他条件制约,导致我国锂、锡、铷、铍、铌和锰产量不足。近年来,钴和锂矿石在动力电池技术需求增长驱动下价格大幅攀升,使得正极材料在动力电池的价格占比由 30%升至 50%。由于资源多为共生或伴生矿形态生产[69],其产能扩张十分缓慢[70],而且矿产资源稀少并集中在刚果等动荡区域。这势必进一步加剧能源技术相关的关键金属资源的供需矛盾,对我国能源技术进步、市场推广和国际竞争产生重大影响。

五、总结

充足、稳定、安全的关键金属资源对实现全球能源低碳转型至关重要。然而,关键金属资源储量有限且地理分布极不均衡。为了保证产业发展的需求,应对供应风险,世界各国和组织根据资源禀赋、产业政策及治理体系等特点制定了一系列策略。我国的关键金属资源储备丰富,但是长期以低廉的价格大量出口,为全球能源低碳转型付出了巨大的资源和环境代价。而且,我国部分关键金属资源极度短缺,例如镍、钴等资源的储量严重不足,只能严重依赖进口。因此,有效识别适合我国产业特点的关键金属供应风险,充分利用我国的优势资源,并借助世界贸易建立稳定的供应机制,对我国实现资源能源的可持续发展、保障经济持续增长,以及增强全球能源话语权具有至关重要的作用。特别地,在能源技术—关键金属协同管理研究方面应重视如下三点:

首先,需要充分认识关键金属在能源系统低碳转型中的关键作用,将关键金属与能源转型进行协同研究和管理。特别地,我们要针对我国可再生能源中长期发展规划,系统识别该目标驱动下的关键金属的需求量、国内储量、循环回收潜力,以及全球金属生产和贸易格局,系统识别关键金属供应风险,全面提升对关键金属的管控能力,强化关键金属与能源转型协同管理力度。

其次,我国要围绕关键金属的全生命周期循环,提高资源开发、冶炼及循环利用效率,减少资源浪费,降低生态环境污染,保障工人和居民身体安全。为此,我们针对我国关键金属共伴生矿产多、选冶难度大、环境影响严重等问题,重点加大关键金属勘探工作,提升金属的开采、冶炼技术及高效绿色技术的研发,提高资源利用效率及清洁化生产水平。特别地,随着可再生能源装机量及报废量的增加,循环回收量将成为关键金属未来供应的主要来源。我们为此要早做准备,开展关键金属的溯源和报废产品的监控。

最后,我国要警惕全球能源系统转型带来的新型地缘政治风险,通过世界贸易及国际合作等方式建立稳定的关键金属和能源供应机制,积极参与并主导关键金属—可再生能源的国际协同治理。要充分利用我国的部分关键金属的资源优势,加强能源与资源的区域合作和全球治理,带动国际社会共同参与到可再生能源与关键金属的治理中。

参考文献

[1] Nykvist B, Nilsson M. Rapidly falling costs of battery packs

for electric vehicles [J]. Nature Climate Change, 2015, 5(4): 329-332.

[2] 国家能源局.能源技术创新“十三五”规划[M].北京:国务院新闻办公室,2016.

[3] 许林玉.欧盟新愿景:为所有人创造一个清洁地球[J].世界科学,2019,483(3):36-40.

[4] 经济产业省.能源基本计划[M].东京:经济产业省,2018.

[5] 边文越,陈挺,陈晓怡,等.世界主要发达国家能源政策研究与启示[J].中国科学院院刊,2019,34(4):488-496.

[6] 国家发展和改革委员会能源研究所.中国2050高比例可再生能源发展情景暨路径研究[R].北京:国家发展和改革委员会能源研究所,2015.

[7] IRENA. Renewable Energy Statistics 2019 [R]. Abu Dhabi: The International Renewable Energy Agency, 2019.

[8] APS. Energy Critical Elements: Securing Materials for Emerging Technologies [R]. College Park, MD: American Physical Society, 2011.

[9] Eggert G R. Minerals go critical [J]. Nature Chemistry, 2011, 3 (9): 688-691.

[10] Gulley A L, Nassar N T, Xun S. China, the United States, and competition for resources, that enable emerging technologies [J]. Proceedings of the National Academy of Sciences, 2018, 115 (16): 4111.

[11] Grandell L, Lehtil A, Kivinen M, et al. Role of critical metals in the future markets of clean energy technologies [J]. Renewable Energy, 2016, 95: 53-62.

[12] De Koning A, Kleijn R, Huppes G, et al. Metal supply constraints for a low-carbon economy [J]. Resources, Conservation and Recycling, 2018, 129: 202-208.

[13] Schulz K J, Deyoung J H, Seal R R, et al. Critical Mineral

Resources of the United States: Economic and Environmental Geology and Prospects for Future Supply [M]. United States: Geological Survey, 2018.

[14] Council N R. Minerals, Critical Minerals, and the US economy [M]. New York: National Academies Press, 2008.

[15] Chu S. Critical Materials Strategy [M]. New York: DIANE Publishing, 2011.

[16] Commission E. Critical Raw Materials for the EU [M]. Brussels: Report of the Ad-Hoc Working Group on Defining Critical Raw Materials, 2010.

[17] Commission E. Report on Critical Raw Materials for the EU [R]. Brussels: Report of the Ad-Hoc Working Group on Defining Critical Raw Materials, 2014.

[18] 杨丹辉.资源安全、大国竞争与稀有矿产资源开发利用的国家战略[J].学习与探索,2018,276(7): 99-108,182.

[19] Sovacool B K, Ali S H, Bazilian M, et al. Sustainable minerals and metals for a low-carbon future [J]. Science, 2020, 367 (6473): 30.

[20] O'sullivan M O, David I S. The Geopolitics of Renewable Energy [R]. HKS Working Paper No. RWP17-027, 2017.

[21] Nassar N T, Wilburn D R, Goonan T G. Byproduct metal requirements for US wind and solar photovoltaic electricity generation up to the year 2040 under various Clean Power Plan scenarios [J]. Applied Energy, 2016, 183: 1209-1226.

[22] Kavlak G, Mcnerney J, Jaffe R L, et al. Metal production requirements for rapid photovoltaics deployment [J]. Energy Environment Science, 2015, 8 (6): 1651-1659.

[23] Davidsson S, Hook M. Material requirements and availability for multi-terawatt deployment of photovoltaics [J]. Energy Policy, 2017, 108: 574-582.

[24] Zuser A, Rechberger H. Considerations of resource availability in technology development strategies: The case study of photovoltaics [J]. Resources, Conservation and Recycling, 2011, 56 (1): 56-65.

[25] Habib K, Wenzel H. Exploring rare earths supply constraints for the emerging clean energy technologies and the role of recycling [J]. Journal of Cleaner Production, 2014, 84: 348-359.

[26] Elshkaki A, Graedel T E. Dynamic analysis of the global metals flows and stocks in electricity generation technologies [J]. Journal of Cleaner Production, 2013, 59: 260-273.

[27] US Department of Energy. Critical Materials Strategy [R]. Washington, D. C. , 2010.

[28] Viebahn P, Soukup O, Samadi S, et al. Assessing the need for critical minerals to shift the German energy system towards a high proportion of renewables [J]. Renewable & Sustainable Energy Reviews, 2015, 49: 655-671.

[29] 王昶,孙晶,左绿水,等. 新能源汽车关键原材料全球供应风险评估[J]. 中国科技论坛,2018,(4): 83-93.

[30] Angerer G M-W F, Lüllmann A, Erdmann L, et al. Raw Materials for Emerging Technologies [R]. Karlsruhe: Fraunhofer Institute for Futures Studies and Technology Assessment,2009.

[31] Vidal O, Rostom F, François C, et al. Global trends in metal consumption and supply: the raw material-energy nexus [J]. Elements: An International Magazine of Mineralogy, Geochemistry, and Petrology, 2017, 13 (5): 319-324.

[32] Giurco D, Mclellan B, Franks D M, et al. Responsible mineral and energy futures: views at the nexus [J]. Journal of cleaner production, 2014, 84: 322-338.

[33] 马玉芳,沙景华,闫晶晶,等. 中国镍资源供应安全评价与对策研究[J]. 资源科学,2019,41(7):1317-1328.

[34] Ober J A. Mineral Commodity Summaries 2017 [R]. Reston, Virginia: U. S. Geological Survey, 2017.

[35] Neeelameggham N R, Reddy R G, Belt C K, et al. Energy Technology Perspectives [R]. Paris: International Energy Agency, 2009.

[36] 金姝兰,黄益宗,王斐,等. 江西铜矿及冶炼厂周边土壤和农作物稀土元素含量与评价[J]. 环境科学, 2015, 36(3): 1060-1068.

[37] 张永江,田川,邓茂,等. 典型锰矿开采冶炼区域重金属分布及潜在风险评价[J]. 环境影响评价,2017,39(4):66-70,84.

[38] 华仁民,张文兰,李光来,等. 南岭地区钨矿床共(伴)生金属特征及其地质意义初探[J]. 高校地质学报,2008,14(4):527-538.

[39] Bergesen J D, Heath G A, Gibon T, et al. Thin-film photovoltaic power generation offers decreasing greenhouse gas emissions and increasing environmental co-benefits in the long term [J]. Environmental science & technology, 2014, 48(16): 9834-9843.

[40] IRENA. A New World: The Geopolitics of the Energy Transformation [R]. Abu Dhabi: Global Commission on the Geopolitics of Energy Transformation, 2019.

[41] IEA. Outlook for Producer Economies: What Do Changing Energy Dynamics Mean for Major Oil and Gas Exporters [R]. Paris: International Energy Agency, 2018.

[42] Grandell L, Lehtil A, Kivinen M, et al. Role of critical metals in the future markets of clean energy technologies [J]. Renewable Energy, 2016, 95: 53-62.

[43] Habib K, Hamelin L, Wenzel H. A dynamic perspective of

the geopolitical supply risk of metals [J]. Journal of Cleaner Production, 2016, 133: 850-858.

[44] Manberger A, Johansson B. The geopolitics of metals and metalloids used for the renewable energy transition [J]. Energy Strategy Reviews, 2019, 26: 100394.

[45] Goldthau A, Westphal K, Bazilian M, et al. How the energy transition will reshape geopolitics [J]. Nature, 2019, 569 (7754): 29-31.

[46] IEA. Technology Roadmap Solar Photovoltaic Energy [R]. Paris, France, 2014.

[47] IRENA. Global Energy Transformation: A Roadmap to 2050 [R]. Abu Dhabi: International Renewable Energy Agency, 2018.

[48] EIAUS. International Energy Outlook 2019 [R]. Washington, D. C. , 2019.

[49] Rietveld E, Boonman H, van Harmelen T, et al. Global Energy Transition and Metal Demand [R]. Amsterdam: The Netherlands Organization For Applied Scientific Research, 2019.

[50] The Word Bank. Climate-smart Mining: Minerals for Climate action [R]. Washington: The World Bank, 2018.

[51] Graedel T E, Harper E, Nassar N T, et al. Criticality of metals and metalloids [J]. Proceedings of the National Academy of Sciences, 2015, 112 (14): 4257-4262.

[52] Enropean Commission. Critical Raw Materials for the EU [M]. Brussels: Joint Research Centre, 2017.

[53] Hatayama H, Tahara K. Criticality assessment of metals for Japan's resource strategy [J]. Materials Transactions, 2015, 56 (2): 229-235.

[54] Skirrow R G, Huston D L, Mernagh T P, et al. Critical

Commodities for a High-tech World：Australia’s Potential to Supply Global Demand [M]. Canberra：Geoscience Australia Canberra，2013.

[55] BGS. Risk List 2015 [M]. Nottingham：British Geological Survey，2015.

[56] U. S. Geological Survey. Commodity Statistics and Information [M/OL]. [2018-03-10]. https：// minerals. usgs. gov/minerals/pubs/commodity/.

[57] 翟明国，吴福元，胡瑞忠，等. 战略性关键金属矿产资源：现状与问题[J]. 中国科学基金，2019，33 (2)：106-111.

[58] 王东方，王婉君，陈伟强. 中国战略性金属矿产供应安全程度评价[J]. 资源与产业，2019，21(3)：22-30.

[59] 马国霞，王晓君，於方，等. 我国稀土资源开发利用的环境成本及空间差异特征[J]. 环境科学研究，2017，30(6)：817-824.

[60] 郭钟群，赵奎，金解放，等. 离子型稀土矿环境风险评估及污染治理研究进展[J]. 稀土，2019，40(3)：115-126.

[61] Lee J C，Wen Z. Pathways for greening the supply of rare earth elements in China [J]. Nature Sustainability，2018，1(10)：598-605.

[62] 郑明贵，罗婷. 赣南地区离子型稀土矿山水环境成本量化研究[J]. 稀土，2019，40(5)：147-158.

[63] 马国霞，朱文泉，王晓君，等. 2001—2013 年我国稀土资源开发生态环境成本评估[J]. 自然资源学报，2017，32 (7)：1087-1099.

[64] 国务院. “十三五”国家战略性新兴产业发展规划[M]. 北京：国务院新闻办公室，2016.

[65] 国家能源委员会. 能源生产和消费革命战略(2016—2030) [M]. 北京：国务院新闻办公室，2016.

[66] 梁靓，代涛，王高尚. 基于供需视角的中国矿产资源国际贸易格局分析[J]. 中国矿业，2017，26(9)：53-60.

[67] Wang P, Chen L Y, Ge J P, et al. Incorporating critical material cycles into metal-energy nexus of China's 2050 renewable transition [J]. Applied Energy, 2019, 253: 113612.

[68] Li X Y, Ge J P, Chen W Q, et al. Scenarios of rare earth elements demand driven by automotive electrification in China: 2018—2030 [J]. Resources, Conservation and Recycling, 2019, 145: 322-331.

[69] Peiró L T, Méndez G V, Ayres R U. Material flow analysis of scarce metals: Sources, functions, end-uses and aspects for future supply [J]. Environmental Science & Technology, 2013, 47 (6): 2939-2947.

[70] Ali S H, Giurco D, Arndt N, et al. Mineral supply for sustainable development requires resource governance [J]. Nature, 2017, 543 (7645): 367-372.

水制度量化研究进展:对象、方法与框架*

谢慧明[1]　吴应龙[2]　沈满洪[1]

1. 宁波大学商学院;2. 浙江大学经济学院

摘要:量化水制度研究是提高水制度绩效的必要条件。量化水制度的研究对象包括水价、水量、水质、工程和法令。量化水制度的研究方法有虚拟变量法、规制强度法和内容分析法。水价、水量和水质一般通过规制强度法进行量化,工程和法令则分别通过虚拟变量法和内容分析法进行量化。量化水制度研究旨在局部均衡或一般均衡的分析框架下评价水制度绩效,其经验研究主要通过控制变量、随机实验、自然实验或可计算一般均衡模型等方法进行。进一步践行系统分析思路、探讨方法的稳健性和完善一般均衡框架是推进水制度量化研究的方向。

关键词:水制度;量化研究;对象;方法;框架

人类社会面临水危机的巨大挑战,可通过技术和制度并举的治水方略,包括水利工程建设、冲突或战争、自治或社会阶层安排等进行应对。然而,技术治水有放大之嫌而制度治水的关注度却远远不够。事实上,技术治水之难并非致命,反而水制度的缺位或不合理是水问题的根源[1,2]。制度经济学家认为,制度是社会的游戏规则或行为规则,涵盖的内容涉及社会、政治及经济的方方面面。水制度研究可以认为是社会治水的游戏规则或行为规则,包括配水、用水、治水、节水等各环节上的制度安排,包括水资源、水环境、水生态等各领域内的制度安排,包括法律、政策和组织三个层次,涵盖防洪、灌溉、土地、环保等广义水制度安排和立足于解决水

* 国家社科基金重点项目“跨界流域生态补偿的一般均衡分析及横向转移支付研究”(19AJY007);国家社科基金重大招标项目“海洋生态损害补偿制度及公共治理机制研究——以中国东海为例”(16ZDA050)。

资源、水环境和水生态危机的水法律、水政策和水行政等狭义水制度安排[3]。多样化的水制度安排使得相关研究不够聚焦,因此细致梳理水制度量化研究对象有利于明确水制度研究的重要内容,而如何使用适当方法量化水制度研究是进一步深入研究水制度及其绩效的关键。水制度量化研究包括水制度的量化以及量化后水制度的绩效研究,它源于对水制度绩效的考察,且绩效评价结果影响深远。

一、水制度量化研究的对象

水制度量化研究可以量化制度本身,也可以量化制度内容。文献分析表明,水制度本身量化包括工程和法令,水制度内容量化一般包括水价、水量和水质。这五类研究对象包括水的属性和水的制度安排,与水权配置和水质标准等属性相关。有一些水制度安排确实存在其固化的创新对象,如水权,但也可以被纳入这五类研究对象中进行考虑。譬如,水权交易和水污染权交易制度等量化研究可以从水量和水质视角切入,水污染减排成本和水权交易价格等与水价关联。

(一)水价

水价是水制度安排的核心,也是被研究最多的一类对象。在西班牙,当水价从 0 变为 50PTAs/m^3 时,水价与水资源需求量呈负相关关系[4];在阿拉伯,水价由每月固定的 50DHS 转变为 2.2DHS 时,样本中 73%的家庭平均减少了 29%的用水量[5];在意大利,农业系统水价约为 0.016~0.31 欧元/m^3[6];在美国加州,水价翻倍会减少 12%用水量[7];在约旦河谷,水价被区分为四档,分别是每千立方米 11.5、17.3、28.8 和 50.4 美元[8];在伊朗,水价由 0 提至 0.15 美元/m^3 后,地下水需求显著减少[9];在巴西,1997—2002 年间水需求价格弹性为−0.45~0.5,收入弹性为 0.39~0.42;在印度,2002—2003 年间灌溉用水需求价格弹性为−0.15,偏向于保障贫困家庭的水价呼之欲出[10,11];在中国,理顺水价有巨大的节水潜力[14-16],生活用水缺乏弹性,工业用水富有弹性[17-19],随着水价上涨,用水量对水价将先后经历无弹性、敏感弹性和低弹性[20]。以水价为研究对象的水制度量化研究旨在刻画市场化水制度安排,重点关注水需求方程的估计,是水市场或水政策研究的核心。

(二)水量

水量研究关注的关键问题是提高水价能否减少用水量以及对水配额的研究。在美国,严格的灌溉政策在干旱期并不能有效减少水资源使用量[21],基于规范报告的节水举措短期内能够显著减少用水需求,而长期的节水效应具有条件附加性[22];在西班牙,减少10%水配额将减少9.6%农业利用面积和5.6%农业产值[23];在瑞士,通过限制取水以减少灌溉的水政策会增加农民的增收风险且会提高土豆生产的用水需求,但水配额措施却能在保持农民收入不变的情况下显著减少用水需求[24];在以色列,水配额给定时提高水价并不能提高水效率,农作物的混合种植是使净收益最大化的有效手段[25];中国的水资源总量控制政策业已实施多年,相关研究集中于最严格的水资源管理制度以及与水环境容量关联在一起的总量控制制度[26-31]。水量视角的水制度量化研究主要关注水资源使用量以及水配额和节水举措,它往往与水价一道构建起水市场分析的基础。

(三)水质

水质研究主要针对水环境问题,围绕水环境压力和水污染减排成本展开。早期,人们关注河流和入海口水污染物的排放管理[32]和有毒有害水污染物排放禁令的成本收益[33,34]。后来,人们开始关注农业生产中化肥使用对水体的影响,如化肥使用量和氮压力之间的关系[35]以及水体富营养化问题[36]。再后来,人们开始关注水污染治理的支付意愿以及水污染物减排。在荷兰,减少10%,20%和50%水污染物的成本约为国民净收入的0.2%~9.4%[37];在德国,实现欧洲水框架指令中所设定的水质目标会使社会经济成本增加10倍[38];在以色列,处理后的废水用于灌溉农业可以增加33亿美元的社会福利,而且经农业预处理的污水淡化政策能够减少27亿美元的损失[39];在中国,分质供水和中水回用等循环利用战略是实现工业节水的有效举措,耦合水质的水生态补偿等制度实践不断深入,且制度体系不断完善[40]。水质视角的水制度量化研究经历了从禁令到梯度减排的转变,从成本收益到社会福利损益的转变,从单政策工具到多政策工具比较的转变[41]。

（四）工程

鉴于水制度内生性以及难以量化等问题，水利工程逐渐成为研究水制度的一个有效对象。工程建设前后的环境、经济、社会等多方面的比较研究是核心。早期主要关注自然影响。在美国，21个水坝下游的洪水危害、含沙量、悬浮载荷显著降低，河床降解显著，河道宽度有增有减，岸栖植物一般增加[42]。中国的南水北调工程对水源区和受水区的丰枯遭遇产生了影响，并在重塑地理空间格局[43,44]；中线工程使得汉江水质持续恶化，且对丹江口水库水质产生影响[45,46]。水坝的经济影响与可持续管理问题尔后被提上议事日程。大坝会产生区域内、区域间乃至全国或全球影响[47]。有研究考察了泥沙调度的经济可行性和大坝的寿命，以及拆除到达设计寿命大坝的成本收益[48,49]。虽然20世纪90年代初，全球登记在册的大坝有36000多座，但仍需兴建更多的大坝[50]。大坝经济学逐渐兴起，“建大坝”和“反大坝”是争论焦点，考虑社会和生态环境双重外部性的成本收益分析是决策基础[51]。

（五）法令

更为直观的量化对象是水法律或指令以及与之相关的资源环境政策，已有研究主要包括美国的清洁水法、欧盟的水框架指令等。在美国，清洁水法在改善水质的同时使游艇、垂钓和游泳等活动的收益每年高达3.579～18亿美元[52]；在苏格兰，欧盟水框架指令产生了积极影响，收益成本比为1.69∶1[53]；在以色列，相对于需求管理和供给保障类政策，海水淡化政策的成本更低[54]；在泰国，为了满足2021年政府生物乙醇生产计划，还需要约16.25亿立方米的灌溉用水，约占现有活水量的3%[55]；在美国，森林保护计划有利于提高水支付意愿[56]，滴灌补贴会增加灌溉面积和农业生产总值[57]；在美加边境，美国能源独立和安全法案改变了北部红河盆地的农业土地利用类型，进而影响区域水资源[58]；在中国，“十一五”节能减排政策将有助于节水[59]。法令研究有对单一水法律或指令实施前后的效果进行比较，有基于农业、资源、环境等政策讨论水问题，也有讨论若干水政策之间的关系。

二、水制度量化研究的方法

五类研究对象有些易量化，有些不易量化，有些时候易量化，有些时候不易量化。水价、水量和水质往往被认为易量化,居民和工业水价的高低、水配额的多少以及Ⅰ～Ⅴ类水等是具体的量化指标。工程和政策等则往往难以量化,可能只存在有无之分。那些容易被量化的水制度研究对象在有些时候也往往难以估计,譬如水价提价政策。虽然水价容易被量化,但各地区在什么时候提多少价格又千差万别。如何量化水价提价政策等难以量化的水制度研究需要有特定的方法。

(一)虚拟变量法

虚拟变量法是指通过工程建设或政策实施前后情况的比较,或通过制度变量0和1的设置,或通过对照组和实验组的设计来评价水制度绩效。工程建设或政策实施前后情况的比较体现了最为原始且经典的虚拟变量法思想。前后情况的比较主要是分析工程建设前后资源、环境、经济等要素的变化[60-63];或政策实施前后成本收益的变化,如欧盟水框架指令和清洁水法分别在苏格兰和美国的成本收益分析[64,65]。

随着计量经济学方法论的兴起,0和1的设置被广泛用于分析制度实施前后水制度绩效的变化。0-1方式的水制度变量设置,可以是时间维度上的,也可以是空间维度上的。时间维度上水制度变量的0-1设置,一般将制度实施之前的年份设为0,而制度实施之后的年份设为1;空间维度上水制度变量的0-1设置,一般将有水制度的地区设为1,而无水制度的地区设为0[66,67]。

当通过设计对照组和实验组,并运用随机或自然实验的办法对水制度绩效进行研究时,双重差分或三重差分方法应用广泛。双重差分研究的经验文献如20世纪90年代阿根廷水务私有化制度安排让儿童死亡率下降8%[68],也有印度和中国的案例[69,70]。也有研究从水污染相关企业和水污染无关企业、有河流经过县域和无河流经过县域、省内下游县域和省内非下游县域三个维度运用三重差分分析了中国水污染治理政策的效果[71];还有研究从阶梯水价试点前后、有无参加阶梯水价试点的家庭以及平均季节性用水量的排序三个维度运用三重差分考察了美国北卡罗来纳州的居民用水量[72]。

虚拟变量法可以根据0-1水制度变量的显著性水平判定其影响,适用于水制度难以从强度、高度、广度或深度等维度加以量化的情形。这一处理方式也正是由于无法精确地给定水制度的具体影响而颇受争议,毕竟仅考虑水制度的有无而忽略每项水制度的具体区别并不能全面衡量水制度及其影响。

(二)规制强度法

水规制强度可以根据水制度的类型分为水资源规制强度、水环境规制强度和水生态规制强度;可以根据规制强度的构造方法分为水规制区域强度指标、水规制数量强度指标、水规制累计强度指标等[4]。规制强度法旨在刻画制度差异而不仅是有无;与虚拟变量是离散的不同,水规制强度是连续的,如水价、水配额、单位 GDP 耗水量、政策数量等。

更高水价意味着更高水规制强度。人们对阶梯水价中水价档次的提升反应显著[73];提价政策是实现工业节水的传统手段[19]。水配额是水规制强度的又一指标。水配额越小,水规制强度越大。水配额制度安排可以是直接限制取水或用水[24];也可以是限制水的使用次数,如灌溉次数[74]。还有一类水规制强度指标衍生于环境规制强化制度指标,如单位 GDP 耗水量、单位 GDP 废水排放量或水规制政策数量等[3,75-77]。单一的环境规制指标还包括环境执法中的惩罚金额、环境治理投入和污染物排放相关指标[78-80]。基于各类指数的综合规制强度也被用于刻画水规制强度,如基于虚拟变量法量化后再核算的水规制强度[81],第三方可持续发展指标[82],环境规制强度综合指数[83]等。

规制强度法主要适用于水价、水量和水质。一方面,水规制强度既可以从传统水价、水配额等角度进行设置,也可以从水环境角度进行设置;另一方面,水规制强度既可以是单一的数量式连续型变量,也可以是复合的指数式连续型变量。相比而言,虚拟变量法下水制度有无的研究或许并不精准,而与之相关的制度执行变量更为重要,至少在环境污染上如此[79,84]。然而,鉴于没有统一的指标设置标准,水规制强度的全面性、合理性和稳健性有待强化。

(三)内容分析法

水规制强度高的地区其水制度绩效反而较低[4]。"一纸空文"式的政策设定确定不可能产生效果,只有当制度被执行后人们才有可能对水规制作出反应[79]。这就对水制度的量化提出了更高的要求,即需要对制度内容进行量化。

与政策数量相比,政策内容更能体现出制度的差异性。譬如,最严格的水资源总量控制制度在各省市均有相应的实施办法,此时省与省之间或市与市之间水规制强度的差异体现为水资源总量的差异上。由此可见,如水价、水配额、管网投入或治理投资、惩罚金额等规制强度指标也是内容分析法的重要组成部分。然而在规制强度法下,此类指标或已经被量化、收集并进行统计处理;而在内容分析法中,相应的指标需要进一步比较、分析并进行量化处理。

内容分析法的重点是文本解读并进行元分析。水制度量化研究之元分析主要集中于支付意愿及其影响因素。湿地保护支付意愿的元分析较早被关注,湿地功能的支付意愿从高到低依次为防洪、供水、改善水质和保护生物多样性[85];水质支付意愿存在系统性差别,水质改善程度、家庭收入以及被调查者是否是水质改善的受益者等都是关键因素[66];水环境保护方式、水资源类型、空间和时间因素也被认为会影响支付意愿[67]。由于支付意愿相关研究在调查问题、调查队伍、调查分析等环节均存在显著异质性,研究者难以将所有信息进行统一规范处理,故内容分析法有待完善。

内容分析法非常适用于有文本信息的法令。完善内容分析法的一个重要方向是基于指标体系及水制度量化方法对政策文本进行解读,或可参考环境信息公开指数构建研究[86-88]。统一政策解读方式有助于在自上而下制度推广过程中,地方政府更精准地贯彻执行上一级政府下达的任务或举措。当然,内容分析法也面临合理性和稳健性等争议。

三、水制度量化研究的框架

水制度量化研究的方法重在揭示如何量化水制度,尤其是那些难以量化的水制度研究对象。水制度量化研究的框架关注的是如何理解量化后的水制度所可能产生的影响,如对用水量的影响以揭示节水效应、对水污染物排放量的影响以揭示减排效应、对地区经济产出的影响以揭示经济效应等。节水和减排效应往往在局部均衡的框架下展开,其经济效应可在一般均衡框架下推进。

（一）局部均衡的分析框架

水制度量化研究的局部均衡分析旨在考察水制度的成本或收益。该分析框架一般是在确定目标函数的同时给出约束条件和可行域，然后求解出可行域内目标函数的最优解。作为约束的水制度会随着研究对象的变化而变化，不变的有总量或价格约束等。在农业生产中，农业净收益是目标，用水量存在约束。此时，关注的量化对象为水量，考察的是取水总量控制制度[25]。水资源配置契约在水量维度可被量化，在局部均衡框架下可通过径流量不得少于上游来水的二次型约束来刻画。此时，关注的量化对象依然为水量[89]。水量约束可以是取水总量控制，也可以是用水总量控制，还可以是水污染物排放总量控制。当总量控制突破自然总量或契约总量时，技术总量成为重要约束。水制度安排被作为约束条件纳入费效分析或利润最大化分析，是局部均衡理论分析框架的重要特征。该分析框架局限于分析单目标或单系统或单区域的水制度影响，往往难以兼顾除制度设计初衷以外的影响，如社会或环境外部性等。

与作为约束不同，水有时候被作为一种投入要素进入生产函数，或者水污染有时被作为一种坏产出进入生产函数。基于生产理论的水制度量化研究多见于水效率[90-93]。虽然有学者指出将水作为投入要素纳入柯布道格拉斯生产函数存在反事实弊端[94]，但这并不妨碍基于生产理论推进水制度量化研究的经验分析。在局部均衡经验分析框架中，被解释变量有水资源量、用水量、节水量、水污染物减排量、水质改善支付意愿、水效率等。有时，水制度又作为解释变量出现，具体变量有水利工程建设前后、水政策实施前后、水价、水治理投资、水质目标等，涵盖所有可能的五类研究对象。

不管是“因为水”还是“为了水”，水制度量化研究的局部均衡经验框架依赖分析技术，主要有控制变量法、随机实验法和自然实验法。控制变量法是考察水制度及其绩效的传统方法，如中国水质制度和水量制度的节水减排效应研究[3]。然而，控制变量易受其他解释变量的影响，且很难找全水制度绩效的影响因素，遗漏变量问题突出。当水制度的实施与某些遗漏变量相关时，内生性问题又难以解决。为了解决遗漏变量或内生性等问题，随机实验法为水制度研究提供了思路[90-93]。然而，高额的时间成本和经济成本使得随机实验难以大范围推广，而自然实验以一种近似于随机实验的方式被用于研究水制度[80]。通过比较处理组与参照组两类样本的排污变化可以揭示环境立法的减排效应[79]。

（二）一般均衡的分析框架

一般均衡的分析框架具有投入产出和经济增长两个视角[20,85]。投入产出视角下水制度量化研究的一般均衡思想，体现在可计算一般均衡模型的构建和运用中[88]。在投入产出分析框架中，水是重要的生产要素，很多学者把水资源视作为生产要素纳入一般均衡模型。在投入产出价格模型中，平均成本定价和边际成本定价原则被采纳[52]。然而，水价具有明显的行政色彩，一般均衡分析框架需要从水需求角度来考察。考察的机制包括用水户产出的增加是否会增加用水需求，用水户的产出与灌溉用水需求存在何种关系[26]。

经济增长视角下一般均衡分析框架考察的是若干部门之间的一种联动，如生产部门、消费部门和政府部门等。有学者将水污染视作生产环节的负产出并构建了由 27 个生产部门组成的一般均衡模型[90]。该模型包括生产者、消费者和政府，以及由三类市场主体所构成的商品和要素市场、金融市场和环境品交易市场。为了更好地解释政策冲击的影响，动态随机一般均衡模型被用来分析水制度。与作为约束的水制度不同，动态随机一般均衡模型将水作为投入要素[92]。水政策的冲击表现为全要素生产率的随机扰动对均衡产出、资本和劳动的影响以及水资源消耗量对全要素生产率冲击的响应。

两类视角的一般均衡分析框架突破了局部均衡分析范式，可以考察多目标、产业间和跨区域的水制度绩效。投入产出法的理论与经验研究成果丰硕，但它局限于水价、水量或水质型的水制度量化研究；经济增长视角的经验研究十分匮乏，动态随机一般均衡模型会随着贝叶斯方法的兴起而有望被运用于水制度量化研究。

四、结论与展望

水价、水量、水质、工程和法令是文献中重点关注的五类水制度量化研究对象。五类研究对象具有相对清晰的边界，当然也存在对象的叠加与组合，譬如关于水价的法令、为了配置水量的工程和为了改善水质的法令等。就单一的量化对象而言，水价、水量和水质一般通过规制强度法进行量化，工程和法令则分别通过虚拟变量法和内容分析法进行量化。当量化对象进一步叠加或组合时，量化难度增加，系统化量化研究对象是重要趋势。水制度绩效一般是指水的制度安排的绩效，包括水的绩效，因为人类经济活动所考察的水一般对应着特定的制度安排。绩效导向的水制度量化研究局部均衡框架得到了较好的关注与实践，然而一般均衡框架的构建与运用有待强化。

(1)构建水质—水量—水价—工程—法令"五位一体"的水制度量化研究对象，践行水制度量化研究的系统分析思路。水制度量化研究对象之间的关系主要体现在水价和水量，其他关系略有涉及但总体来说相对薄弱。单一研究对象内部关系的讨论重点在于工程和法令，工程中大坝与小坝的关系、法令中市场选择型水制度安排与命令控制型水制度安排的关系等均值得深入讨论。一般而言，富水地区水价相对较低、缺水地区水价相对较高、优质水源的供水价格相对较高、水工程建设会提高水价、出台水法令旨在控质控量控水价。水价是水制度量化研究的核心，围绕水价构建水质—水量—水价—工程—法令"五位一体"的水制度量化研究对象有利于优化水制度结构，有利于选择最优制度组合及其方式，有利于践行水制度量化研究的系统分析思路。

(2)区分水在经济社会发展规律中所发挥的投入、产出、约束或润滑功能，探讨水制度量化研究方法论的稳健性。水的经济社会发展规律到底如何且稳不稳健并不明确。在个案研究中，有学者将水作为一种投入要素，或将污水作为一种坏产出，或将水或污水作为约束条件，或将水作为"润滑剂"作用于全要素生产率。他们虽然都给出了统计上显著的研究结果，但却让人对水的经济社会发展规律的认识更加无助。水制度量化研究需要明确哪一类水制度建设思路更好、量化方法更好、分析框架更好。作为投入的水，提高水资源的利用效率是水制度量化研究的关键；作为产出的水，提高水环境的利用效率是水制度量化研究的关键；作为约束或"润滑剂"的水，提高水的全要素生产率能够刻画技术进步所可能带来的水环境容量和水资源总量的增加。因此,水效率是水制度量化研究方法论稳健性讨论的重要标准。

(3)发挥水市场在处理水多了、水少了、水脏了等问题上的经济调节作用,完善水制度量化研究的一般均衡框架。一时一地的制度安排或可产生截然不同的政策效果,故水制度量化研究需要在一般均衡框架下推进,即需要综合考虑区域间、产业间、系统间和目标间的关系以及诸如区域内产业间、产业内系统间、系统内目标间等关系。譬如,一个旨在节水的水制度是否只要能够实现节水就是一个好制度,一个旨在减排的水制度是否能够实现减排就是一个好制度?如果答案为"是",那么制度设置的目标十分重要;如果答案为"否",那么好的制度安排或许应该满足不同主体的多种诉求,即需要构建包含生产者、消费者、政府等多治理主体的一般均衡分析框架。

参考文献

[1] 胡鞍钢,王亚华. 转型期水资源配置的公共政策:准市场和政治民主协商[J]. 中国水利,2000,(11):10-13,4.

[2] 王亚华. 中国治水转型:背景、挑战与前瞻[J]. 水利发展研究,2007,(9):4-9.

[3] 谢慧明,沈满洪. 中国水制度的总体框架、结构演变与规制强度[J]. 浙江大学学报(人文社会科学版),2016,46(4):91-104.

[4] Berbel J, Gómez-Limón J A. The impact of water-pricing policy in Spain: An analysis of three irrigated areas [J]. Agricultural Water Management, 2000, 43 (2): 219-238.

[5] Qdais A H, Nassay H I A. Effect of pricing policy on water conservation: A case study [J]. Water Policy, 2001, 3 (3): 207-214.

[6] 王亚华. 中国治水转型:背景、挑战与前瞻[J]. 水利发展研究,2007,(9):4-9.

[7] Becker N D, Katz D. Desalination and alternative water-shortage mitigation options in Israel: A comparative cost analysis

[J]. Journal of Water Resource and Protection, 2010, 2 (12): 1042.

[8] Bikangaga J H, Nassehi V. Application of computer modelling techniques to the determination of optimum effluent discharge policies in Tidal water systems [J]. Water Research, 1995, 29 (10): 2367-2375.

[9] Amir I, Fisher F M. Response of near-optimal agricultural production to water policies [J]. Agricultural Systems, 2000, 64 (2): 115-130.

[10] Balali H, Khalilian S, Viaggi D, et al. Groundwater balance and conservation under different water pricing and agricultural policy scenarios: A case study of the Hamadan-Bahar plain [J]. Ecological Economics, 2011, 70 (5): 863-872.

[11] Bartolini F, Bazzani G M, Gallerani V, et al. The impact of water and agriculture policy scenarios on irrigated farming systems in Italy: An analysis based on farm level multi-attribute linear programming models [J], Agricultural Systems, 2007, 93 (1): 90-114.

[12] 郑新业,李芳华,李夕璐,等.水价提升是有效的政策工具吗?[J].管理世界,2012,(4): 47-59,69,187.

[13] 王浩.实行最严格的水资源管理制度关键技术支撑探析[J].河南水利与南水北调,2011,(15): 46.

[14] 谢慧明,强朦朦,沈满洪.中国工业水价结构性改革研究:水资源费的视角[J].浙江大学学报(人文社会科学版),2018,48(4): 54-73.

[15] 谢慧明,俞梦绮,沈满洪.国内水生态补偿财政资金运作模式研究:资金流向与补偿要素视角[J].中国地质大学学报(社会科学版),2016,16(5): 30-41.

[16] 刘莹,黄季焜,王金霞.水价政策对灌溉用水及种植收入的影响[J].经济学(季刊),2015,14(4): 1375-1392.

[17] Brinegar H R, Ward F A. Basin impacts of irrigation water conservation policy [J]. Ecological Economics, 2009, 69 (2): 414-426.

[18] Brouwer R, Hofkes M, Linderhof V. General equilibrium modelling of the direct and indirect economic impacts of water quality improvements in the Netherlands at national and river basin scale [J]. Ecological Economics, 2008, 66 (1): 127-140.

[19] Molle F, Venot J P, Hassan Y. Irrigation in the Jordan valley: Are water pricing policies overly optimistic? [J]. Agricultural Water Management, 2008, 95 (4): 427-438.

[20] Morgan C, Owens N. Benefits of water quality policies: The Chesapeake Bay [J]. Ecological Economics, 2001, 39 (2): 271-284.

[21] Hanley N, Black A R. Cost-Benefit Analysis and the Water Framework Directive in Scotland[J]. Integrated Environmental Assessment and Management, 2006, 2 (2): 156-165.

[22] 包群,邵敏,杨大利.环境管制抑制了污染排放吗?[J].经济研究,2013,48(12):42-54.

[23] 左其亭,李可任.最严格水资源管理制度理论体系探讨[J].南水北调与水利科技,2013,11(1):34-38,65.

[24] 刘建国,陈文江,徐中民.干旱区流域水制度绩效及影响因素分析[J].中国人口·资源与环境,2012,22 (10):13-18.

[25] 李玲,陶锋.中国制造业最优环境规制强度的选择——基于绿色全要素生产率的视角[J].中国工业经济,2012,(5):70-82.

[26] Ai X S, Sandoval-Solis S, Dahlke H E, et al. Reconciling hydropower and environmental water uses in the Leishui River Basin[J]. River Research and Applications, 2015, 31 (2): 181-192.

[27] Bohlen C, Lewis L Y. Examining the economic impacts of hydropower dams on property values using GIS[J]. Journal of

Environmental Management, 2009, 90: 258-269.

[28] 金菊良,崔毅,杨齐祺,等. 山东省用水总量与用水结构动态关系分析[J]. 水利学报,2015,46 (5): 551-557.

[29] Cai H, Chen Y, Gong Q. Polluting the neighbor: Unintended consequences of China's pollution reduction mandates[J]. Journal of Environmental Economics and Management, 2016, 76: 86-104.

[30] Cestti R, Malik R P S. Indirect Economic Impacts of Dams Impacts of Large Dams: A Global Assessment[M]. Berlin: Springer, 2012.

[31] Kreye M, Adams D, Escobedo F. The value of forest conservation for water quality protection[J]. Forests, 2014, 5 (5): 862.

[32] Lakshminarayan P G, Bouzaher A, Shogren J F. Atrazine and Water Quality: An evaluation of alternative policy options[J]. Journal of Environmental Management, 1996, 48 (2): 111-126.

[33] Lehmann N, Finger R. Economic and environmental assessment of irrigation water policies: A bioeconomic simulation study[J]. Environmental Modelling & Software, 2014, 51: 112-122.

[34] Han H Y, Zhao L G. The impact of water pricing policy on local environment: An analysis of three irrigation districts in China[J]. Agricultural Sciences in China, 2007,6(12): 1472-1478.

[35] 程永毅,沈满洪. 要素禀赋、投入结构与工业用水效率——基于2002—2011年中国地区数据的分析[J]. 自然资源学报,2014,29(12): 2001-2012.

[36] 张晓. 大型水电工程设施(大坝)的经济学思考[J]. 数量经济技术经济研究,2004,(7):66-75.

[37] Booker J F, Michelsen A M, Ward F A. Economic impact of alternative policy responses to prolonged and severe drought in the Rio Grande Basin[J]. Water Resources Research, 2005,41(2): w02026.

[38] Brouwer R, Langford I H, Bateman I J. A meta-analysis of wetland contingent valuation studies[J]. Regional Environmental Change, 1999, 1(1): 47-57.

[39] 于浩伟,沈大军.CGE模型在水资源研究中的应用与展望[J].自然资源学报,2014,29(9): 1626-1636.

[40] 庞振凌,常红军,李玉英,等.层次分析法对南水北调中线水源区的水质评价[J].生态学报,2008(04):1810-1819.

[41] Clarkson P M, Li Y,Richardson G D, et al. Revisiting the relation between environmental performance and environmental disclosure: An empirical analysis[J]. Accounting Organizations & Society, 2008, 33(4-5): 303-327.

[42] Cole M A. Economic growth and water use[J]. Applied Economics Letters, 2004,11(1): 1-4.

[43] 贾绍凤,康德勇.提高水价对水资源需求的影响分析——以华北地区为例[J].水科学进展,2000(01):49-53.

[44] 包存宽,张敏,尚金城.流域水污染物排放总量控制研究——以吉林省松花江流域为例[J].地理科学,2000(01):61-64.

[45] W. Pircher,熊莉芸.全球已建36000多座大坝——仍需兴建更多的坝[J].河海科技进展,1994(03):89-94.

[46] Doole G J. Cost-effective policies for improving water quality by reducing nitrate emissions from diverse dairy farms: An abatement-cost perspective[J]. Agricultural Water Management, 2012, 104: 10-20.

[47] Ferraro P J, Miranda J J, Price M K. The persistence of treatment effects with norm-based policy instruments: Evidence from a randomized environmental policy experiment[J].

American Economic Review, 2011, 101(3): 318-322.

[48] Fassio A, Giupponi C, Hiederer R, et al. A decision support tool for simulating the effects of alternative policies affecting water resources: An application at the european scale[J]. Journal of Hydrology, 2005, 304(1): 462-476.

[49] Fielding K S, Spinks A, Russell S, et al. An experimental test of voluntary strategies to promote urban water demand management[J]. Journal of Environmental Management, 2013,114: 343-351.

[50] 范群芳,董增川,杜芙蓉.农业用水和生活用水效率研究与探讨[J].水利学报,2007(S1):465-469.

[51] 闫宝伟,郭生练,肖义.南水北调中线水源区与受水区降水丰枯遭遇研究[J].水利学报,2007(10):1178-1185.

[52] Gheewala S H, Silalertruksa T, Nilsalab P, et al. Implications of the biofuels policy mandate in Thailand on water: The case of bioethanol[J]. Bioresource Technology, 2013, 150: 457-465.

[53] Houtven G V, Powers J, Pattanayak S K. Valuing water quality improvements in the United States using meta-analysis: Is the glass half-full or half-empty for national policy analysis?[J]. Resource and Energy Economics, 2007, 29(3): 206-228.

[54] Gren I M, Jannke P, Elofsson K. Cost-effective nutrient reductions to the Baltic Sea[J]. Environmental and Resource Economics, 1997,10(4): 341-362.

[55] 王勇,李建民.环境规制强度衡量的主要方法、潜在问题及其修正[J].财经论丛,2015(05):98-106.

[56] 张成,郭炳南,于同申.污染异质性、最优环境规制强度与生产技术进步[J].科研管理,2015,36(03):138-144.

[57] Grossman G M, Krueger A B. Economic growth and the en-

vironment[J]. The quarterly journal of economics, 1995,110(2): 353-377.

[58] Cole M A, Elliott R J. Determining the trade-environment composition effect: The role of capital, labor and environmental regulations[J]. Journal of Environmental Economics and Management, 2003, 46(3): 363-383.

[59] Gu A, Teng F, Wang Y. China energy-water nexus: Assessing the water-saving synergy effects of energy-saving policies during the eleventh five-year plan[J]. Energy Conversion and Management, 2014,85: 630-637.

[60] 秦长海,赵勇,裴源生.农业水价调整对广义水资源利用效用研究[J].水利学报,2010,41(09):1094-1100.

[61] 王兵,吴延瑞,颜鹏飞.中国区域环境效率与环境全要素生产率增长[J].经济研究,2010,45(05):95-109.

[62] 王媛,张宏伟,杨会民,等.信息熵在水污染物总量区域公平分配中的应用[J].水利学报,2009,40(09):1103-1107,1115.

[63] 陆旸.环境规制影响了污染密集型商品的贸易比较优势吗?[J].经济研究,2009,44(04):28-40.

[64] Heerden J H V, Blignaut J, Horridge M. Integrated water and economic modelling of the impacts of water market instruments on the South African economy[J]. Ecological Economics, 2008, 66(1):105-116.

[65] Jia S, Long Q, Wang R Y, et al. On the inapplicability of the Cobb-Douglas Production Function for estimating the benefit of water use and the value of water resources[J]. Water resources management, 2016, 30(10): 3645-3650.

[66] Nataraj S, Hanemann W M. Does marginal price matter? A regression discontinuity approach to estimating water demand[J]. Journal of Environmental Economics and Management, 2011, 61(2): 198-212.

[67] Katz D, Grinstein A, Kronrod A, et al. Evaluating the effectiveness of a water conservation campaign: Combining experimental and field methods[J]. Journal of Environmental Management, 2016, 180(9): 335-343.

[68] Pattanayak S K, Poulos C, Yang J C, et al. How valuable are environmental health interventions? Evaluation of water and sanitation programmes in India[J]. Bulletin of the World Health Organization, 2010,88(7): 535-542.

[69] Li C Z, Swain R B. Growth, Water resilience, and sustainability: A DSGE model applied to South Africa[J]. Water Economics and Policy, 2016,2(04):1650022.

[70] Lin Z, Anar M J, Zheng H. Hydrologic and water-quality impacts of agricultural land use changes incurred from bioenergy policies[J]. Journal of Hydrology, 2015, 525: 429-440.

[71] Ruijs A, Zimmermann A, Berg M V D. Demand and distributional effects of water pricing policies[J]. Ecological Economics, 2008, 66(2): 506-516.

[72] Sandoval-Solis S, Reith B, McKinney D C. Hydrologic Analysis before and after Reservoir Alteration at the Big Bend Reach[R]. Rio Grande/Rio Bravo: Center for Research in Water Resources, University of Texas at Austin,2010.

[73] Llop M. Economic impact of alternative water policy scenarios in the Spanish production system: An input-output analysis[J]. Ecological Economics, 2008, 68(1-2): 288-294.

[74] Recio B, Rubio F, Lomban J, et al. An econometric irrigated crop allocation model for analyzing the impact of water restriction policies[J]. Agricultural Water Management, 1999, 42(1): 47-63.

[75] Low P, Yeats A. Do "Dirty" Industries Migrate? [R]. Washington, D. C.: World Bank, 1992.

[76] Meng X, Zeng S, Tam C M. From voluntarism to regulation: A study on ownership, economic performance and corporate environmental information disclosure in China[J]. Journal of Business Ethics, 2013, 116(1): 217-232.

[77] Wolf J, Rötter R, Oenema O. Nutrient emission models in environmental policy evaluation at different scales—Experience from the Netherlands[J]. Agriculture, Ecosystems & Environment, 2005, 105(1): 291-306.

[78] Xie H, Shen M, Wei C. Assessing the abatement potential and cost of Chinese industrial water pollutants[J]. Water Policy, 2017, 2017082.

[79] Zhang B, Fang K, Baerenklau K. Have Chinese water pricing reforms reduced urban residential water demand? [J]. Water Resources Research, 2017.

[80] Reznik A, Feinerman E, Finkelshtain I, et al. Economic implications of agricultural reuse of treated wastewater in Israel: A statewide long-term perspective[J]. Ecological Economics, 2017, 135: 222-233.

[81] Richter B, Thomas G. Restoring environmental flows by modifying dam operations[J]. Ecology and Society, 2007, 12 (1): 181-194.

[82] Ozan L A, Alsharif K A. The effectiveness of water irrigation policies for residential turfgrass[J]. Land Use Policy, 2013, 31: 378-384.

[83] Palmieri A, Shah F, Dinar A. Economics of reservoir sedimentation and sustainable management of dams[J]. Journal of Environmental Management, 2001, 61(2): 149-163.

[84] Sebastian G, Paul G, Ernesto S. Water for life: The impact of the privatization of water services on child mortality[J]. Journal of Political Economy, 2005, 113(1): 83-120.

[85] Webber M, Crow-Miller B, Rogers S. The South-North water transfer project: Remaking the geography of China[J]. Regional Studies, 2017, 51(3): 370-382.

[86] Wichman C J. Perceived price in residential water demand: Evidence from a natural Experiment[J]. Journal of Economic Behavior & Organization, 2014, 107: 308-323.

[87] Shiferaw B, Reddy V R, Wani S P. Watershed externalities, shifting cropping patterns and groundwater depletion in Indian semi-arid villages: The effect of alternative water pricing policies[J]. Ecological Economics, 2008, 67(2): 327-340.

[88] 王学渊,赵连阁. 中国农业用水效率及影响因素——基于1997—2006年省区面板数据的SFA分析[J]. 农业经济问题, 2008,(3): 10-18,110.

[89] 王亚华. 中国治水转型:背景、挑战与前瞻[J]. 水利发展研究, 2007(09):4-9.

[90] 严登华,罗翔宇,王浩,等. 基于水资源合理配置的河流"双总量"控制研究——以河北省唐山市为例[J]. 自然资源学报, 2007(03):321-328,497.

[91] 李眺. 我国城市供水需求侧管理与水价体系研究[J]. 中国工业经济,2007(02):43-51.

[92] 肖淑芳,胡伟. 我国企业环境信息披露体系的建设[J]. 会计研究,2005(03):47-52,94.

[93] Volk M, Hirschfeld J,Dehnhardt A, et al. Integrated ecological-economic modelling of water pollution abatement management options in the Upper Ems River Basin[J]. Ecological Economics, 2008, 66(1): 66-76.

[94] Zhu Y P, Zhang H P, Chen L, et al. Influence of the South-North water diversion project and the mitigation projects on the water quality of Han River[J]. Science of The Total Environment, 2008, 406(1): 57-68.

基于物质足迹的城市环境压力及驱动力研究*

余亚东[1] 马铁驹[1] 朱 兵[2]

1. 华东理工大学商学院；2. 清华大学循环经济研究院

摘要：科学地测度区域环境压力，并进一步分析环境压力变化的驱动力，对于降低区域环境压力具有重要意义。本研究在经济系统物质流分析的理论基础上，测算了上海市2010—2013年的物质足迹，以此作为衡量上海市资源代谢全生命周期过程的环境压力，并将资源结构效应引进IPAT方程来分析环境压力的驱动力。研究表明：(1)2010—2013年间，上海市基于物质足迹的环境压力由2.79亿吨增长到3.08亿吨，经济增长与环境压力处于相对解耦状态；(2)上海市2010年人均物质足迹为12.1吨，约为世界平均值的1.2倍，略低于中国平均水平(12.3吨)，比发达国家低很多；(3)2010—2013年间，上海市基于物质足迹的环境压力增长的主要驱动力为人口增长和富裕度的增加，而技术水平的提升则在部分程度上减少了环境压力的增长，资源结构变化对环境压力的影响很小，但单个资源(如能源、铜等)比例的变化对环境压力具有不可忽视的影响。在此基础上，本研究还提出了降低城市环境压力的相关政策建议。

关键词：经济系统物质流分析；物质足迹；环境压力；驱动力

一、引言

“十二五”以来，中国政府加大生态环境保护力度，大力推进大气、水、土壤污染防治，生态环境保护取得了积极进展。然而，我国当前的生态环

* 国家自然科学基金项目(41661144023，71571069)；教育部人文社科项目(15YJC790136)。

境仍然面临着非常严峻的挑战，污染物排放量大、面广，环境污染重。根据《“十三五”生态环境保护规划》，我国当前化学需氧量、二氧化硫等主要污染物排放量仍然处于2000万吨左右的高位，超过或接近环境承载能力上限。78.4%的城市空气质量未达标，公众反映强烈的重度及以上污染天数比例占3.2%，部分地区冬季空气重污染频发、高发[1]。因此，降低环境压力是中国当前的迫切需求。

作为中国的经济和工商业中心，上海市人口规模大、密度高、经济增长迅速、环境容量有限，经济社会的未来可持续发展面临着严峻的环境挑战。据《上海市2015年度环境状况公报》数据：2015年上海市主要河流断面水质达到Ⅲ类的仅占14.7%，而Ⅴ类和劣Ⅴ类则分别占15.8%和56.4%，地表水环境氮磷污染问题突出；在大气环境方面，上海市2015年环境空气质量指数（AQI）优良天数为258天，比2014年减少了23天；PM 2.5年均浓度为53$\mu g/m^3$，比国家环境空气质量二级标准高出18$\mu g/m^3$，也比2014年增加了1.9%。因此，上海市在未来经济发展中迫切需要降低环境压力。在此背景下，科学地测度上海市的环境压力，研究如何降低环境压力成为具有现实意义的重大问题，同时也可为其他城市乃至全国提供借鉴。

经济系统物质流分析（Economy-wide Material Flow Analysis, EW-MFA）是一种定量分析一定时空边界的经济—环境系统中物质的存量与流量的工具，是从经济系统物质代谢的角度研究环境压力的重要方法[2-4]。本研究将以EW-MFA为理论基础，从经济系统物质代谢的角度测度上海市的环境压力，分析其驱动力，从而提出降低上海市环境压力的政策建议，为城市环境压力的研究拓宽思路。

二、文献综述

EW-MFA是研究经济活动中物质资源新陈代谢的一种重要方法，其思想起源可追溯到一百多年以前[5]。然而，直到20世纪90年代，EW-MFA的研究才随着可持续发展研究的深入而进入全面发展期。2001年，欧盟统计局正式出版物质流账户导则，提出了EW-MFA的标准方法,并建立了完整的核算框架[6]。2008 年,OECD 发布了系列的研究报告,为 EW-MFA 相关指标的核算提供了系统的指南[2]。当前,基于 EW-MFA 的指标已经在世界各国的环境与资源政策领域有着广泛的应用,如欧盟各国、日本、韩国、中国等[7]。

根据本研究的主要内容,以下分别对 EW-MFA 指标的核算与驱动力分析研究进行简要述评,并在此基础上指出本研究的理论意义。

(一)EW-MFA 指标核算的研究

根据余亚东等[4]对 EW-MFA 的研究进展的系统述评,EW-MFA 的指标核算按照指标类型可分为:直接流指标,如直接物质投入(DMI)、区域内资源消耗(DMC)等,表征经济系统物质代谢过程的直接环境压力;包含间接流或隐藏流的综合指标,如物质足迹(MF)(又称原生资源消耗当量)、总物质需求等,表征经济系统物质代谢过程的生命周期范围内的环境压力[3]。各个指标之间的关系可参考 OECD 的报告[2]。

对于直接流指标,自 2001 年欧盟统计局发布 EW-MFA 编制方法标准导则以来,国家尺度的直接流指标核算研究已形成了较为成熟的框架,相关核算成果已经形成规范的数据库。而在国家以下的区域尺度上,由于缺乏具体区域间进出系统边界的物质统计数据(区域间边界上没有类似于国家与国家之间的海关统计),国家尺度 EW-MFA 标准核算框架无法在区域尺度直接应用,区域尺度 EW-MFA 直接流指标的核算研究少,目前还没有形成成熟的方法和统一的研究框架。然而,由于 EW-MFA 相关指标在资源与环境政策领域具有重要的应用价值,在区域尺度上核算 EW-MFA 指标也具有重要意义,该研究也逐渐成为热点[8-11]。

对于包含间接流或隐藏流的综合指标,由于其考虑了进出系统边界的各类物质的原生资源当量或国内开采的未使用量,其核算过程更加复杂,所需的数据量也更加庞大,目前的研究还不多。特别对于物质足迹而言,由于该指标涵盖了经济系统生命周期过程的物质利用量,弥补了区域内资源消耗量等直接流指标在聚合(Aggregation)过程的“不对称性”上的缺陷(即忽略了进出系统边界的物质的上游消耗),能体现资源利用在国家间的转移,近年来迅速成为研究的热点[4,12-13]。

根据 Schaffartzik 等[14]的总结,物质足迹的主要核算方法包括三方面，即基于过程的生命周期分析法(P-LCA)[15]；环境扩展的投入产出分析法(EE-IOA)[11,16-19]；投入产出分析与生命周期分析的混合法(Hybrid of EE-IOA and P-LCA)[12,20]。然而，已有对物质足迹的研究主要集中在国家尺度上，国家以下区域尺度的物质足迹研究还非常少见。

(二)EW-MFA 指标的驱动力研究

按照研究方法的差异，已有文献对 EW-MFA 指标的驱动力(或影响因素)研究可分为指标分解分析法和回归分析法。

指标分解分析法是将因变量分解成为与之相关的各个独立自变量，通过自变量的变化解释因变量变化的方法，主要包括：IPAT 方程的直接分解法、指数分解分析(IDA)和结构分解分析(SDA)。IPAT 方程的直接分解法形式简洁、应用方便，是研究 EW-MFA 指标影响因素最常用的方法，典型代表如 Schandl 和 West[21]对中国、日本和澳大利亚 DMC 指标驱动力的研究，即对 DMC 进行 IPAT 分解分析，通过技术、人口和富裕度来解释这三个国家 1975—2005 年 DMC 的变化原因。然而，IPAT 方程的直接分解法无法考察经济系统内部的结构和技术变化对环境压力的影响。SDA 和 IDA 能够克服这一缺点，但其应用所需数据量庞大、过程复杂，目前主要用于能源和碳排放的研究，对 EW-MFA 指标的影响因素研究还很少，典型的包括 Hoffren 等[22]利用 IDA 对芬兰物质流的变化原因研究；Munoz 和 Hubacek[23]利用 SDA 对智利 DMI 的驱动力研究；Weinzettel 和 Kovanda[24]利用 SDA 对捷克原始资源消耗当量(RMC)的变化原因研究。

以回归分析法研究 EW-MFA 指标影响因素的文献较少，已开展的代表性研究包括：Steger 和 Bleischwitz[25]利用多元回归研究了欧盟 27 国 1992—2000 年 DMC 的变化；Steinberger 和 Krausmann[26]对世界 165 个国家 2000 年的资源产出率(GDP/DMC)与收入水平进行了回归分析；Gan 等[27]对世界 51 个国家不同时间段的 GDP/DMC 与 18 个社会经济变量进行回归分析；Wiedmann 等[11]对世界 137 个国家 2008 年 RMC 与人均收入、人均资源开采使用量和人口密度进行了回归分析。回归分析法具有简单直观的优点，但其应用需要一定的时间序列或空间面板数据。

综上可知：EW-MFA 的核算研究在国家尺度上已基本成熟，但由于数据及系统边界等原因,EW-MFA 在国家以下区域尺度上的物质足迹指标核算研究方面还非常缺乏,特别是缺乏对其驱动力的研究。因此,本研究以 EW-MFA 为理论基础,充分考虑上海市已有统计数据较少的特点,利用 P-LCA 对上海市 2010—2013 年物质足迹这一环境压力指标进行测算,并基于改进的 IPAT 方程分解分析法(引入资源结构因素)研究上海市物质足迹的驱动力。本研究将不仅为上海市降低环境压力提供相关政策建议,而且还为区域尺度的物质足迹研究提供借鉴。

三、方法和数据

(一)基于 P-LCA 的物质足迹核算方法

根据 EW-MFA 的基本理论[2],物质足迹也就是原始资源消耗当量(Raw Material Consumption, RMC),即以原始资源形态计量的区域资源消耗量,其基本计算公式如下:

$$MF = DEU + RME_{IM} - RME_{EX} \tag{1}$$

(1)式中,MF 为区域的物质足迹,DEU 为区域内开采的原始资源的使用量,RME_{IM}和RME_{EX}分别为区域内流入和流出的资源按照一定的系数所折合的原始资源当量。在国家尺度上,流入(流出)数据通过海关获取,该方法可以直接应用。而在国家以下的区域尺度上(如省级尺度),流入(流出)同时包括国外进口(出口)和外省调入(调出)。由于调入(调出)的资源数据获取难度大,该方法很难直接应用。

为克服这一问题,洪丽云[28]在资源代谢的基础上,提出了物质足迹测算的简化方法。理论上而言,该方法属于 P-LCA 的范畴,即通过一系列的系数将处于产业链不同节点资源的消耗量(主要是二次资源的消耗量)折算为原始资源的消耗量,从而计算区域的物质足迹。与严格意义上的 P-LCA 方法相比,这种简化的 P-LCA 方法具有较强的可操作性,但由于忽略了产业链二次资源之后的资源,会导致物质足迹计算结果偏小。充分权衡方法的可操作性和结果的准确性,本研究在充分调研数据可得性的基础上,采用该方法测算物质足迹,具体计算公式如下:

$$MF = MF_i = \sum_{j=1}^{n} SRC_{ij} \times Coeff_{ij} \tag{2}$$

(2)式中，MF_i 为第 i 类资源的物质足迹，SRC_{ij} 和 $Coeff_{ij}$ 分别为第 i 类资源中第 j 种二次资源的消耗量和对原始资源的折算系数。特定资源的 SRC 的数据主要通对其在经济系统中的物质流分析得到，如对铁资源的物质流分析可以得到其二次资源(钢材和铸铁)的消耗量。$Coeff$ 数据反映资源代谢产业链不同节点的物质之间的转换关系，通过区域特定的资源品位和加工利用技术水平等参数来确定区域自身的特定折算系数，如生产 1 吨钢材需要消耗 4.4 吨原始资源，包括 3.9 吨铁矿石原矿、0.2 吨石灰石和 0.3 吨化石能源，则钢材的折算系数为 4.4。

(二)基于改进的 IPAT 方程的物质足迹驱动力分析

根据 IPAT 方程，MF 可进行如下分解：

$$MF = P \times A \times T \tag{3}$$

(3)式中，P 为区域的常驻人口数量，A 为人均 GDP，表征区域的富裕程度，$T(T=\frac{MF}{GDP})$ 为单位 GDP 的物质足迹，表征区域的技术水平。

为考察资源结构变化对 MF 的影响，本研究引入资源结构因素 S_i 对 IPAT 方程进行改进。S_i 可按照如下公式计算：

$$S_i = \frac{MF_i}{MF} = \frac{MF_i}{\sum_{i=1}^{n} MF_i} \tag{4}$$

(4)式中，MF_i 为第 $i(i=1,2,\cdots,n)$ 种资源的物质足迹。因此，MF 可分解为：

$$MF = \sum_{i=1}^{n} MF_i = \sum_{i=1}^{n} S_i \times MF = \sum_{i=1}^{n} S_i \times P \times A \times T \tag{5}$$

由(5)式可知：MF 变化可以通过资源结构 S、人口 P、富裕度 A 和技术水平 T 的变化来解释。在[0, t] 时间内，MF 的变化可以分解为：

$$\begin{aligned} \Delta MF &= MF^t - MF^0 \\ \Delta MF &= \Delta_S MF + \Delta_P MF + \Delta_A MF + \Delta_T MF \end{aligned} \tag{6}$$

(6)式中，$\Delta_S MF$，$\Delta_P MF$，$\Delta_A MF$ 和 $\Delta_T MF$ 分别为 S，P，A 和 T 的变化所导致的 MF 的变化。根据对数平均迪氏指数分解方法[29]，这四者的表达式可计算如下：

$$\Delta_S MF = \sum_{i=1}^{n} w_i \ln \frac{S_i^t}{S_i^0}$$

$$\Delta_P MF = \sum_{i=1}^{n} w_i \ln \frac{P_i^t}{P_i^0}$$

$$\Delta_A MF = \sum_{i=1}^{n} w_i \ln \frac{A_i^t}{A_i^0}$$

$$\Delta_T MF = \sum_{i=1}^{n} w_i \ln \frac{T_i^t}{T_i^0}$$

其中
$$w_i = \frac{MF_i^t - MF_i^0}{\ln MF_i^t - \ln MF_i^0}$$

以上各式中,上标 t 和 0 分别表示在 t 时刻和基准时刻的变量值,w_i 为权重系数。

(三)数据说明

根据 EW-MFA 的基本理论,物质足迹核算需将进入经济系统代谢的所有资源都纳入到核算范围。然而,在实际政策应用中,决策者往往会结合数据的可得性和政策的关注重点对资源种类进行取舍。例如德国的政策文件没有将可再生的生物质资源列入 EW-MFA 核算范围,日本的循环型社会政策文件中对砂石的核算在 EW-MFA 中进行了区分考虑[7]。

鉴于此,本研究一方面考虑数据的可得性,另一方面基于我国循环经济试点所关注的资源种类①,对上海市物质足迹的核算主要考虑 14 类主要资源,包括 3 种能源(煤炭、石油、天然气)、6 种金属(铁、铜、铝、铅、锌、镍)、3 种非金属(石灰石、磷、硫)、2 种生物质(木材、工业用粮)。

本研究对上海市 14 类资源的物质足迹核算的时间范围为 2010—2013 年。核算过程中二次资源消耗量和折算系数通过各类资源的物质流分析得到,所涉及的相关数据根据各种公开年鉴如《上海市统计年鉴》及行业咨询等渠道获取。在物质足迹的驱动力分析中,人口数据采用常

① 相关政策文件见《国家统计局国家发展改革委关于印发资源产出率统计试点调查方案的通知》(国统字〔2012〕48 号)、《关于组织开展循环经济示范城市(县)创建工作的通知》(发改环资〔2013〕1720 号)。

住人口数,GDP数据采用2010年不变价的GDP,相关数据通过《上海市统计年鉴》等获取。

四、结果与讨论

(一)上海市2010—2013年物质足迹的变化

本研究测算得到上海市2010—2013年物质足迹见表1。从物质足迹总体的变化来看(见图1a),上海市2010—2013年间基于物质足迹的环境压力由2.79亿吨增长到3.08亿吨,增长了10.2%。从人均物质足迹的变化来看(见图1b),上海市2010—2013年间基于人均物质足迹的环境压力由12.1吨增长到12.8吨,增长了5.1%。

表1 上海市2010—2013年各类资源的物质足迹

(单位:万吨)

	2010	2011	2012	2013
能源	12628	12706	12810	13195
铁	6924	7152	7516	7744
铜	3882	4581	5506	5377
铝	329	373	425	425
铅	1178	868	329	401
锌	450	564	643	759
镍	563	705	804	949
石灰石	1800	1692	1750	1731
硫	58	69	91	91
磷	21	25	28	25
木材	50	52	55	60
工业用粮	69	54	63	52
各资源物质足迹合计	27952	28841	30020	30809

一般而言,环境压力的增加与经济的增长直接相关。2010—2013年间,上海市GDP由1.72万亿元增长到2.15万亿元(按2010年不变价计

算),增长了25.3%。与物质足迹相比,上海市2010—2013年的GDP增长率高出了约15%。根据以上数据,结合解耦①的基本理论可知:上海市2010—2013年的经济增长与基于物质足迹的环境压力处于相对解耦的状态。

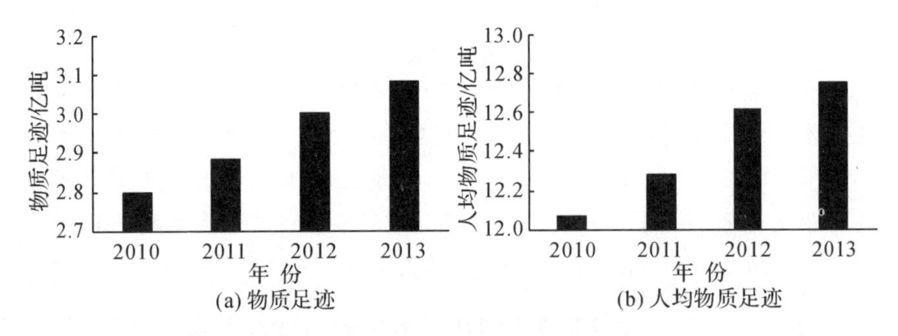

图1 上海市2010—2013年(人均)物质足迹变化趋势

从物质足迹的构成资源来看(如图2所示),2013年上海市物质足迹的基本构成为能源资源占43%,铁资源占25%,铜资源占17%,石灰石资源占6%,其他资源总共占9%。从物质足迹的结构变化来看,在2010—2013年间,上海市物质足迹的结构变化不大,主导资源均为能源、铁、铜和石灰石。由此可知:2010—2013年间,上海市基于物质足迹的环境压力90%以上来自与能源、铁、铜、石灰石资源相关的产业代谢。

(二)上海市与世界的人均物质足迹对比分析

首先,本研究将上海市人均物质足迹与世界各国及其平均水平进行对比。根据Wiedmann等[11]的测算,2008年世界人均物质足迹为10.5吨(2008年的数据已经是目前文献所获取的最新数据);根据世界银行数据,2008年世界人均GDP为9344美元(当年价)。2010年,上海市人均物质足迹为12.1吨,而人均GDP约11000美元。因此,上海市基于人均

① 解耦用来衡量经济发展与环境压力的分离程度。根据解耦的基本理论[30],解耦包括三种类型:(1)绝对解耦,经济增长,但环境压力降低;(2)相对解耦,经济的增长速度高于环境压力的增长速度;(2)耦合,经济的增长速度低于环境压力的增长速度。从经济社会发展的可持续目标来看,绝对解耦>相对解耦>耦合。

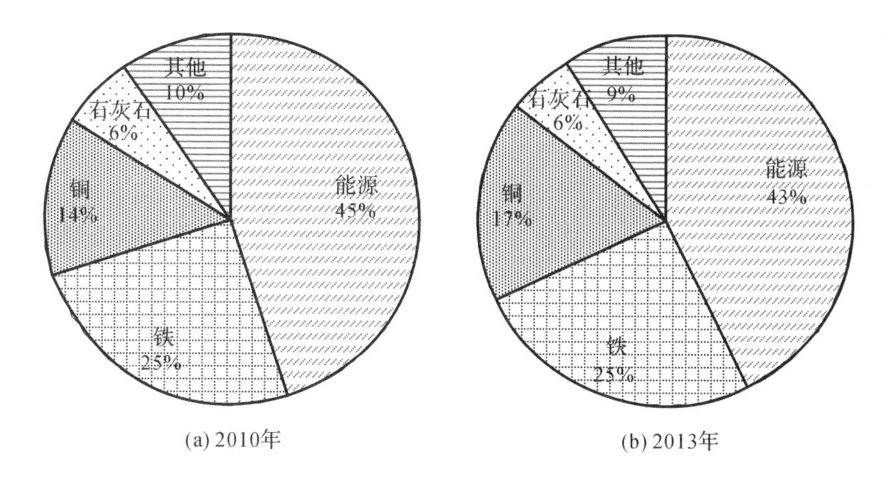

图 2 上海市 2010—2013 年物质足迹的结构及其变化趋势

物质足迹的环境压力和人均 GDP 都略高于世界平均水平。与典型的发达国家和发展中国家相比，2010 年，上海市人均物质足迹约为世界平均值的 1.2 倍，略低于中国平均水平(12.3 吨)，分别约为加拿大(32.3 吨)、日本(28.5 吨)、美国(27.2 吨)、英国(24.5 吨)、德国(21.6 吨)的 38%，42%，45%，49%和 56%。因此，上海市基于人均物质足迹的环境压力尽管略高于世界平均值，但与主要发达国家相比仍然具有较大差距。

其次，本研究将通过与世界主要经济体国家数据的对比，在较小的样本范围内对比评价上海市人均物质足迹的水平。本研究选择 2010 年世界 GDP 排名前列的十个国家与上海市进行物质足迹的对比，这些国家包括：美国、中国、日本、德国、法国、英国、意大利、巴西、印度和加拿大。

本研究绘制了世界主要经济体国家的人均物质足迹与人均 GDP 的分布图，结果如图 3 所示。上海市人均物质足迹由本研究核算得到，为 2010 年数据；世界主要经济体国家数据来源于文献[11]，为 2008 年数据。需要说明的是：由于测算方法和系统边界的差异，城市和国家的物质足迹数据并不完全可比。本研究开展对比分析，尽管其定量结果可能不一定完全准确，但主要目的在于帮助读者形成对物质足迹大致范围与分布的定性认识。图中的四大区域分别为：Ⅰ区为人均 GDP 低于 10 国平均值，人均物质足迹高于10国平均值;Ⅱ区为人均GDP低于10国平均值,人均物质足迹低于10国平均值;Ⅲ区为人均GDP高于10国平均值,人均物质足迹低于10国平均值;Ⅳ区为人均GDP高于10国平均值,人均物质足迹高于10国平均值。由图可知,上海市处于Ⅱ区,即与世界主要经济体的10个国家相比,上海市人均物质足迹的环境压力和人均GDP都较小,但二者均高于世界平均水平。这就意味着上海市未来发展在提升人均GDP的同时,需要努力控制环境压力,使得经济社会的发展更具有可持续性。

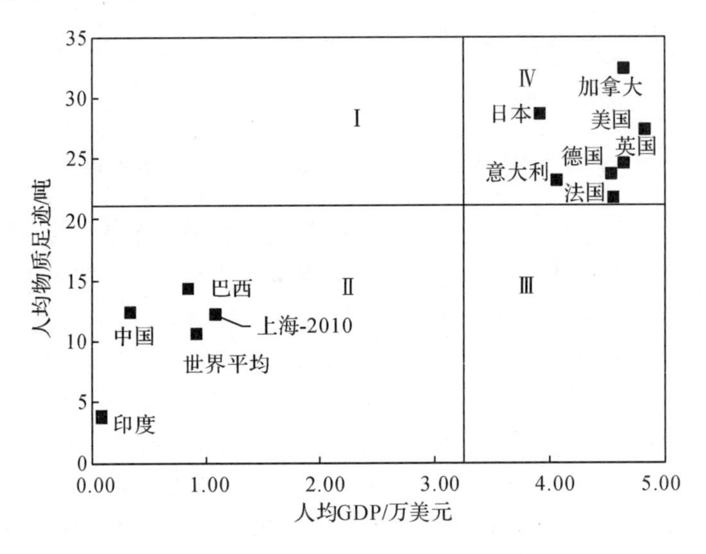

图3 上海市与世界主要经济体国家人均物质足迹及人均GDP对比

(三)上海市物质足迹变化的驱动力分析

根据改进的IPAT方程,本研究计算资源结构S,人口P,富裕度A和技术T对2010—2013年上海市物质足迹变化的作用程度和贡献率,结果见表2。可知:2010—2013年间,上海市基于物质足迹的环境压力增长了2856万吨。其中,资源结构改变、人口增长、富裕度增长和技术进步(资源强度的降低)分别贡献了0.4%,48.8%,181.7%和-131.0%。

表 2 上海市 2010—2013 年各驱动力对物质足迹变化的贡献

	ΔMF	$\Delta_S MF$	$\Delta_P MF$	$\Delta_A MF$	$\Delta_T MF$
2013 年 MF 相比 2010 年增加值(万吨)	2856	13	1394	5191	－3741
各驱动力的贡献率	——	0.4%	48.8%	181.7%	－131.0%

从时间的维度对物质足迹变化的驱动力进行细分，进一步考察 2011—2013 年历年物质足迹变化的驱动力(如图 4 所示)，仍然有类似的结果。这就意味着：2010—2013 年间，上海市物质足迹增长的主要驱动力为人口增长和富裕度的增加，而技术水平的提升(资源强度降低)则在部分程度上抵消了由于富裕度的增长和人口的增长所造成的物质足迹的增长，资源结构变化对上海市物质足迹变化的影响非常小。

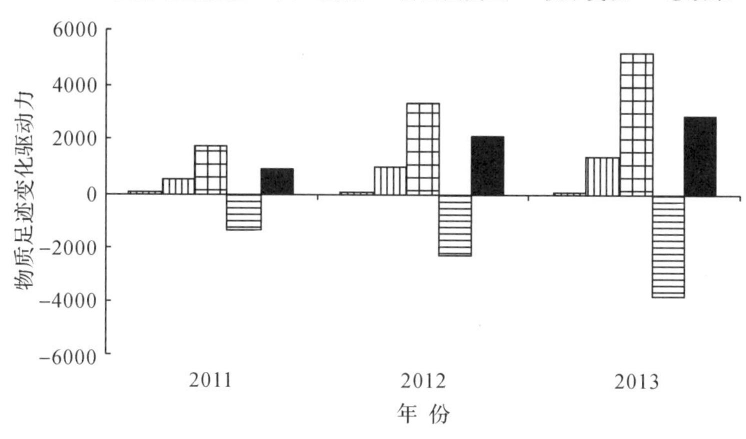

图 4 上海市 2011—2013 年历年物质足迹变化的驱动力(相对于 2010 年)

进一步将资源结构变化对上海市物质足迹的贡献落实到各个资源，结果见表 3。可知：(1)2010—2013 年间，能源、铅和石灰石占总体物质足迹比例的变化对于总体物质足迹的影响具有显著的负效应，分别为－690 万吨，－848 万吨和－241 万吨，这种负效应随时间增加逐渐加强；(2)铜、锌和镍占总体物质足迹比例的变化对于总体物质足迹的影响具有显著的正效应，分别为1049万吨，252万吨和314万吨，且这种正效应随时间增加也逐渐加强；(3)其余资源占总体物质足迹比例的变化对总体物质足迹的影响效果较小。

从分品种资源的角度来看：铅资源对于2010—2013年间上海市物质足迹的变化具有最大的负效应，主要原因是铅酸电池企业的外迁，大大降低了铅资源的物质足迹。铜资源对于2010—2013年间上海市物质足迹的变化具有最大的正效应，主要原因在于上海市铜材的下游行业产品(主要是汽车和手机)产量的迅速增长导致铜材消耗的迅速增长，从而使得铜资源物质足迹迅猛增长。根据《上海市统计年鉴》数据，2010—2013年间，上海市汽车产量由170万辆增长为227万辆，而手机产量则由129万部增长为4384万部。

表3　上海市2011—2013年资源比例变化导致的物质足迹变化(相对于2010年)

(单位：万吨)

	2011	2012	2013
能源	−318	−727	−690
铁	8	77	107
铜	568	1293	1049
铝	33	69	59
铅	−342	−897	−848
锌	98	155	252
镍	122	193	314
石灰石	−163	−176	−241
硫	9	28	26
磷	3	5	1
木材	1	2	5
工业用粮	−17	−11	−23
合计	2	11	11

因此,尽管资源结构的变化对上海市2010—2013年物质足迹影响的总体效果非常微弱,但单个资源比例的变化对物质足迹的影响却非常大,特别是能源、铜、铅、锌、镍和石灰石资源。由于有的资源(如铜、锌、镍等)对物质足迹变化的影响为正,有的资源(如能源、铅、石灰石等)对物质足迹变化的影响为负,这些正负作用相互抵消,因而整体资源结构的变化对物质足迹影响的总体效果微弱。

五、结论与建议

科学地测度区域环境的压力,并进一步分析环境压力变化的驱动力,对于制定降低区域环境压力的政策具有重要意义。本研究以上海市为研究对象,基于EW-MFA和P-LCA测算了上海市2010—2013年的物质足迹,以此来衡量上海市资源代谢全生命周期过程的环境压力,并且基于改进的IPAT方程(引进了资源结构效应)分析环境压力的驱动力,从而为降低城市环境压力的政策研究提供参考。

本研究表明:(1)2010—2013年间,上海市基于物质足迹的环境压力由2.79亿吨增长到3.08亿吨,增长了10.2%;(2)与同时期上海市GDP的增长率相比,物质足迹的增长速度要慢很多,因此,上海市的经济增长与环境压力处于相对解耦状态;(3)上海市2010年人均物质足迹为12.1吨,约为世界平均值的1.2倍,略低于中国平均水平(12.3吨),比发达国家低很多;(4)2010—2013年间,上海市物质足迹增长的主要驱动力为人口增长和富裕度的增加,而技术水平的提升(资源强度降低)则在部分程度上抵消了由于富裕度的增长和人口的增长所造成的物质足迹的增长;(5)尽管资源结构的变化对上海市2010—2013年物质足迹影响的总体效果非常微弱,但单个资源比例的变化对物质足迹的影响却非常大,特别是能源、铜、铅、锌、镍和石灰石资源。

如前所述,资源结构、人口、富裕度和技术水平是环境压力变化的驱动力。这四者之中,人口和经济的增长会增加区域环境压力,技术水平的提升将减少区域的环境压力,而资源结构的改变也会在一定程度上影响环境压力。上海市未来发展过程中,人口仍然会在一定程度上有所扩张(尽管在政策控制下,人口增长速度会放缓),人均GDP也会持续增长,二者都将导致上海市环境压力的增加。因此,上海市环境压力的降低需要重点关注技术水平的提升和资源结构的调整。事实上,资源结构的调整本质上是产业结构的调整。对于决策者而言,未来环境压力的降低需同时关注以下两方面:一方面需要在生产领域调整产业结构,加强研发投入,营造技术创新的制度环境,提升技术水平,从而减小环境压力;另一方面,还需要在消费领域制定促进绿色消费的相关政策(如促进城市公共交通发展、扶持共享自行车出行等),从而降低对于资源的终端需求量,减小环境压力。

参考文献

[1] 国务院."十三五"生态环境保护规划[EB/OL].(2016-12-05)[2017-01-26]. http://www.gov.cn/zhengce/content/2016-12/05/content_5143290.htm.

[2] OECD. Measuring Material Flows and Resource Productivity [R]. Paris: OECD, 2008.

[3] Fischer-Kowalski M, Krausmann F, Giljum S, et al. Methodology and indicators of economy-wide material flow accounting [J]. Journal of Industrial Ecology, 2011, 15 (6): 855-876.

[4] 余亚东,陈定江,胡山鹰,等.经济系统物质流分析研究述评[J].生态学报, 2015, 35 (22): 7274-7285.

[5] Fischer-Kowalski M. Society's metabolism, the intellectual history of materials flow analysis, Part I, 1860-1970 [J]. Journal of Industrial Ecology, 1998, 2 (1): 61-78.

[6] Eurostat. Economy-wide Material Flow Accounts and Derived Indicators: A Methodological Guide [R]. Luxembourg: Office for Official Publications of the European Communities, 2001.

[7] 朱兵,杨载涛,陈定江,等. 经济系统物质流分析指标的国内外政策应用比较研究[J]. 清华大学学报(自然科学版), 2015 (4): 378-382.

[8] Schulz N B. The direct material inputs into Singapore's devel-

opment [J]. Journal of Industrial Ecology, 2007, 11 (2): 117-131.

[9] Niza S, Rosado L, Ferrao P. Urban metabolism: Methodological advances in urban material flow accounting based on the Lisbon case study [J]. Journal of Industrial Ecology. 2009, 11 (3): 384-405.

[10] Hodson M, Marvin S J, Robinson B, et al. Reshaping urban infrastructure: Material flow analysis and transitions analysis in an urban context [J]. Journal of Industrial Ecology, 2012, 16(6): 789-800.

[11] 黄晓芬,诸大建. 上海市经济—环境系统的物质输入分析[J]. 中国人口资源与环境,2007, 17 (3): 96-99.

[12] Giljum S, Lutter S, Bruckner M, et al. State-of-play of national consumption-based indicators [EB/OL]. (2016-12-08). [2014-02-08].

[13] Wiedmann T O, Schandl H, Lenzen M, et al. The material footprint of nations [J]. Proceedings of the National Academy of Sciences of the United States of America, 2015, 112 (20): 6271-6276.

[14] Schaffartzik A, Eisenmenger N, Krausmann F, et al. Consumption-based material flow accounting [J]. Journal of Industrial Ecology, 2014, 18 (1): 102112.

[15] Dittrich M, Bringezu S, Schütz H. The physical dimension of international trade, Part 2: Indirect global resource flows between 1962 and 2005 [J]. Ecological Economics, 2012, 79: 32-43.

[16] Wang H, Hashimoto S, Moriguchi Y, et al. Resource use in growing China—Past trends, influence factors, and future demand [J]. Journal of Industrial Ecology, 2012, 16 (4): 481-492.

[17] Moran D, Mcbain D, Kanemoto K, et al. Global supply chains of coltan [J]. Journal of Industrial Ecology, 2015, 19 (3): 357-365.

[18] Giljum S, Bruckner M, Martinez A. Material footprint assessment in a global input-output framework [J]. Journal of Industrial Ecology, 2015, 19 (5): 792-804.

[19] Wu R, Geng Y, Liu W. Trends of natural resource footprints in the BRIC countries [J]. Journal of Cleaner Production, 2017, 142 (2): 775-782.

[20] Weinzettel J, Kovanda J. Assessing socioeconomic metabolism through hybrid life cycle assessment [J]. Journal of Industrial Ecology, 2009, 13 (4): 607-621.

[21] Schandl H, West J. Material flows and material productivity in China, Australia, and Japan [J]. Journal of Industrial Ecology, 2012, 16 (3): 352-364.

[22] Hoffren J, Luukkanen J, Kaivo-oja J. Decomposition analysis of Finnish material flows: 1960-1996 [J]. Journal of Industrial Ecology, 2000, 4 (4): 105-125.

[23] Munoz J P, Hubacek K. Material implication of Chile's economic growth: Combining material flow accounting (MFA) and structural decomposition analysis (SDA) [J]. Ecological Economics, 2008, 65 (1): 136-144.

[24] Weinzettel J, Kovanda J. Structural decomposition analysis of raw material consumption: The case of the Czech Republic [J]. Journal of Industrial Ecology, 2011, 15 (6): 93-907.

[25] Steger S, Bleischwitz R. Drivers for the use of materials across countries [J]. Journal of Cleaner Production, 2011, 19 (8): 816-826.

[26] Steinberger J K, Krausmann F. Material and energy productivity [J]. Environmental Science & Technology, 2011, 45

(4)：1169-1176.

[27] Gan Y，Zhang T，Liang S，et al. How to deal with resource productivity：Relationships between socioeconomic factors and resource productivity [J]. Journal of Industrial Ecology，2013，17 (1)：1-12.

[28] 洪丽云. 基于 ARMC 的省域层面资源产出率研究[D]. 北京：清华大学，2011.

[29] Ang B W. LMDI decomposition approach：A guide for implementation [J]. Energy Policy，2015，86：233-238.

[30] Yu Y，Zhou L，Zhou W，et al. Decoupling environmental pressure from economic growth on city level：The case study of Chongqing in China [J]. Ecological Indicators，2017，75：27-35.

基于物质流分析的中国循环经济监测框架

王鹤鸣　王新哲

东北大学国家环境保护生态工业重点实验室

摘要: 作为世界上自然资源使用量最大的国家,中国正逐渐向循环经济模式转变,以从源头上减少对自然资源的依赖。为了直观地反映中国循环经济进程,本研究基于中国统计数据和欧盟的循环经济监测框架,建立了一个包括资源循环利用率、总物质使用量和国内排放量等指标组成的中国循环经济监测框架,并对中国和欧盟循环经济的相关指标进行了对比。结果显示,从投入端的循环利用率来看,在1995年至2015年期间,中国的循环利用率从2.7%上升到了5.8%,与此同时,产出端的循环利用率从7.2%提高到了17.0%。通过与欧盟的指标对比发现,中国的直接物质投入量等指标高于欧盟,而人均排放量指标与欧盟相差不大,欧盟的投入端循环利用率约为中国的2倍,中国产出端的循环利用率则略高于欧盟。本研究不仅可以评估中国循环经济建设情况,更重要的是通过20年间各指标的变化以及与欧盟之间的对比,可以对中国未来的循环经济决策提供一定的参考。

关键词: 循环经济;物质流分析;资源利用;废物回收;循环利用率

一、前言

资源利用问题是可持续发展的重要议题,在现有的联合国可持续发展目标(SDGs)中,17个主目标中有4个与资源相关;在最新公布的169个子目标中,将国内物质消耗量(DMC)、物质足迹(MF)等指标纳入其中,凸显了资源可持续利用在SDGs框架中的重要性。此外,资源利用指标还与土地、水、食物、能源和气候变化等指标密切相关,进一步显示了其重要意义[1-2]。中国政府于 2016 年 9 月颁布了《中国落实 2030 年可持续发展议程国别方案》[3]，也将资源可持续利用作为主要目标。

2015 年，中国 DMC 达到 350 亿吨，而全球 DMC 总量仅为 900 亿吨左右，中国占比近 4 成。随着中国资源消耗的快速增长，中国资源需求上升及其带来的环境影响等问题越来越受到全球的关注。循环经济作为建设资源节约型、环境友好型社会和实现可持续发展的重要途径[4-5]，在近年来越发引起国内外的广泛重视[6-9]。

在物质流分析和循环经济的指标核算方面，欧盟和日本一直走在国际前列[10]，1992 年，日本就开始在其《环境白皮书》中公布本国的总物流账户，并将资源生产力、资源循环利用率和废物排放量指标作为其循环型社会的重要监控目标。欧盟则在物质流分析的标准化方面走在前列，尤其是在 2018 年发布了循环经济的监控框架，并对其所属 28 个成员国的循环经济情况进行了核算，为全球循环经济标准化和国际对比研究提供了重要参考[11]。此外，国内外的很多学者也对循环经济进行了相应的研究，例如，Momete 对欧盟循环经济状况进行了研究，以期加快欧盟向循环经济的过渡[12]；Hass 等、Mayer 等、Jacobi 等提出了基于物质流分析构建循环经济监测框架的方法，并将其应用在全球、欧盟和国家尺度上[13-15]；耿涌等提出了全球实现循环经济的构想[16]。针对中国，诸大建等提出了生态文明背景下深化循环经济理论研究的方向和设想[17]；朱俊明等对中国的循环经济政策做了系统回顾[18]；黄和平等结合层次分析法和“3R”原则构建了区域循环经济评价指标体系[19]。

中国作为世界上最大的发展中国家，正走在向循环经济模式转变的道路上。为了直观地反映中国循环经济进程，本文以物质流分析为基础建立了中国循环经济指标监测框架，对 1995—2015 年中国循环经济建设情况进行评估，这对中国下一步的循环经济发展决策具有一定的借鉴意义。

二、研究方法与数据来源

（一）中国循环经济监测模型构建

本研究基于中国统计数据的实际情况和欧盟的循环经济监测框架，

为中国循环经济开发了一个新的监测框架。由于框架所涉及的物质流数量和种类很多,数据量较大,为了便于理解,本研究用代码标记每个物流,然后分别在循环经济监测模型(见图 1)和监测指标(见表 1)中对它们进行介绍。

中国循环经济的基本监测框架如图 1 所示。通过此框架可以追踪 14 个主要材料和废物流动(M1～M14),包括初级材料开采和进口、生产系统内材料的转换、商品的出口以及废物的排放和处理等。方框内代内表整个社会经济系统中物质流动的主要阶段:其中 M1 代表国内开采量,M2 和 M3 分别代表进口和出口,M4 代表二次资源使用量,M5 代表总物质使用量,M6 代表能源使用量,M7 代表物质使用量,M8 代表库存增量,M9 代表吞吐废物量,M10 代表拆解和拆除废物量,M11 代表由于能源使用而产生的固态和液体废物量,M12 代表总体的废物量,M13 代表气体排放量,M14 代表固体和液体排放量。图 1 中物质和废物的流向由箭头表示。通过该模型可以在宏观层面上监控循环经济的运行情况。

(二)指标选取

本文根据此框架,并基于以前的研究和指导方针,为中国构建了一个从 1995 年至 2015 年的循环经济数据集。为了能够对中国的总体物质循环情况进行分析,在投入端和循环端,本研究引入了两个新的指标:二次资源使用量(SM),它是指经过回收的物质数量,包括物质的降级回收和级联使用;总物质使用量(PM),它等于能源使用(eUse)和材料使用(mUse)之和,其中,能源使用包括化石燃料和生物质资源的利用,但并非所有的化石燃料都被当作能源使用,小部分化石燃料被用作原料(例如塑料和沥青)。生物质的使用主要是指薪材和用于为人类和牲畜产生代谢能量的生物质。

在产出方面,除了国内排放量(DPO,包括国内气体、固体及液体排放)之外,本研究还引入了两个新的指标:产品终点废物产生量(EOl wastes)和中间排放量(IntOut)。前者包括所有液体和固体残留物,等于再生资源加上国内生产过程废物排放;后者等于产品终点废物产生量加上国内排放量。值得注意的是,与以往的研究不同,本研究没有单独考虑采掘废物,而是将其列入产品终点废物产生量之中。因为在中国这些数

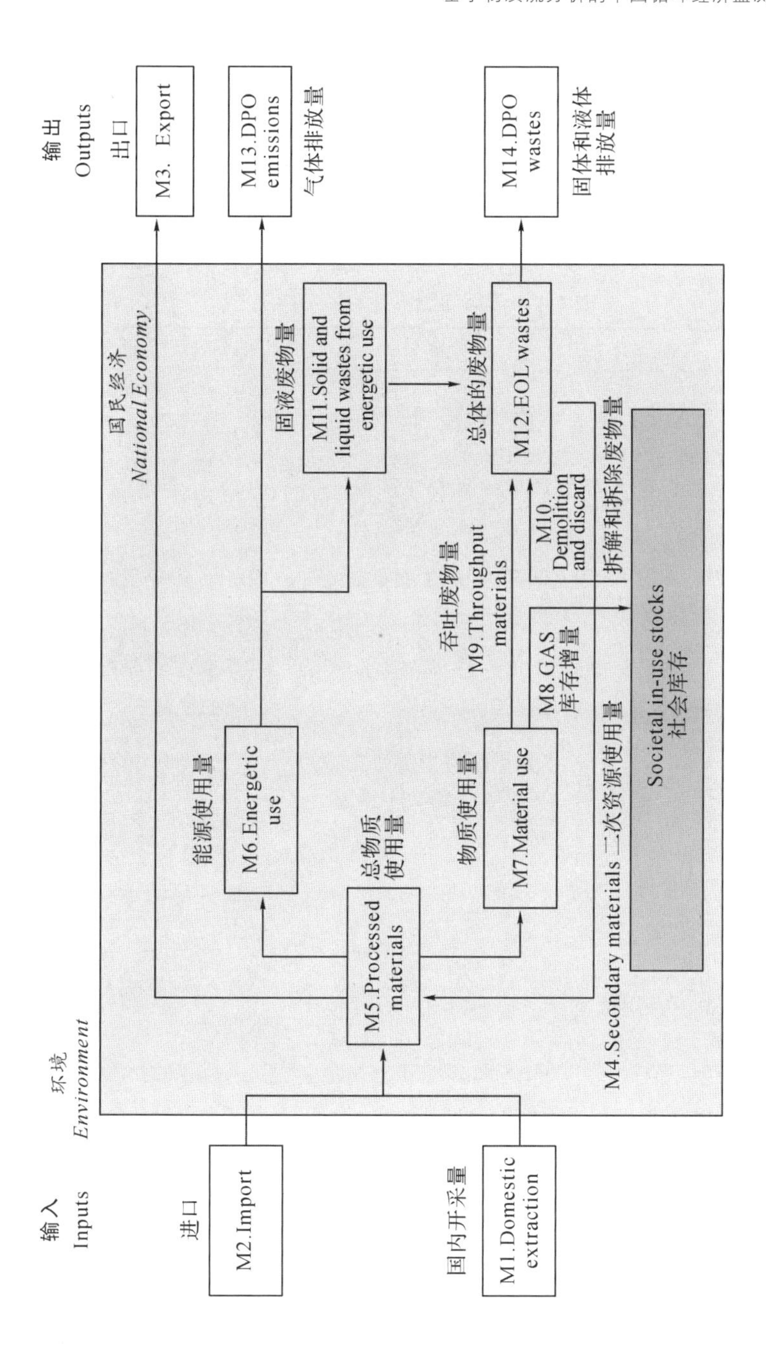

图1 中国循环经济检测模型

据被列入工业固体废物中,还可以作为二次资源使用(例如,冶金渣可用于生产水泥),而不是直接排放到环境中。与资源循环利用率相关的指标是:投入端循环利用率(ISCR)和产出端循环利用率(OSCR),它们分别从投入端和产出端的角度对资源回收进行监测。各监测指标的详细说明如表1所示。

表1 中国循环经济基本监测指标

指标	定义	核算公式	代表意义
DE	国内开采量	DE=M1	国内对自然资源的开采压力
DMI	直接物质投入量	DMI=国内开采量+进口量=M1+M2	国内生产所需的自然资源
DMC	国内物质消费量	DMC=国内开采量+进口量-出口量	经济体系中直接使用的物质总量
PTB	实物贸易平衡	PTB=进口物质量-出口物质量=M2-M3	对外贸实物量的盈余或赤字的度量
PM	总物质使用量	PM=国内物质消耗量+再生资源量=M1+M2-M3+M4	一年内进入国内经济系统的所有物质
eUse	能源使用量	eUse=M6	已加工物质中用作能源的部分
mUse	物质使用量	mUse=M7	已加工物质中用作物质的部分
GAS	库存增量	GAS=M8=M7-M9	进入库存的物质量
NAS	库存净增量	NAS=M8-M10	每年库存增加的物质量
DPO	国内排放量	DPO=国内气体排放量+国内废物排放=M13+M14	DPO包括从社会经济系统向自然环境的排放

续表

指标	定义	核算公式	代表意义
DPOe	气体排放量	DPOe＝M13	从社会经济系统向自然环境排放的气体（如二氧化碳和二氧化硫等）
DPOw	固体和液体排放量	DPOw＝M14	从社会经济系统向自然环境释放的固体和液体废物（例如炉渣和重金属污染物等）。
IntOut	中间排放量	IntOut＝产品终点废物产生量＋国内气体排放量＝M12＋M13	使用阶段之后的所有废物和排放
EOL-wastes	产品终点废物产生量	EOLwaste＝二次资源使用量＋国内生产过程废物排放＝M4＋M14	包括所有液体和固体残留物，等于再生资源加上国内生产过程废物排放。
SM	二次资源使用量	SM＝M4	经过回收的物质数量，包括物质的降级回收和级联使用。
ISCr	投入端循环利用率	ISCr＝已加工物质中再生资源量 所占比例＝SM/PM＝M4/M5	已加工物质中再生资源所占比例
OSCr	产出端循环利用率	OSCr＝中间排放中再生资源量所占比例＝SM/IntOut＝M4/（M12＋M13）	中间排放中再生资源所占比例

（三）主要数据来源

资源开采量数据主要来自中国统计年鉴、中国农业年鉴、中国钢铁工业年鉴、中国有色金属工业年鉴、中国国土资源年鉴、中国能源统计年鉴;进出口数据来自联合国 UN Comtrade 数据库;二次资源使用量主要来自中国统计年鉴、中国造纸工业年鉴、中国橡胶工业年鉴、中国再生资源综合利用年鉴、中国有色金属工业年鉴、中国塑料工业年鉴等;废物排放数据主要来自中国统计年鉴等。

三、结果与分析

(一)1995—2015 年中国循环经济指标分析

在 1995—2015 年期间,中国物质总使用量(PM)从 120 亿吨快速增加到 375 亿吨,年均增长率为 5.9%。1995 年,97.2%的物质总使用量(120 亿吨)来自国内开采(DE),2.7%的物质总使用量(30 亿吨)来自二次资源使用量(SM)。与 1995 年相比,2005 年的国内开采量比例略有下降,降至 94.1%,2015 年进一步降为 89.9%,二次资源使用量和净进口的比例则有所增加。总体而言,20 年来,中国仍然严重依赖国内自然资源的开采。随着时间的推移,在总物质使用量(PM)中,材料加工使用的份额从 1995 年的 70.5%(85 亿吨)增长到 2005 年的 74.7%(151 亿吨)和 2015 年的 79.1%(297 亿吨);1995—2015 年期间,只有 29.5%(85 亿吨)、25.3%(151 亿吨)和 20.9%(297 亿吨)用于能源生产和消费。

1995 年,中国的库存增量为 83 亿吨,随着城市化进程的加快,2015 年增加到 292 亿吨,增加了 3.5 倍。在这 20 年中,累积库存高达 3200 亿吨,这为中国改善基础设施提供了物质基础。同时产生了大量的建筑拆除废物和工业固体废物,但只有少部分作为二次材料进行回收再利用。例如,2015 年产品终点废物产生量为 53 亿吨,其中只有 22 亿吨被回收,其余部分被填埋或排放到环境中。随着能源和生物质消费的增加,中国的国内排放量(DPO)从 1995 年的 32 亿吨增加到 2015 年的 75 亿吨,年增长率高达 4.3%。

(二)中欧循环经济指标对比

由于欧盟最新的数据更新到 2014 年,所以本研究将对中国和欧盟 2014 年的物质流和循环经济指标进行对比。由图 2 可见,2014 年中国直接物质投入量、国内物资消耗量、物质总使用量和库存净增量远大于欧

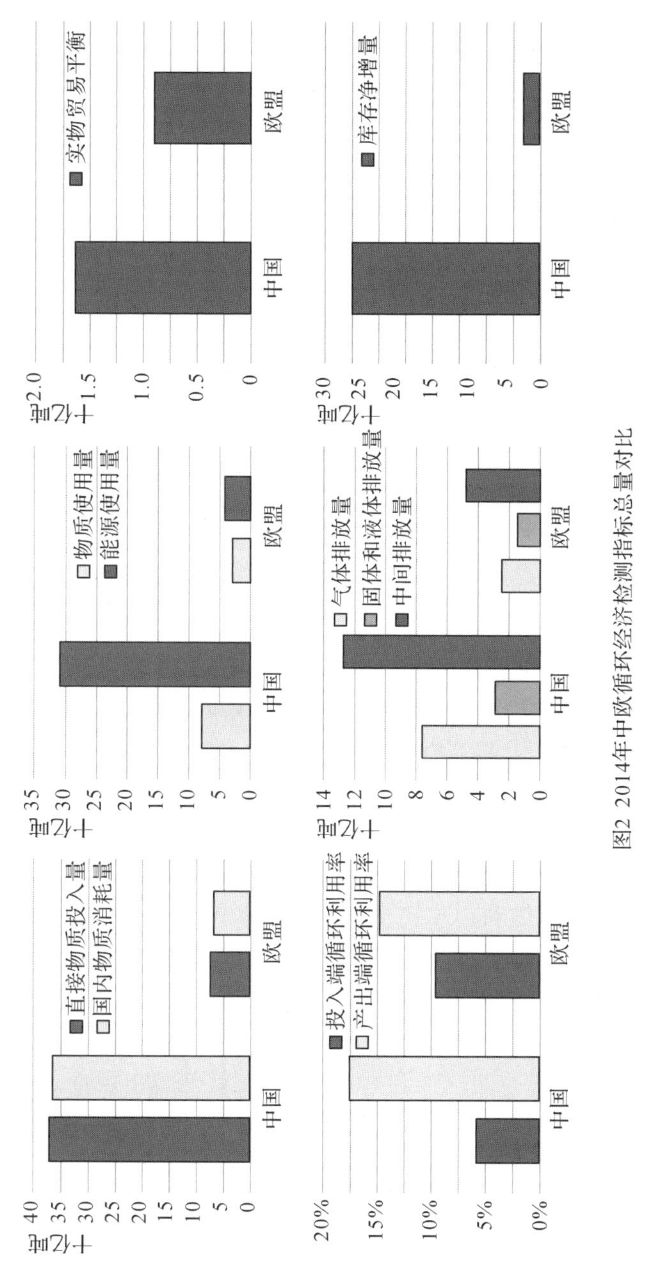

图2 2014年中欧循环经济检测指标总量对比

数据来源：European Commission 2018[20]

盟,均在欧盟的5倍以上;欧盟的投入端循环率约为中国投入端循环利用率的2倍,主要原因是欧盟已经完成了基础设施的大规模建设,而中国还处于城镇化过程中,需要投入大量的资源来提高基础设施和城镇化水平;在产出端,中国的循环利用率则高于欧盟,主要由于中国对于工业固废的循环利用有着比较严格的监管和良好的政策支持。

从人均的指标对比来看(图3),中国外贸实物平衡总量虽然大于欧盟,但人均外贸实物平衡量却小于欧盟,人均物质总使用量也呈现同样的规律。另一个值得关注的指标是人均排放量指标,2014年中欧的人均气体排放量、国内生产过程废物排放量和中间排放量非常接近,主要原因是中国近年来加大了污染物排放的治理力度。从人均库存净增量来看,由于中国还处于城镇化阶段,所以人均库存净增量指标远大于欧盟。

四、讨论与建议

(一)中欧指标对比的启示

近年来,中国的人均国内物质消耗量(DMC)快速增长,目前已经是欧盟的2倍,主因是中国仍处于快速城镇化阶段,其库存净增量远高于欧盟。但是,伴随着我国近年来DMC的趋稳,政策的重心需要由流量管理转向流量与存量兼顾。提高存量的利用效率,即实现经济增长与存量脱钩,既可以在投入端减少资源的消耗,又可以在排放端减少废物的产生。中国相对欧盟在投入端的循环利用率指标上还有差距,主要是因为我们每年投入到经济系统的物质量比较大,有很多新增库存产生;在产出/排放端,虽然中国的循环利用率高于欧盟,但对于建筑垃圾的利用率仍较低,而且以降级利用为主,我们还有提升的空间。

(二)用区块链打造中国资源利用和循环经济大数据平台

数据收集一直是中国循环经济研究的一大难点。我国在资源的循环利用统计上尚缺乏统一的标准和数据平台,尤其是省市层面。欧盟在此方面做得尤为出色,有很多值得我们借鉴的地方。例如,不断更新物质流分析指南和循环经济指标构建指南等,实现了数据收集管理的标准化。

近年来,我国非常重视区块链的学习研究。建议在资源管理方面开展第一批的区块链应用试点,对资源和产品的全生命周期数据进行跟踪

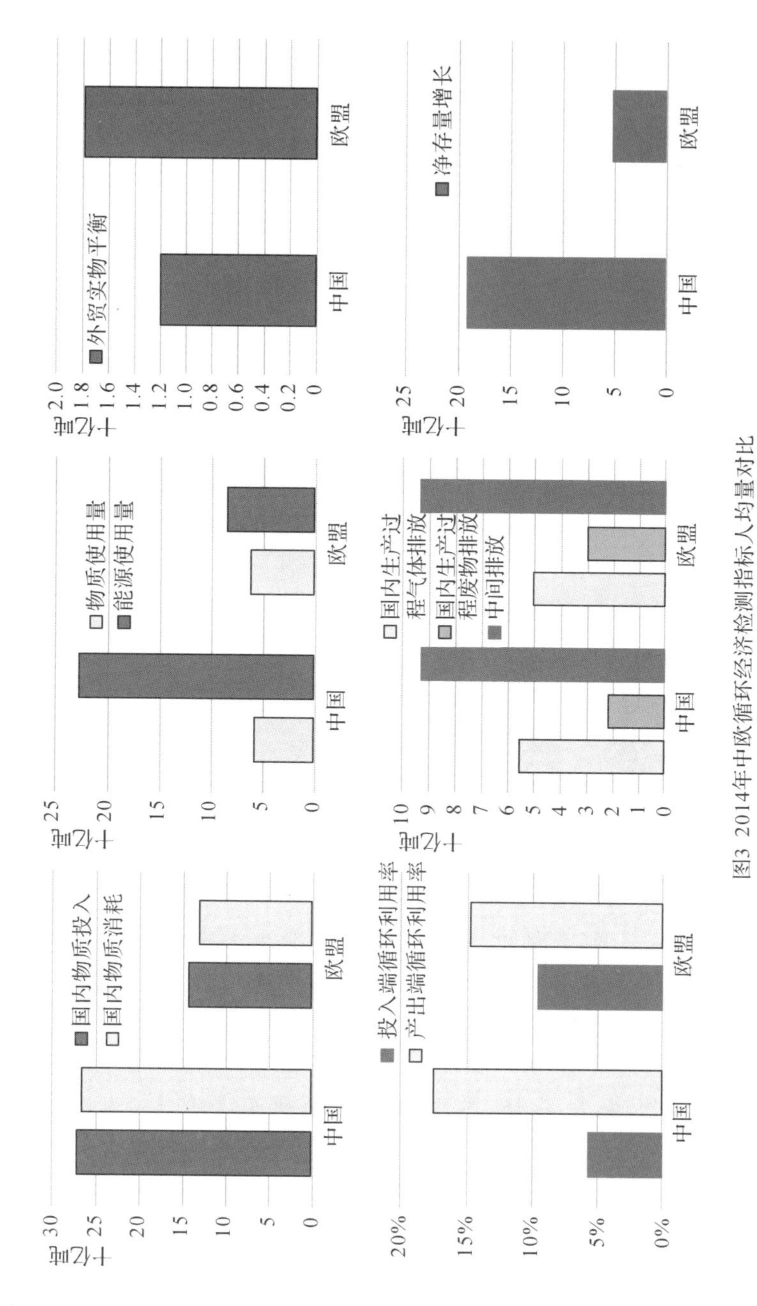

图3 2014年中欧循环经济检测指标人均量对比

数据来源：European Commission 2018[20]

管理。一是可以解决数据统计上的难题,二是可以帮助政策制定者找到我们在哪个生命周期环节出了问题,从而可以有针对性地提出改进建议。

参考文献

[1] 郭苏建,方恺,周云亨.新时代中国清洁能源与可持续发展[M].杭州:浙江大学出版社,2019.

[2] 刘刚,曹植,王鹤鸣,等.推进物质流和社会经济代谢研究,助力实现联合国可持续发展目标[J].中国科学院院刊,2018,33(1):30-39.

[3] MOFCOM. China's National Plan on Implementation of the 2030 Agenda for Sustainable Development [R]. Ministry of Foreign Affairs of the People's Republic of China: Beijing, 2016.

[4] 陆学,陈兴鹏.循环经济理论研究综述[J].中国人口·资源与环境,2014,24 (S2):204-208.

[5] 段宁.清洁生产、生态工业和循环经济[J].环境科学研究,2001,(6):1-4,8.

[6] 诸大建,朱远.生态效率与循环经济[J].复旦学报(社会科学版),2005,(2):60-66.

[7] 诸大建.从可持续发展到循环型经济[J].世界环境,2000,(3):6-12.

[8] 周国梅,彭昊,曹凤中.循环经济和工业生态效率指标体系[J].城市环境与城市生态,2003,(6):201-203.

[9] 陆钟武.关于循环经济几个问题的分析研究[J].环境科学研究,2003,(5):1-5,10.

[10] 黄和平,毕军,张炳,等.物质流分析研究述评[J].生态学报,2007,(1):368-379.

[11] European Commission on a Monitoring Framework for the Circular Economy [R]. Strasbourg, 2018.

[12] Momete D C. A unified framework for assessing the readiness

of European Union economies to migrate to a circular modelling[J]. Science of The Total Environment, 2020, 718: 137375.

[13] Mayer A, Haas W, Wiedenhofer D, et al. Measuring progress towards a circular economy [J]. Journal of Industrial Ecology, 2018, 23 (1): 62-76.

[14] Jacobi N, Haas W, Wiedenhofer D, et al. Providing an economy-wide monitoring framework for the circular economy in Austria: Status quo and challenges [J]. Resources Conservation and Recycling, 2018, 137: 156-166.

[15] Haas W, Krausmann F, Wiedenhofer D, et al. How circular is the global economy: An assessment of material flows, waste production, and recycling in the European Union and the world in 2005 [J]. Journal of Industrial Ecology, 2015, 19 (5): 765-777.

[16] Yong G, Joseph S, Raimund B. How to globalize the circular economy [J]. Nature, 2019, 565: 153-155.

[17] 诸大建,朱远.生态文明背景下循环经济理论的深化研究[J].中国科学院院刊,2013,28 (2): 207-218.

[18] Zhu J, Fan C, Shi H, et al. Efforts for a circular economy in China: A comprehensive review of policies [J]. Journal of Industrial Ecology, 2018, 23 (1): 110-118.

[19] 黄和平,毕军,袁增伟,等.基于 MFA 与 AHP 的区域循环经济发展动态评价—以江苏省为例[J].资源科学, 2009, 31 (2): 278-287.

[20] European Commission Raw Materials Scoreboard 2018 [R]. EIP on Raw Materials, 2018.

专题二

环境治理与可持续发展的国际进展

中国跨境风电项目的建设模式、梯度转移及减排潜力研究
——以中巴经济走廊优先项目为例*

韩梦瑶　刘卫东　刘　慧
中国科学院地理科学与资源研究所

摘要：随着“一带一路”倡议的提出，中国对外投资引发的能源消耗及碳排放问题逐渐引发全球关注，但少有研究涉及中国大规模可再生能源项目的建设模式、梯度转移及减排潜力分析。作为“一带一路”倡议的样板工程和旗舰项目，中巴经济走廊中的风电项目建设已经初现规模。中国在巴基斯坦的工程建设中，风电优先项目涉及的项目金额约为6.47亿元，运营期累计发电量可以达到近18000GWh累计减少二氧化碳排放13.90兆吨。值得注意的是，伴随跨境风电项目的梯度转移，中国可再生能源项目落地并网同样取决于东道国家的政策制度安排、建设运营模式、设备供应体系以及电价收购协议等，并且有助于协助沿线国家完善能源政策制度、加快清洁电力发展、应对气候变化、落实碳减排承诺，为绿色“一带一路”建设过程中可再生能源项目的推广落地提供借鉴支持。

关键词：风电投资；可再生能源；中巴经济走廊；一带一路；自主减排贡献

一、引言

目前，世界各国都在积极发展新能源、可再生能源以解决可持续发展面临的资源短缺、环境污染等问题[1]。可再生能源发展在满足电力需求

* 中国科学院战略性先导科技专项（XDA20010100）；国家自然科学基金项目（41701135，41530751）。

的同时,一定程度缓解了碳排放压力,成为清洁产业发展的重要领域之一[2,3]。随着"一带一路"倡议的提出,中国对外投资引发的能源消耗及碳排放问题逐渐引发全球关注,但少有研究针对中国大规模可再生能源项目伴随的规模效应、梯度转移及减排潜力开展分析。目前,中国可再生能源技术等发展逐渐处于世界领先水平,对外可再生能源投资及项目建设呈现不断增加的趋势,伴随而来的部分新兴技术项目的梯度转移效应也逐渐显现[4]。

作为中国"一带一路"倡议的样板工程和旗舰项目[5-7],中巴经济走廊(China-Pakistan Economic Corridor, CPEC)由李克强总理于2013年5月访问巴基斯坦时提出,2015年4月20日正式启动,为中国与巴基斯坦的合作发展提供了重要机遇[11,14]。根据初步规划,中巴经济走廊以能源、交通、港口、产业合作等领域为合作重点,其中能源是六大重点领域之一。截至目前,巴基斯坦的石油、煤炭和天然气资源已探明储量并不丰富,国内电力生产能力匮乏。具体来看,巴基斯坦全国日均电力缺口为4GWh,夏季用电高峰时期日均电力缺口高达7.5GWh。随着巴基斯坦经济发展和国民生活水平的改善,电力短缺和社会需求之间的矛盾日益突出,逐渐成为制约该国经济发展的瓶颈[9-12]。为缓解电力短缺问题,巴基斯坦政府在大力发展燃油发电、煤电、水电的同时,也积极推进风电、光电等可再生能源产业的发展。

巴基斯坦人口逾2.1亿,但能源基础设施较为落后,主要通过进口昂贵的石油和天然气来保证火力发电。近年来,巴政府将发展燃煤电站摆在优先位置,燃煤发电占发电结构中的比重将呈上升趋势[12,13]。随着经济的发展和国民生活水平的改善,巴基斯坦能源短缺和社会需求方面的矛盾日益突出,对巴基斯坦政府能源结构改善提出了更高的要求。根据国际能源署统计[14],2000—2015年巴基斯坦发电量年均增速在3.3%左右。截至2017年,巴基斯坦全国年发电量为131300GWh,其中原油和天然气发电分别占当年度发电总量的35%和29%,水电以及核电分别占到当年度发电总量的30%和5%。尽管风力发电和光伏发电在总发电结构中占比较低,但在2013—2017年分别以年均54.10%、61.26%的速率增长,成为巴基斯坦发展最快的可再生能源。

值得注意的是，巴基斯坦风能资源较为丰富。其中，信德省南部风场面积达 9700km^2，风能资源蕴藏量约为 43GW，可利用的风能发电量达 11GW。据巴基斯坦气象局数据，该地区平均风速达 7m/s，风向稳定，适合风力发电，如开发成功，可满足全国 5%～10%的电力需求[15-17]。2006 年后，巴基斯坦政府先后颁布《可再生能源发展政策》及《2011 年替代性和可再生能源政策》，旨在营造一个有吸引力的、规范的可再生能源投资环境，基本确立了巴基斯坦依靠外国和本国民营企业投资发展可再生能源项目的发展战略[18]。与此同时，巴基斯坦风电政策优惠、电价透明合理、内部收益率高，对独立发电商有较大吸引力[19,20]。在该区域，目前已经有来自以巴基斯坦、中国、土耳其、新加坡和美国等国的风力发电公司，逐渐形成风力发电廊道。

受巴基斯坦各项风电政策和中巴经济走廊建设等利好因素影响，中资企业纷纷选择来巴基斯坦开展风电投资，位于巴基斯坦南部的风电场已逐渐形成规模[21]。为推进中巴经济走廊建设，中国先后设立了 15 个中巴经济走廊能源优先项目，4 个积极推进的能源项目及 2 个具有潜力的能源项目，已确定的总投资额达到 249.04 亿美元，总装机量达到13.81 GW，为缓解巴基斯坦国内电力紧张的问题提供了重要保障。由于巴基斯坦信德省的风力资源充沛，三峡（Three Gorges）、大沃（Dawood）、联合能源（UEP）、萨察尔（Sachal）等风电优先项目分别于 2017 年及 2018 年落地投产并逐渐形成了规模效应，进一步促进了两国在可再生能源领域的合作发展[21-23]。

随着传统能源消费带来的气候变化效应越发显著，可再生能源项目在满足电力需求、缓解碳排放方面具有越发重要的价值。在中巴经济走廊建设过程中，能源和电力发展是巴基斯坦经济发展最迫切需要解决的问题，同时也使得碳排放问题逐渐成为研究重点[24-26]。随着绿色发展理念的提出，由交通、电力等基础设施高速发展引发的资源环境问题尤其引起了重视[27,28]。为了加强中巴之间交流合作，针对案例项目开展经验分析及效益评估，对推动中巴经济走廊能源开发及落地并网具有重要意义。由此，本研究以中巴经济走廊中的风电优先项目为案例，梳理巴基斯坦风电项目的建设运营模式，分析中国跨境风电项目的梯度转移情况，测算风电优先项目的累计碳减排潜力,从能源资源禀赋、政策制度约束、开发运营模式等方面探讨风电项目落地并网及应对气候变化,并针对中国风电企业在海外面临的问题提出经验总结和可行建议。

二、中巴经济走廊风电优先项目案例介绍

信德省位于巴基斯坦东南部,人口密度为144.16人/km^2,其海岸线所蕴含的风能资源约5000万kW左右,部分地区50米高度的风速达到6.5m/s,风电机组的容量系数估计为23%~28%,具有较大的风电发展潜力。中巴经济走廊大部分风电优先项目集中在信德省,中国对巴基斯坦投资风电优先工程如下(表1):

表1 巴基斯坦信德省风电优先工程情况

项目名称	英文名称	投产日期	装机容量(兆瓦)	投资金额(万美元)
三峡风电项目	Three Gorges Second & Third Wind Power Project	2018.06.30 2018.07.09	49.5(Ⅱ) 49.5(Ⅲ)	15000 (Ⅱ+Ⅲ)
大沃风电项目	Dawood Wind Farm	2017.04.05	49.5	11265
联合能源风电项目	UEP Wind Farm	2017.04.11	99	25000
萨察尔风电项目	Sachal Wind Farm	2017.06.16	49.5	13400

注:以上项目经营模式均为独立开发商(IPP,Independent Power Producer)开发经营。

(一)三峡(Three Gorges)风电项目

三峡风电项目分为三期,由中国水电顾问集团投资、中国水电顾问集团华东勘测设计院建设,总投资金额约1亿美元。项目位于南部港口城市卡拉奇以东约60km,总装机量共计150MW。2015年3月,三峡巴基斯坦第一风力发电项目竣工,成为中国企业在巴投资建成的首个风电项

目。2018 年 6 月，巴基斯坦风电二期项目第二风电场实现商业运营，成为三峡集团首个投入运行的中巴经济走廊项目。2018 年 6 月，三峡风电项目二期第三风电场正式进入商业运行，年发电量约 1.52 亿 kWh。

（二）大沃（Dawood）风电项目

大沃风电项目是中国电建直接投资的项目，同时是中巴经济走廊中首个完成融资关闭并开始建设的项目。大沃风电项目业主为水电顾问巴基斯坦大沃电力有限公司，工程总承包商（Engineering Procurement Construction，EPC）为西北勘测设计研究院，总投资金额为 1.15 亿美元。大沃风电场位于卡拉奇市以东 70km，为近海滩涂风电场。该项目总装机 49.5MW，由 33 台单机容量为 1.5MW 的风电机组构成。项目施工期 18 个月，于 2016 年 9 月投入商业运行。

（三）联合能源（UEP）风电项目

联合能源风电项目由中国东方集团投资控股有限公司和联合能源集团有限公司联合开发建设，总投资额为 2.5 亿美元。该项目由国家开放银行提供项目贷款，由葛洲坝集团进行一期项目总承包。联合能源风电项目位于巴基斯坦信德省境内，项目占地面积约 $14km^2$。项目于 2015 年 4 月开工，一期总装机容量 99MW，由 66 台套 1.5MW 风电机组构成。项目一期首台风机的吊装于 2016 年 10 月 2 日完成，在 2017 年 6 月正式投入商业运行。

（四）萨察尔（Sachal）风电项目

萨察尔风电项目由中国电力建设集团签约、华东勘测设计研究院总包，投资金额 1.34 亿美元，是“一带一路”第一个完成贷款签约的新能源项目。项目位于巴基斯坦信德省锦屏地区，距离卡拉奇港口 120km。工程装机容量 49.5MW，装配 33 台套金风科技生产的 1.5MW 77/1500 风电机组。该项目于 2015 年 12 月开工建设，2017 年底完工，项目总工期 15 个月，于 2017 年 4 月正式投入商业运营，年发电量约为 136.5GWh。

三、巴基斯坦风电项目的建设运营模式

具体来看，巴基斯坦风电项目的建设运营模式主要包括东道国家的部门管理结构、开发运营模式、设备供应体系以及电价收购协议等，具体

如下:

(一)巴基斯坦的风电管理结构

从部门管理来看,巴基斯坦的风电管理部门包括巴基斯坦电力监管局(National Electric Power Regulatory Authority, NEPRA)、国家输配电公司(National Transmission & Despatch Company, NTDC)和可替代能源发展委员会(Alternative Energy Development Board, AEDB)等[29-31]。其中,电力监管局主要负责制定电价,国家输配电公司负责电网并入及电力购买,可替代能源发展委员会负责新能源领域开发及宣传。整体看来,巴基斯坦的政策和规定旨在营造一个有吸引力的、规范的可再生能源投资环境,并为巴基斯坦确立了依靠外国和本国民营企业投资发展可再生能源项目的发展战略。由于风电投资项目大多以每个风场50MW容量作为一个单元进行开发,投资项目金额小,且投资方均为项目所在国政府批准的海内外独立投资人,开发商首先需要获得风电开发所在国家可替代能源发展委员会(或能源部)等相关部门的审批[22]。

(二)风电项目开发运营模式

一般来看,风电项目开发模式多为特许经营方式,即采用BOO(Build-Own-Operate,建设—拥有—经营)、BOT(Build-Own-Transfer,建设—运营—移交)、BOOT(Build-Own-Operate-Transfer,建设—拥有—经营—转让)及PPP(Public-Private Partnership,政府—社会资本合作)模式。具体到巴基斯坦,政府规定风电项目由私营投资,在开发和承包模式方面采用BOO或者BOOT模式实现,项目建成后,项目公司拥有项目的占有、使用、收益、处置等权利,每个项目单元装机容量不得超过50MW,特许经营期不少于20年[19,32]。在规定的特许期内,开发者通过电费收入回收项目的投资并获得回报,特许期满后,项目公司将项目移交给政府(BOT、BOOT模式)或者与政府续约特许经营期(BOO模式)。以三峡风电为例,该项目分第二风场和第三风场两个独立场区,开发运营采用BOO模式,项目注册成立了中国三峡南亚投资有限公司作为投资平台公司,同时,国际金融公司(International Finance Centre, IFC)及丝路基金(Silk Road Fund)入股中国三峡南亚投资有限公司共同开展对巴投资业务。

（三）关键设备采购与供应

在设备采购与供应方面，主要包括风机机组、风机塔筒、变电站电气设备等采购。由于巴基斯坦大多地区没有生产风电机组等大型设备的生产企业，故设备采购大多依赖进口，大部分风电材料来源于中国国内。中国近年来在可再生能源领域发展迅猛，尤其在风机叶片、太阳能电池板等领域均处于世界领先水平。值得注意的是，国内采购关键设备需经过所在国家电力部门批复后进行，同时尽量采购与当地电网部门存在接口及符合数据传输要求的设备，避免出现电网不允许并网的风险[32,33]。关键设备运送过程中，以联合能源风电项目安装的 66 台单机 1.5MW 的风力发电机组为例，第一批风机叶片于 5 月底在天津港集港完毕，项目部物流团队和风机供应商在 7 月 25 日离港前制定了叶片包装方案并选择了合适的运输船舶，确保 11 台风机叶片在 5000 多海里的运输过程中安全抵达巴基斯坦卡西姆港。该风电项目施工现场距离卡西姆港约 120km，首台风机叶片自 9 月 20 日从卡拉姆港口出发，22 日晚到达现场，23 日成功卸载。运送过程中，存在距离远、路况差、沿途车流量大等困难，制定风机发运计划时需要多次勘察路线、检测运输车辆，并与吊装单位探讨确定风机卸货方案。

（四）风电并网及电价协商

项目建设中，债务融资的股东资金一般通过风电项目税后收益以及剩余索取权逐步回收。巴基斯坦风电资源方面，政府保证由国家电网公司采购所有电力。为了加快风电市场形成，缓解国内的能源危机，巴基斯坦在风电政策上采取“成本＋回报”方式，电价采取“项目电价”，对独立开发商（Independent Power Producer，IPP）有较大的吸引力[32]。具体来看，政府对风电资源给出一个基准评价值，并对其提供一定程度的担保，以分担投资者的风险。电价设定方面，可以根据不同投资商的投资成本议定电价，参照“成本＋回报”方式，在保证投资商可以回收合理的建设成本和运营成本的前提下，允许资本金内部收益率为 15%～17%。考虑到投资资金一般通过风电项目税后收益以及剩余索取权逐步回收，电价对于风电项目的可持续发展具有重要意义[32]。

四、中国风电项目的多维梯度转移

梯度转移(Gradient Transfer)理论于20世纪80年代引入中国[34],国内已有的研究进展主要集中在中国各区域及省市间产业转移研究,也有学者关注中国招商引资过程中的制度效应及产业发展[35-37]。一般来看,技术及产业优势取决于该地区主导专业化部门和其他部门在工业生命循环中所处的阶段,新产业部门、新产品、新技术等创新活动一般从高梯度地区逐渐扩散到低梯度地区。风电作为资源潜力巨大、技术较为成熟的可再生能源,在减排温室气体、应对气候变化的新形势下,越来越受到世界各国的重视,并在全球被大规模开发利用。以中国为例,中国风电已经成为国内继火电、水电之后的第三大发电能源。截至2017年,中国风电累计装机量达164.3GW,年发电量为305016GWh,约占全球风电发展总量的1/3[38]。从风电发展的角度来看,中国风电目前已经实现了全产业链生产,除了液压站、控制系统等低于德国、丹麦的水平,大部分制造水平处于国际领先地位[39,40]。

梯度转移的理论基础是工业生产生命循环阶段理论[35],同时不同国家的新兴产业发展水平客观上存在梯度差异。其中,高梯度地区的技术不断创新并向外扩散,中、低梯度地区通过接受扩散或寻找机会招商引资完善自身产业体系以及技术水平,逐步缩小地区之间的差距[41]。根据已有文献及研究进展,包括风电在内的新能源产业梯度转移一般通过对外投资向外扩散到中、低梯度地区,而中、低梯度地区通过招商引资完善自身产业政策、提升技术水平,实现新兴产业的梯度承接。然而,以往研究更多关注以技术水平为代表的单一维度的梯度差异,但风电等新能源产业的转移除了技术水平的梯度差异之外,同样受到东道国家的资源禀赋、生产关系、发展规划和制度约束等多维因素影响。综上所述,本文进一步优化了以风电为代表的新兴产业多维梯度转移模式(图1)。一方面,技术落后的低梯度地区可以凭借其特有的优势(比如资源禀赋等)吸引国内外先进技术和资金,实现技术的跳跃式发展[35]。另一方面,新兴技术项目能否顺利承接同样取决于东道国当地的发展规划、鼓励政策、运营模式及既有产业体系等。

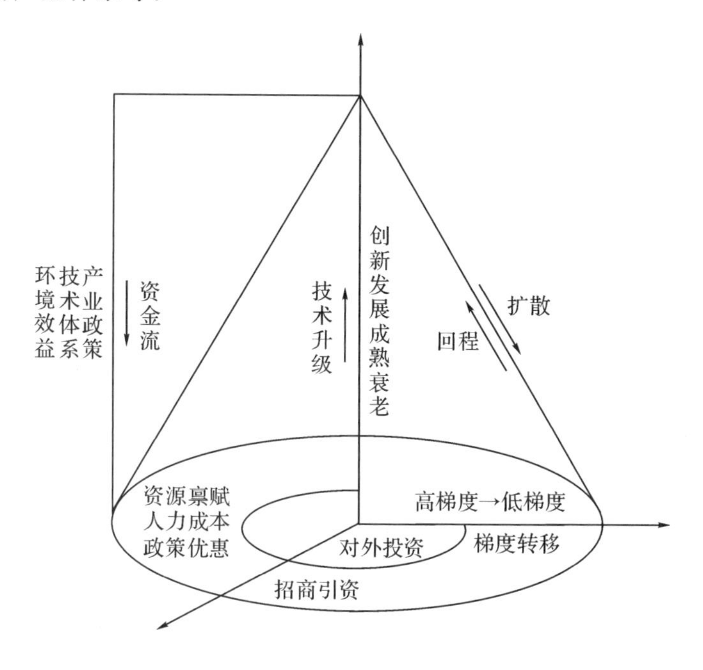

图 1　多维梯度转移模式

具体到巴基斯坦，其南部沿海地区风力资源较为丰富，信德省南部风场面积达 $9700km^2$，风能资源蕴藏量约为 43GW，可利用的风能发电量达 11GW[21]。目前，中资企业投资合作的风电项目有 10 余个，总装机容量达 480MW，合同金额约 9.6 亿美元，三峡风电、中国电建、联合能源、华东院等均有参与。到目前为止，在中巴经济走廊框架下，巴基斯坦风电项目合作模式多以中国企业投资建设运营风电站场、独立开发商运营模式、参与风电项目工程总承包为主。由于风电项目建设具有一次大额投入、分期收回的特点，融资总期限一般设定在 10 年以上[3]。

与此同时，中国对巴基斯坦的风电项目建设具有较大的潜力。一方面，巴基斯坦作为发展中国家，其风电市场刚起步，我国已经日渐成熟的风电产业可以有效弥补巴基斯坦风电行业的现有不足[42]。另一方面，在国际可再生能源蓬勃发展的大背景下，巴基斯坦政府逐步制定了比较完备的风电政策及严谨的电价谈判程序，公布了购电协议（Power Purchase Agreement，PPA）和项目实施协议（Implementing Agreement，IA）的范本，基本确定了巴基斯坦可再生能源发展模式，为其发展风电项目打下了良好的基础。2011 年，巴基斯坦政府在免税政策方面，进一步免征海关关税和消费税等，免收资源使用费，代征地且地租低廉，为中国风电企业投资提供了较好的投资机会[15,20]。

总体来看，中国风电项目的多维梯度转移一方面取决于高梯度地区的技术水平以及中、低梯度地区的资源禀赋，通过梯度差异实现新兴产业的项目承接；另一方面取决于东道国家的政策制度安排、开发运营模式、设备供应体系以及电价收购协议等。随着近年来中国在可再生能源领域发展，中国已经形成了比较完备的风电设备供应体系，极大促进了中国企业对外投资的积极性。但与“一带一路”沿线其他国家相对比，巴基斯坦尚有经济基础尚不稳固、当地电网配套落后、可再生能源政策仍不健全等缺点，给风电项目梯度转移及落地并网造成了一定障碍。然而，巴基斯坦目前的风电政策主要用于吸引国外独立开发商发展其风电产业体系，与改革开放初期中国大力招商引资有类似的考虑，只是中国的角色从引进外资变成了对外投资[43]。与此同时，巴基斯坦政府出台一系列利好政策、巴基斯坦南部沿海风电发展已经逐渐形成了规模效应，以及大部分时间风电项目可以保持满负荷运行、便于成本回收等，均为风电项目的多维梯度转移提供了保障。

截至目前，中国与将近 130 个国家签署了“一带一路”合作备忘录，与近 30 个国家签署了能源合作备忘录，风电作为资源潜力巨大、技术较为成熟的可再生能源，具有巨大的发展潜力。以中巴经济走廊为例分析巴基斯坦风电项目梯度转移中的优缺点，有助于促进“一带一路”沿线地区完善能源政策制度、提高风电技术水平、应对气候变化、落实碳减排承诺。在多维梯度转移模式下，中国风电项目落地并网需要综合考虑东道国家的技术梯度差异、区域资源禀赋、政策制度安排、建设运营模式、设备供应体系以及电价收购协议等方面。伴随“一带一路”倡议，中国与沿线国家开展可再生能源项目合作、实现新兴技术多维梯度转移为“一带一路”沿线跨境能源合作及共同应对气候变化进一步提供了保障。

五、巴基斯坦风电项目的减排效益及潜力

巴基斯坦属于世界上受气候影响最严重的十个国家。根据巴基斯坦国家灾害管理局(National Disaster Management Authority, NDMA)评估[44],1994 年至 2013 年间的极端气候事件导致巴基斯坦年均经济损失近 40 亿美元。最近五次洪水(2010—2014 年)导致货币损失超过 180 亿美元,受影响的人数为 3812 万人,受损房屋 345 万户,农作物被毁坏1063 万英亩(1 英亩=4046.86 平方米)。由于 2015 年卡拉奇前所未有的热浪,1200 多人丧生。尽管巴基斯坦对全球温室气体排放的贡献较小,但它仍属于发展中国家的典型代表,受到气候变化影响严重。

巴基斯坦的碳排放量自 20 世纪 80 年代起呈现急剧上升的趋势,年增速达到了 6%左右,2005 年后增速有所降低,但始终呈现增长状态并高于全球平均水平,在 2014 年已经达到了 1.66 亿吨[12]。具体到行业结构,电力、热力行业的碳排放量占比持续升高,1980 年后超过 30%后在 30%至 40%之间浮动,2014 年占巴基斯坦碳排放总量比例约为 34%左右[35]。为应对气候变化,巴基斯坦提交了自主减排贡献文件并列出了量化减排目标。然而与大多数“一带一路”沿线国家面临的问题类似,巴基斯坦尽管具有减排意愿,但部分目标的落实仍取决于国际社会资金、技术、能力建设等方面的支持[45]。根据巴基斯坦在自主减排贡献文件及温室气体排放结构测算,2030 年巴基斯坦温室气体排放量预计为 16.03 亿吨 CO_2 当量,CO_2 排放量约为 7.21 亿吨;其中能源相关碳排放量占比约为 56%,远高于农业、工业、土地利用变化等其他类别。巴基斯坦在自主减排贡献文件中提出,巴基斯坦温室气体排放量减少 10%将需要约 55 亿美元(现价),减少 20%则需要约 400 亿美元。

作为可再生能源的重要组成部分,风电具有很强的碳减排及环境改善效应,同时对生态环境影响相对较小。截至目前,中巴经济走廊大部分风电优先项目集中在信德省,总装机量 297MW,于 2018 年 7 月 9 日前全部顺利投产[21]。为了测算风电投资的碳减排情况,本文采用了联合国气候变化框架公约(United Nations Framework Convention on Climate

Change，UNFCCC)中边际碳排放的计算方法[46]，对应的风电项目建设及运行数据取自中巴经济走廊能源优先项目[21]，各燃料的潜在排放因子来源于“2006 IPCC Guidelines for National Greenhouse Gas Inventories”(Volume 2 Energy)[47]。

需要注意的是，风电发电量同时受到风流气象、地形高程、地貌粗糙度、风机点位、功率曲线、运行时长等因素的影响，上述风电项目的运营期大多设计为 20 年，风力发电量通常采用各风电项目的设计年均发电量进行核算。参照巴基斯坦的电力需求情况，案例风电优先工程每年的风力发电总量约为 838GWh，运营期累计发电量可以达到近 18000GWh，可供当地 60 万余个家庭使用。综合各风电工程的发电量及边际碳排放因子，风电优先项目的年均碳减排量可以达到 0. 65 兆吨，以 20 年的运营时长测算，累计碳减排量大约可以达到 13. 90 兆吨。表 2 列出了基于案例工程测算的中国在巴基斯坦风电投资的累积装机量、发电量及碳减排量。

表 2　中国在巴基斯坦风电优先项目的累积碳减排效应

案例风电投资	2020	2025	2030	运营期
累计装机量/MW	297	297	297	297
累计发电量/GWh	3242. 02	7735. 72	12229. 42	17974. 80
累积减排潜力/兆吨 CO_2 当量	2. 51	5. 98	9. 46	13. 90

注:中巴经济走廊风电优先项目陆续在 2017 至 2018 年间竣工投产，数据结果基于本研究案例工程测算。

在《巴基斯坦 2030 年远景》中，政府对可再生能源发电做出了明确规划，并针对小水电(不超过 50MW)、风力发电和太阳能发电等进一步制订了可再生能源发电政策与战略。据测算，巴基斯坦目前探明的油气储量有可能在未来 20 年内枯竭，该国可能面临长期能源短缺的紧张局面[14]。为消除巴基斯坦国内电力供应缺口，满足经济增长对电力供应需求的快速增长，巴基斯坦政府提出，加快以风电、水电、光伏为代表的可再生能源电力开发、加速核电建设。巴基斯坦未来装机规模和需求在 2030 年预计达到 55. 38GW，全社会用电量预计达到 219800GWh，可再生能源发展方面预计达到 9. 7GW。为实现上述目标，以风电、太阳能为代表的可再生能源项目的落地并网具有重要意义。

从整体能源结构来看，风电在巴基斯坦能源结构中占比相对较小，但风电发展呈现了快速增加的趋势。自 2013 年“一带一路”倡议提出以来，我国在中巴经济走廊投资并落地并网的可再生能源项目不断增多，在巴基斯坦逐渐产生了越发显著的碳减排效应，对于巴基斯坦缓解温室气体排放、实现自主减排贡献、应对气候变化、推动经济发展具有积极意义。然而，在目前碳排放潜力测算过程中，由于中方运营商在风电项目建成后继续负责项目的经营，并未考虑由于设备老化等产生的当地运营维护困难等问题。

六、总结与政策建议

20 世纪 80 年代初，中国企业开始与巴基斯坦电力部门开展广泛的合作，涵盖水电、火电和核电等领域，为双方开展后续的可再生能源合作奠定了较为坚实的基础。随着近年来中国在可再生能源领域的发展，中国企业在太阳能、风电设备制造等领域均处于世界领先水平，极大促进了中国企业对外投资的积极性。总体来看，中国企业在太阳能、风电设备制造等领域均处于世界领先水平，且巴基斯坦尤其是以信德省为代表的南部沿海地区的风电资源禀赋为其大力发展风电项目提供了基本保障。与此同时，巴基斯坦的政策制度、开发运营模式、电价收购政策等同样为中国独立开发商开展风电投资、实现风电项目的梯度转移提供了政策制度保障。随着中巴经济走廊框架下的风电优先工程陆续落地并网，相关风电项目产生了一定规模的经济效益、社会效益及减排效益，对于实现巴基斯坦自主减排贡献文件中提出的技术及资金等方面的要求具有重要的借鉴意义。

截至目前，中国对巴投资的风电优先项目的投资金额约为 6.47 亿元，每年风力发电量约为 838GWh，可供当地 60 万余个家庭使用，累计可减少二氧化碳潜在排放 13.90 兆吨。借鉴中国在巴基斯坦风电领域投资的成功经验，中巴有望开展深层次的可再生能源合作，进一步解决电力短缺问题，实现可持续发展[48,49]。与其他投资类型有所不同的是，风电的发展有助于改善能源结构、改善能源匮乏，同时伴随着减少碳排放量、缓解气候变化的环境效益，在“一带一路”沿线地区具有较大的发展潜力。值得注意的是，中国对外投资过程中，仍有大量的盲目投资行为，经常发生中方企业未及时摸清市场形势、投资回报等情况下轻率地走出去的现象。对于中国风电企业对巴的风电投资来说，同样需要及时考虑当地的投资市场、政策、法律、资源和环保等方面的政策。具体来看，仍有如下方面需要注意：

1. 总体来看，巴基斯坦经济基础尚不稳固、当地电网配套落后、可再生能源政策仍不健全。如 2011 年政策中提出巴基斯坦电力监管局将为适合的可再生能源项目确定上网电价补贴，项目公司适用该补贴后将不能再与之商定电价，但目前巴电力监管局尚未公布上网电价补贴政策细节，也未有项目获得该上网电价补贴。在巴投资企业仍需密切关注宏观经济形式及政策，及时化解由于政策变动或通货膨胀等不利因素造成的成本增加，保证项目顺利实施运营；

2. 在融投资方面，相关工作牵涉融资信用结构的设计、购电协议、特许经营协议、贷款协议和抵押质押协议的签署等一系列工作。项目需要充分做好前期准备工作，熟悉投资国相应政策法规，强化与不同部门和层级之间的沟通，及时了解最新的政策变化，精准把控项目时间节点，实现团队合理分工协作，保障工程前期的顺利开展；

3. 充分了解可能影响工程工期的各项困难，如巴基斯坦炎热、高温等极端气候以及集体礼拜、开斋节等民族传统。在巴基斯坦风电项目建设过程中，尽量为当地员工提供便利的工作、生活条件，通过援助、捐赠、培训等方式推动当地经济社会发展和人民生活改善，充分尊重巴基斯坦工人的风俗习惯和宗教信仰，形成良好的互动关系；

4. 在成本收益控制方面，综合考虑资源、地质、移民、上网、运输和施工多方面因素，采取合适的技术团队规避项目技术方案风险，确保风力发电机组能够保证高温满功率运行的要求；电价方面，及时了解最新的并网政策，对每个月的实际风速进行测量，确保前期测风和气象资料的代表性和完整性、风资源预测的准确性等，尽量规避上网电价变动的风险；

5. 随着中国企业在巴基斯坦风电廊道的参与程度逐渐提高，中资企业在风电廊道的投资份额和市场占有率也不断增大，巴基斯坦的用电需求缺口不断缩小甚至扭亏为盈，中国风电企业在巴基斯坦风电走廊项目市场的竞争日趋激烈，市场准入门槛越来越高，项目利润空间被不断压缩。上述情况不仅对中资企业既有的经营管理模式和投资利润造成冲击，同时对中资风电厂的能源利用效率和碳减排效益提出了更高的要求。

总体看来，巴基斯坦可再生能源发展仍具有较大潜力，尤其在满足电力需求、缓解碳排放压力方面具有重要意义。在中巴经济走廊框架下，我国对巴投资的卡西姆港燃煤电站、卡洛特水电站、中兴能源光伏电站等能源优先项目同样产生了重要的影响，对于巴基斯坦能源发电问题的缓解具有积极意义。综合考虑巴基斯坦的风电发展潜力及信德省已经落地并网的风电工程，中国风电投资对巴基斯坦落实可再生能源政策、加快可再生能源发展、缓解温室气体排放具有示范意义。尽管巴基斯坦风电等可再生能源的开发利用尚处于探索阶段，但由于巴基斯坦政府对可再生能源的利用与开发的重视，鼓励私人投资风电项目，制定的多种优惠政策对独立电力商有较大吸引力，明显提高了开发的积极性，大规模促进了其可再生能源产业的发展，有助于为中国可再生能源项目在“一带一路”建设过程中的推广落地提供借鉴和支持。

参考文献

[1] International Renewable Energy Agency [EB/OL], https://www.irena.org/Statistics.

[2] Bhutto A W, Bazmi A A, Zahedi G. Greener energy: Issues and challenges for Pakistan—wind power prospective [J]. Renewable and Sustainable Energy Reviews, 2013, 20: 519-538.

[3] 肖欣，何时有. 巴基斯坦电力行业发展与投资机会[J]. 国际经济合作，2017，3：84-87.

[4] 蒋小燕. “一带一路”下区域产业梯度转移——基于国际国内双重视角[J]. 商业经济研究，2018，8：183-186.

[5] 刘卫东. 共建绿色丝绸之路——资源环境基础与社会经济背景[M]. 北京：商务印书馆，2019.

[6] Liu W D, Dunford M. Inclusive globalization: Unpacking Chi-

na's Belt and Road Initiative [J]. Area Development and Policy, 2016, 1 (3): 323-340.

[7] Dunford M, Liu W D. Chinese perspectives on the Belt and Road Initiative [J]. Economy and Society, 2019, 12: 145-167.

[8] 国家发展改革委，外交部，商务部. 推动共建丝绸之路经济带和21世纪海上丝绸之路的愿景与行动[M]. 北京：外文出版社，2015.

[9] Aized T, Shahid M, Bhatti A A, et al. Energy security and renewable energy policy analysis of Pakistan [J]. Renewable and Sustainable Energy Reviews, 2018, 84: 155-169.

[10] Ahmed S U, Ali A, Kumar D, et al. China-Pakistan Economic Corridor and Pakistan's energy security: A meta-analytic review [J]. Energy Policy, 2019, 127: 147-154.

[11] 商务部. 对外投资合作国别(地区)指南：巴基斯坦(2018版)[EB/OL], http://fec.mofcom.gov.cn/article/gbdqzn. [Ministry of Commerce of China, Foreign Investment Cooperation Guide by Country (Region): Pakistan (2018 edition), http://fec.mofcom.gov.cn/article/gbdqzn.]

[12] World Bank Database [DB], https://data.worldbank.org/indicator.

[13] World Resources Institute [DB], https://www.wri.org/.

[14] International Energy Agency [DB], https://www.iea.org/.

[15] Mirza U K, Ahmad N, Majeed T, et al. Wind energy development in Pakistan [J]. Renewable and Sustainable Energy Reviews, 2007, 11 (9): 2179-2190.

[16] Ullah I, Chaudhry Q, Chipperfield A J. An evaluation of wind energy potential at Kati Bandar [J]. Pakistan. Renewable and Sustainable Energy Reviews, 2010, 14 (2): 856-861.

[17] Shami S H, Ahmad J, Zafar R, et al. Evaluating wind energy

potential in Pakistan's three provinces, with proposal for integration into national power grid [J]. Renewable and Sustainable Energy Reviews, 2016, 53: 408-421.

[18] The Government of Pakistan [EB/OL], http://www.pakistan.gov.pk/.

[19] Mirjat N H, Uqaili M A, Harijan K, et al. A review of energy and power planning and policies of Pakistan [J]. Renewable and Sustainable Energy Reviews, 2017, 79: 110-127.

[20] Siddique S, Wazir R. A review of the wind power developments in Pakistan [J]. Renewable and Sustainable Energy Reviews, 2016, 57: 351-361.

[21] China-Pakistan Economic Corridor. CPEC-Energy Priority Projects [EB/OL], http://www.cpec.gov.pk/energy.

[22] 国家能源局. 中巴经济走廊能源项目合作的协议[EB/OL]. http://www.nea.gov.cn/2014-11/09/c_133776690.htm. [National Energy Administration, Energy Project Cooperation Agreement of China-Pakistan Economic Corridor. http://www.nea.gov.cn/2014-11/09/c_133776690.htm.]

[23] 中巴经济走廊远景规划(2017—2030)[EB/OL], http://cpec.gov.pk/long-term-plan-cpec. [Long Term Plan For China-Pakistan Economic Corridor (2017-2030), http://cpec.gov.pk/long-term-plan-cpec.]

[24] Khan M K, Teng J Z, Khan M I, et al. Impact of globalization, economic factors and energy consumption on CO_2 emissions in Pakistan [J]. Science of the Total Environment, 2019, 688: 424-436.

[25] Lin B, Raza M Y. Analysis of energy related CO_2 emissions in Pakistan [J]. Journal of Cleaner Production, 2019, 219: 981-993.

[26] 姚秋蕙, 韩梦瑶, 刘卫东. "一带一路"沿线地区隐含碳流动研

究[J]. 地理学报，2018，73（11）：2210-2222.

[27] Han M Y, Chen G Q, Shao L, et al. Embodied energy consumption of building construction engineering: Case study in E-town, Beijing [J]. Energy and Buildings, 2013, 64 (5): 62-72.

[28] Li Y L, Han M Y, Liu S Y, et al. Energy consumption and greenhouse gas emissions by buildings: A multi-scale perspective [J]. Building and Environment, 2019, 151: 240-250.

[29] Qazi U, Jahanzaib M, Ahmad W, et al. An institutional framework for the development of sustainable and competitive power market in Pakistan [J]. Renewable and Sustainable Energy Reviews, 2017, 70: 83-95.

[30] Perwez U, Sohail A, Hassan S F, et al. The long-term forecast of Pakistan's electricity supply and demand: An application of long range energy alternatives planning [J]. Energy, 2015, 93 (2): 2423-2435.

[31] Kessides I N. Chaos in power: Pakistan's electricity crisis [J]. Energy Policy, 2013, 55: 271-285.

[32] 李长菁，刘兰波. 巴基斯坦风电发展现状及其政策研究[J]. 科技和产业，2012，12(2)：6-9.

[33] 张丽娟. 中国与巴基斯坦电力合作的优势、挑战及前景分析[J]. 对外经贸实务，2017，9：32-35.

[34] 何钟秀. 论国内技术的梯度转移[J]. 科技管理，1983，1：18-21.

[35] 魏世恩. 经济技术梯度转移述论[J]. 福建论坛(经济社会版)，2001，220：42-45.

[36] 庄芮，徐紫光，白光裕. 当前我国加工贸易梯度转移存在的问题与对策[J]. 国际贸易，2014，1：18-20.

[37] 郭扬，李金叶. 后危机时代我国加工贸易梯度转移的动力因素研究[J]. 国际商务研究，2018，4：47-56.

[38] 中国电力年鉴编辑委员会. 中国电力统计年鉴[M]. 北京：中国电力出版社，2017.

[39] 张芳，苏竣. 中国风电制造产业国际技术转移现状及问题分析[J]. 中国科技论坛，2012(7)：81-88.

[40] 冯伟，李颖洁. 基于产业链的中国风电装备制造业发展策略研究[J]. 中国科技论坛，2010(2)：61-66.

[41] 彭顺昌. 从梯度理论浅析加速技术转移的路径——以厦门为例[J]. 科技管理研究，2014，7：85-88.

[42] 屈秋实，王礼茂，牟初夫，等. 巴基斯坦能源发展演变特征分析[J]. 世界地理研究，2019，28(6)：50-58.

[43] 蒋国政，张毅，黄小勇. 要素禀赋、政策支持与金融资源配置：产业转移的承接模式研究[J]. 南方金融，2011，(2)：13-20，28.

[44] National Disaster Management Authority，http：// www. ndma. gov. pk/.

[45] Pakistan' s Intended Nationally Determined Contribution (PAK-INDC)，https：// unfccc. int/documents.

[46] United Nations Framework Convention on Climate Change，https：// unfccc. int/resource/docs/convkp/conveng. pdf.

[47] 2006 IPCC Guidelines for National Greenhouse Gas Inventories，http：// www. ipcc. ch/report/2006-ipcc-guidelines-for-national-greenhouse-gas-inventories/.

[48] 刘玉佩. 巴基斯坦能源投资项目主要风险及对策建议[J]. 国际工程与劳务，2019，1：46-47.

[49] 何时有，肖欣. "中巴经济走廊"能源电力项目的投资风险[J]. 国际经济合作，2015，2：82-85.

森林城市建设对大气质量的影响*

于　畅　徐　畅　熊立春　程宝栋

北京林业大学经济管理学院

摘要:在梳理森林城市的概念和生态服务功能的基础上,文章首先回顾了近年来京津冀的大气质量变化趋势,以及在森林城市建设方面的基本情况。然后以2002—2016年京津冀地区13个地级市(直辖市)的面板数据作为研究样本,基于STIRPAT模型的理论框架,实证分析了森林城市的发展对减少城市雾霾污染的作用。研究结果表明,衡量森林城市特征的园林绿地面积、绿化覆盖面积和城市维护建设投入均能显著降低城市PM 2.5浓度。另外,人口密度、地区经济发展水平、产业结构和技术创新均会对PM 2.5浓度产生不同程度的显著影响。本文认为,在京津冀城市群的协调发展中,应进一步加强森林城市建设,提升城市的绿色生态空间和生态质量,进而提升城市的大气质量。

关键词:森林城市;京津冀;PM 2.5浓度;STIRPAT模型

一、引言

近年来,伴随着我国城镇化水平的不断提高和工业化进程的加速,人口不断向城市聚集,城市区域的生态风险日益严峻。京津冀是我国区域污染最为严重的城市群之一,已连续多年爆发大规模的雾霾天气,SO_2排放强度是全国平均水平的3倍,粉尘排放强度是全国平均水平的5倍,京津冀的大气质量已严重影响到居民的健康。当前,京津冀的区域发展已

* 北京市社会科学基金青年项目:资源环境约束下京津冀地区协同一体化的策略研究(16YJC047);国家自然科学基金青年项目:跨域环境污染协同治理的绩效评价研究(71804012);国家自然科学基金面上项目:中国木材加工业转移黏性、集聚与产业升级研究(71873016)。

经成为国家重要战略，推进京津冀环境协同发展是构建京津冀生态文明引领区的战略要求。2015 年 4 月，中央政治局会议审议通过的《京津冀协同发展规划纲要》在总体定位中明确提出，未来京津冀地区要打造成为“生态修复环境改善示范区”。按照《规划纲要》要求，打造京津冀全国生态文明引领区，提高环境容量承载力，实现绿色发展，是实现京津冀协同发展这一重大国家战略的重要生态基础。森林城市概念的提出，为解决此类城市系统的生态环境问题提供了新的研究思路。

森林城市的理念最早由美国和加拿大的学者在 20 世纪 60 年代提出并受到重视，人们逐渐意识到森林在维持和改善城市生态环境中的关键作用。森林城市是典型的城市复合生态系统，其城市生态系统以森林植被为主体。森林是生态系统的还原组织，是有生命的城市基础设施[1,2]，在生态文明的建设中起到不可忽视的基础作用。森林城市的发展模式已经在许多国家得到推广，如美国的亚特兰大、日本的北海道等。我国自 2004 年开展国家森林城市创建活动，国家林业局(现为国家林业和草原局)于 2012 年发布了《国家森林城市评价指标》，并于 2016 年 8 月发布《国家森林城市称号批准办法》。截至 2018 年 10 月，国家森林城市已达 165 个，并且正在逐步推进京津冀森林城市群、长株潭森林城市群、关中—天水森林城市群、长三角森林城市群、中原森林城市群、珠三角森林城市群的创建工作。

森林城市的生态服务功能可以在一定程度上缓解由于快速工业化和城市化所产生的污染问题，比如改善城市微气候、防止水土流失、减少风沙和城市热岛效应等[3]。尤其是在一定程度上可以抵消工业系统产生的 CO_2、SO_2、粉尘等，有助于提升城市的空气质量[4]，创造良好的城市人居环境。亦有研究表明，城市中的森林系统能够调控和阻滞空气中的 SO_2、氮氧化物和 PM 2.5浓度，进而减少雾霾的形成因素[5]。因此，森林城市的这些生态功能为缓解、治理区域的环境污染问题提供了新的路径。

本文以京津冀城市群的 PM 2.5浓度为研究对象，结合森林城市的建设指标和城市系统的主要特征，通过实证研究分析森林城市建设对大气质量的影响。这既是对森林城市的生态服务功能的探索，也是对提升城市大气质量措施的扩展，为城市的可持续发展提供实证研究的经验。

二、京津冀地区森林建设与环境质量基本情况

(一)森林建设情况

京津冀三地中,北京市的森林覆盖率最高,为35.8%,在2004—2016年间的年均增长率为4%。河北省森林覆盖率的年均增长率为2%,2016年的森林覆盖率为23.4%。天津市的森林覆盖率一直保持在9%左右。此外,2016年北京市的湿地面积总计为4.8万公顷,约占辖区面积的3%。天津市湿地面积总计为29.6万公顷,约占辖区面积的25%。北京市与天津市的湿地面积中约有50%为人工湿地。河北省在2016年的湿地面积为94.2万公顷,占其辖区面积的11.6%,人工湿地的面积约为26%。在森林公园的建设方面,京津冀三地的森林公园总面积分别为9.6万公顷、0.2万公顷和51.4万公顷。其中,北京拥有国家级森林公园15个,天津有1个,河北共有27个。

(二)京津冀大气质量基本情况

京津冀地区的雾霾问题自2013年开始大规模爆发,其中首要污染物为PM 2.5。如图1所示,京津冀地区的空气质量达标天数在2013年均出现显著下降,石家庄、邯郸在2013年全年的空气质量达标天数仅有49天和54天。虽然近年来京津冀地区的空气达标天数在提高,但截至2016年,北京市空气质量达标天数占全年比重54.3%,天津市为61.9%,河北省各地级市平均为56.7%。可以看出,京津冀地区每年有近一半的时间都在经受污染天气,大气污染治理面临严峻的考验。

三、相关文献回顾

(一)森林城市的概念和特征

自森林城市的概念提出以来,森林城市的定义不断完善,但目前尚未形成统一的界定。学者们一般都从生态、低碳、可持续的视角去构建森林城市的内涵和特征[3]。王文波等提出森林城市是指城市生态系统以森林植被为主体,城乡绿化注重协调发展,使森林能够被多功能利用和多效益发挥[6]。国家林业局将国家森林城市定义为在市域范围内形成以森林和

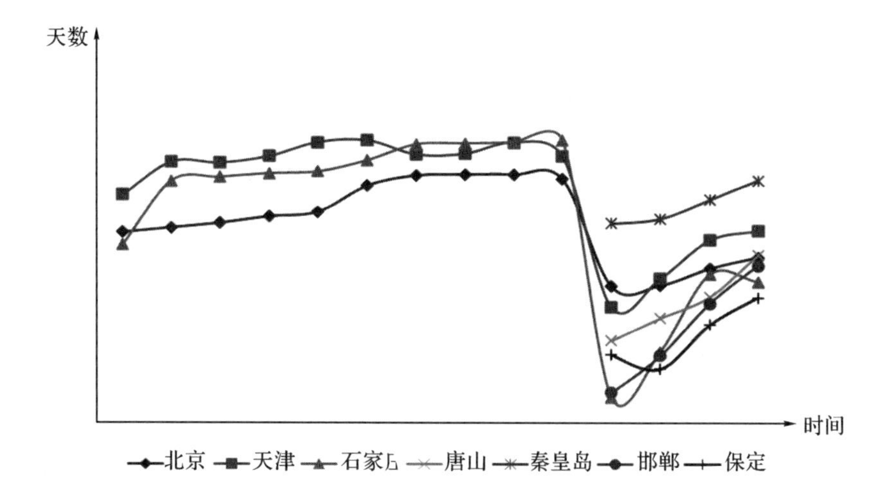

图 1　北京、天津及河北的重点监测城市空气质量达到二级以上的天数(天)
(唐山、秦皇岛、邯郸和保定缺少统计数据,仅显示 2013—2016 年数据)
数据来源:《中国环境统计年鉴》。

树木为主体,城乡一体、稳定健康的城市森林生态系统,服务于城市居民身心健康,且各项建设指标达到规定标准并经国家林业局批准授牌的城市[7]。

森林城市的功能主要包括生态服务功能、经济功能和社会功能。①生态服务功能可通过相关指标的量化进行评价,这些指标主要包括以下方面:固碳制氧量,吸收废气量和阻滞粉尘量(如吸收 SO_2、PM 2.5 等),热岛效应强度,涵养水源量,城市能耗的节约量等[1]。②经济功能可以分为直接和间接两部分。直接经济功能是城市中森林系统所带动的相关产业效益,主要包括生态旅游业和城市土地的增值。间接的经济功能是通过发挥其生态功能所创造的价值,例如固碳价值、净化空气的价值、吸热降温的价值等。对于生态功能经济价值的测算,一般采用实际市场评估法和替代市场评估法。实际市场价值法适用于评估有市场价格的森林生态服务功能。例如,固碳的价值可以根据 CO_2 的市场价值来计算。如果某些服务功能没有市场价值,则通过替代市场评估法测算。例如,森林吸收 SO_2 的价值为吸收量与 SO_2 治理费用(或工业削减 SO_2 的单位成本)的乘积[8]。③社会功能主要是城市森林所体现的景观文化内涵,以及为市民带来的舒适感和满意感。

按照《国家森林城市评价指标体系》的规定,评价指标主要包括:①城市森林网络,如城区绿化覆盖率、城区人均公园绿地面积等;②城市森林健康,如树种丰富度、生物多样性等;③城市林业经济,如生态旅游、林产基地建设特色经济林等;④城市生态文化,如古树名木管理规范、公众对森林城市建设的满意度等;⑤城市森林管理,如科学规划编制《森林城市建设总体规划》、开展森林资源和生态功能检测等。此外,也有学者针对不同地域的自然条件构建了从区域层面对森林城市群进行综合评价的指标体系[9]。

(二)京津冀大气质量的影响因素研究

京津冀的大气污染问题近年来已成为研究热点。杜雯翠和夏永妹利用2014—2016年15个城市的每日AQI数据,基于双重差分模型检验京津冀雾霾协同治理措施的实施效果[10]。作者发现,不论是一般性的联防联控治理措施,还是"大事件"协同治理措施,都没有从本质上改善京津冀区域的空气质量。Du等研究3个中国城市群(京津冀、长三角、珠三角)在2000—2010年间PM 2.5浓度的空间自相关和空间依赖性,在追踪PM 2.5的变化规律的基础上,进一步分析了多个因素对PM 2.5浓度的影响,实证检验了3个城市群的城市化对PM 2.5浓度的直接效应和溢出效应[11]。研究发现,对于2010年的京津冀城市群,直接效应表明城市化水平每增加1%,导致城市PM 2.5浓度平均增加0.14%。同样,溢出效应表明,邻近城市的平均城市化水平每增加1%,其城市PM 2.5浓度增加了0.34%。Zhu等检验了中国京津冀地区的外商直接投资对SO_2排放的空间影响[12]。研究结果显示,外商直接投资对SO_2的排放有显著影响,意味着提高外商投资量可能会增加京津冀地区的SO_2排放量。另外,当地空气质量也受到周边地区外商直接投资量的影响。任宇飞和方创琳以京津冀城市群县域为单元,利用PM 2.5、NO_2遥感反演等数据,构建县域单元生态效率评价模型,并利用非期望产出模型、空间自相关模型对生态效率进行了评价[13]。研究发现,京津冀城市群县域单元生态效率总体水平较低,区位、自然本底条件是导致生态效率空间差异的主要原因。县域单元生态效率的正向集聚程度越来越显著，邻域单元生态效率差距则有所缩减。

以上研究表明，对于京津冀大气污染的研究，目前主要集中于探寻污染物的来源和变化趋势，以及测算工业、经济、社会系统的因素对大气质量的影响，而较少地从城市的森林生态建设来观察森林的生态调节功能对城市大气质量的改善。因此，本文重点研究森林城市建设对京津冀地区大气质量的影响。

四、研究方法与数据来源

（一）研究方法

与多数学者研究一致，本文借鉴 Rosa 和 Dietz 提出的 STIRPAT 模型作为本文的基本理论框架[14]。STIRPAT 模型的标准形式为：

$$I_i = aP_i^b A_i^c T_i^d e_i \tag{1}$$

式中，I 表示环境质量、P 表示人口规模、A 表示财富水平、T 表示技术水平，a 为模型系数，b、c、d 表示各变量的指数，i 为观测个体，e 为误差项。对(1)式两边同时取自然对数后转化为线性方程，并使用面板数据形式进行表达：

$$\ln I_{it} = a + b\ln P_{it} + c\ln A_{it} + d\ln T_{it} + e_{it} \tag{2}$$

此时，可通过对(2)式进行线性回归，估计出 P、A 和 T 的系数。按照这一思路，本文的被解释变量 I 为大气污染情况，目前京津冀三地的首要大气污染物为 PM 2.5，因此选择 PM 2.5浓度作为被解释变量。对于本文的解释变量及其衡量指标的选取说明如下：

考虑到北京、天津和河北省各地级市在行政区划面积和人口规模的差异，本文使用人口密度（*popd*）来表征人口规模，人口密度计算方法为年末总人口除以行政区域面积。通常情况下，人类的生产、生活越集聚，雾霾污染越严重[15]，预期方向为正。经济发展（*GDP*）与雾霾污染密切相关，因此使用 *GDP* 衡量财富水平，预期方向为正。技术创新是环境污染治理的重要途径，技术创新可从创新投入和创新产出绩效两个方面进行衡量，由于缺失河北省市级层面的技术创新投入数据，本文在创新产出绩效方面用工业增长耗电量（*GDPp*）来衡量技术创新，工业增长耗电量的计算方法为该地区的工业用电量除以地区第二产业增加值,该指标是节能减排技术及研发投入绩效的外在反应,可以在一定程度上反映创新的绩效,其值越大说明工业增长单位 *GDP* 所消耗的电量越多,节能减排技术越滞后,环境污染越严重,预期方向为正。

以上是经典 STIRPAT 模型的基本框架,STIRPAT 模型的优点是既能将各系数作为参数进行估计,又能对各影响因子进行适当改进[16]。森林城市建设(*FC*)可能降低雾霾污染并提升大气质量[17,18],本文从园林绿地比重(*gard*)和城市维护建设资金支出(*urb*)两个方面衡量森林城市建设的特征。一般来说,园林绿地比重越高,越有利于减少雾霾。园林绿地比重计算方法为园林绿地面积除以行政区划面积,本文还使用绿地面积比重(*gre*)替代园林绿地比重,作为稳健性检验。另一方面,城市维护建设资金支出包括对城市园林绿化设施、公共环境保护设施等方面的支出,支出越高越有利于减少雾霾。结合近年来中国调整产业结构的实际,本文认为产业结构(*ST*)也是影响雾霾污染的重要因素,工业和建筑业产生的废气和扬尘成为雾霾加剧的重要元凶。本文使用包含工业和建筑业的第二产业增加值占 *GDP* 的比重(*struc*)衡量产业结构,预期方向为正。由此,得出本文的经验模型:

$$PM_i = f(FC(gard, gre, struc), ST, P, A, T) \tag{3}$$

其面板线性估计方程表示为:

$$PM_i = \beta_0 + \beta_1 \ln gard_{it} + \beta_2 \ln urb_{it} + \beta_3 \ln struc_{it} + \beta_4 \ln popd_{it} + \beta_5 \ln GDP_{it} + \beta_6 \ln GDPp_{it} + e_{it} \tag{4}$$

$$PM_i = \beta_0 + \beta_1 \ln gre_{it} + \beta_2 \ln urb_{it} + \beta_3 \ln struc_{it} + \beta_4 \ln popd_{it} + \beta_5 \ln GDP_{it} + \beta_6 \ln GDPp_{it} + e_{it} \tag{5}$$

(二)数据来源

本文选择的研究对象为京津冀地区 2002—2016 年 PM 2.5浓度的影响因素。样本区域包括北京、天津两个直辖市,以及河北省的石家庄市、唐山市、秦皇岛市、邯郸市、邢台市、保定市、张家口市、承德市、沧州市、廊坊市、衡水市这 11 个地级市。

PM 2.5浓度数据采用哥伦比亚大学社会经济数据和应用中心提供的全球 PM 2.5浓度 2002—2016 年均值的栅格数据[19]。与地面实地检测数据相比,该数据是基于卫星监测所得,属于面源数据,能对一个地区PM 2.5浓度变化更为全面、准确地反映[20],满足本文研究需要。本文解释变量使用的园林绿地面积、绿化覆盖面积、城市维护建设投入、经济发展水平、产业结构和人口密度等数据来源于《中国城市统计年鉴》(2002—2016)和各地区的统计年鉴。

五、实证结果与分析

表1第(1)、(2)列首先报告了使用固定效应模型(FE)对方程(5)和(6)的拟合结果,可以看出各模型 R^2 较大,且总体显著性水平较高,说明模型整体拟合较好。从FE的拟合结果看,各变量的系数符号基本符合预期,但部分变量显著性较低。本文关注的核心变量 ln*gard*、ln*gre* 和 ln*urb* 对PM 2.5浓度均有负向影响,但是 ln*urb* 并未通过显著性检验。原因是京津冀各地区之间经济水平存在较大差异,而且同期经济活动又可能会相互影响,因此模型中可能存在组间异方差和组间同期相关,使得参数的最小二乘估计量不是一个有效的估计量。采用Green提供的对组间异方差的瓦尔德检验方法[21],对使用FE的(1)、(2)列拟合结果进行检验发现,瓦尔德统计量分别为89.64和84.11,且均通过1%水平的显著性检验,表明存在组间异方差。采用Green提供的对组间同期相关的Breusch-Pagan LM检验方法[21],对使用FE的(1)、(2)列拟合结果进行检验发现,Breusch-Pagan LM统计量分别为479.52和480.81,且通过1%水平的显著性检验,表明存在组间同期相关。由于组间异方差和组间同期相关同时存在,本文在FE的基础上,进一步计算面板校正标准误差(PCSE),得到(3)、(4)列的拟合结果。

从表1第(3)、(4)列可以看出,在解决组间异方差和组间同期相关后,模型总体显著,且模型 R^2 提高,拟合效果变好。本文关注的核心变量 ln*gard*、ln*gre* 和 ln*urb* 对PM 2.5浓度均有负向影响,且均通过5%水平的显著性检验。其他控制变量的显著性也有所提高,但 ln*GDPp* 不显著。根据前文理论分析,技术进步是影响环境污染的重要变量,而且结合近年来京津冀节能减排的实际来看,能源利用效率必然会对PM 2.5产生显著影响。计算PCSE的FE虽然解决了组间异方差和组间同期相

表 1 森林城市建设对 PM 2.5影响的拟合结果

	FE		PCSE		FGLS	
	(1)	(2)	(3)	(4)	(5)	(6)
ln*gard*	−4.8056***		−6.3674**		−5.7596***	
	(−1.5409)		(−3.0791)		(−0.2970)	
ln*gre*		−4.3848**		−6.0326**		−4.3241***
		(−1.7037)		(−2.552)		(−0.5010)
ln*urb*	−0.2243	−0.1293	−2.6626**	−2.5713**	−2.5385***	−2.1227***
	(−0.4529)	(−0.4580)	(−1.0372)	(−1.0467)	(−0.1084)	(−0.1785)
ln*struc*	0.1690	0.1744	0.4026**	0.4211**	0.3635***	0.3137***
	(−0.1059)	(−0.1104)	(−0.1965)	(−0.1979)	(−0.0263)	(−0.0344)
ln*popd*	0.0176*	0.0181 *	0.0275**	0.0287**	0.0260***	0.0191***
	(−0.0103)	(−0.0104)	(−0.0120)	(−0.0118)	(−0.0021)	(−0.0035)
ln*GDP*	1.1866	1.2004	7.9569*	8.1878*	7.7072***	6.8115***
	(−2.3894)	(−2.4182)	(−4.3082)	(−4.3577)	(−0.6814)	(−0.7853)
ln*GDPp*	0.0012*	0.0011*	0.0014	0.0014	0.0013***	0.0015***
	(−0.0006)	(−0.0006)	(−0.0008)	(−0.0009)	(−0.0001)	(−0.0001)
年份	控制	控制	控制	控制	控制	控制
城市	控制	控制	控制	控制	控制	控制
$P>\chi^2$	0	0	0	0	0	0
R^2	0.7809	0.7768	0.9361	0.9354	—	—
Observations	195	195	195	195	195	195

注：*，**，***分别表示10%，5%和1%的统计显著水平；括号内是标准误差。

关，拟合结果最为稳健，但是如果模型存在组内自相关，便不再具有有效性。因此，本文同时考虑组间异方差、组间同期相关和组内自相关，使用更为全面的 FGLS 估计。

从表 1 第(5)、(6)列可以看出，在同时解决组间异方差、组间同期相关和组内自相关后，模型拟合结果与理论预期一致，各变量均达到 1%的显著性水平。与表 1 第(3)、(4)比较发现，各变量系数大小虽然略有变化，但均在合理范围内。因此，本文接下来的分析都是基于表 1 第(5)、(6)列的结果。

从森林城市建设对 PM 2.5的影响看，园林绿地比重的提高对减少 PM 2.5浓度有显著影响，在其他条件不变的情况下，园林绿地面积比重每提高 1%，PM 2.5浓度将下降约 0.06$\mu g/m^3$。城市园林绿地面积包括公共绿地、居住区绿地、单位附属绿地、防护绿地、生产绿地、道路绿地和风景林地面积。截至 2016 年末，北京市园林绿地面积为 82.11km^2，占行政区划面积的 0.5%，通过增加园林绿地面积对减少 PM 2.5浓度有很大的进步空间。当前北京市正在逐步推进平原百万亩造林工程，通过新增城市绿地、提升森林覆盖率等措施，逐步扩展绿色生态空间并提升城市绿化品质。正如屠星月等指出，城市绿地对调节局部气候、空气污染有作用，同时对提升居民福祉和提高城市可持续性也有重要意义[22]。

与之相同的是，绿地面积比重的提高对减少 PM 2.5浓度有较为显著的影响，在其他条件不变的情况下，绿地面积比重每提高 1%，PM 2.5浓度将下降约 0.05$\mu g/m^3$。截至 2016 年末，北京市人均公园绿地面积为 16m^2，而天津市与河北省分别为 10.6m^2 和 14.3m^2。与全国人均公园绿地面积 13.35m^2 的平均水平相比，天津市仍有较大的提升空间。

城市维护建设资金支出对减少 PM 2.5浓度有显著影响，在其他条件不变的情况下，城市维护建设资金支出每提高 1%，PM 2.5浓度将下降约 0.03$\mu g/m^3$。城市维护建设资金除包含对园林绿化设施的支出外，还包含公共环境卫生设施维护的支出。京津冀地区气候干旱，降水量较少，从自然条件来看易形成风沙天气，再加上多年城市建设中的建筑扬尘，加剧了雾霾的形成。根据对京津冀雾霾来源的研究，扬尘的贡献率在北京 PM 2.5中有 14.3%，天津为 30%，河北的 PM 2.5则有 22.5%来自于扬尘[23]。粗放的城市管理、城市保洁等未采取有效扬尘防控措施，都会让城市扬尘对 PM 2.5的贡献增大，因此，增加城市维护建设资金、加强执行扬尘治理及雾霾预防方案，可在一定程度上降低 PM 2.5的污染程度。

产业结构对 PM2.5 浓度有正向影响，且通过 1%水平的显著性检验，说明在其他条件不变的情况下，第二产业增加值占 GDP 的比重越大，PM 2.5浓度就越高，与预期方向一致。2016 年，京津冀第二产业增加值占 GDP 比重分别为 19%、42%和 47%，而且北京市和天津市的第三产业已经超过了第二产业成为主导产业，表明京津已经进入后工业化阶段，三地存在产业结构梯度。“京津冀协同发展”的主要任务之一是疏解非首都功能,河北省是承接京津产业转移的主要承接载体。从这一指标对 PM 2.5的影响来看,河北省的大气质量将在未来承接产业转移过程中面临较大压力。

在其他控制变量中,人口密度对 PM 2.5浓度有正向影响,且通过1%水平的显著性检验,说明在其他条件不变的情况下,单位面积内人口数量越多,PM 2.5浓度越高,与预期方向一致。地区生产总值对 PM 2.5浓度有正向影响,且通过 1%水平的显著性检验,说明在其他条件不变的情况下,地区生产总值越高,PM 2.5浓度就越高,与预期方向一致。工业增长耗用电量对 PM 2.5浓度有正向影响,且通过 1%水平的显著性检验,说明在其他条件不变的情况下,技术水平越高,PM 2.5浓度越低,与预期方向一致。

六、结论

本文梳理了森林城市的概念和基本特征,利用 2002—2016 年间京津冀地区 13 个地级市(直辖市)的面板数据,实证检验了京津冀 13 个城市的 PM 2.5浓度与园林绿地面积、绿化覆盖面积、城市维护建设投入、经济发展水平、产业结构、人口密度、技术创新等影响因素之间的关系,分析了森林城市的发展对改善城市大气质量的作用,得出以下结论。

第一,提高园林绿地面积比重、绿化覆盖面积比重、城市维护建设资金均有助于减少 PM2.5 浓度。这三项指标是森林城市建设的主要指标,实证结果表明园林绿地面积比重和绿化覆盖面积比重每提高 1%,能使 PM 2.5浓度下降 0.05~0.06$\mu g/m^3$,城市维护建设资金支出的增加也对大气质量的提升有积极作用。第二,产业结构中的二产比重、人口密度、地区生产总值的增加均会导致 PM 2.5浓度增加,说明京津冀三地的城市发展水平尚未与环境质量完全脱钩,当前的经济增长、工业发展仍然会造成环境污染。此外,技术创新对降低 PM 2.5浓度有一定作用。

基于以上研究,本文提出以下政策建议。第一,在京津冀城市群的协调发展中,应进一步加强森林城市建设,通过修复和新建森林城市的要素,连接新建林、原有林、湿地等生态系统,提升城市的绿色生态空间和生态质量，加强京津冀城市群的生态承载能力，进而改善环境质量。第二，在进行产业结构调整和产业转移的过程中，京津冀三地应格外注重环境标准对接、加强污染防治等技术支持，优化产业结构，提升技术创新能力，减轻在产业转移过程中对生态环境造成的压力。

参考文献

[1] Roy S, Byrne J A, Pickering C M, et al. A systematic quantitative review of urban tree benefits, costs, and assessment methods across cities in different climatic zones [J]. Urban Forestry & Urban Greening, 2012, 11 (4): 351-363.

[2] 肖建武，康文星，尹少华. 营造城市森林以促进“国家森林城市”的建设[J]. 生态经济，2008，(2)：51-53.

[3] 张英杰，李心斐，程宝栋. 国内森林城市研究进展评述[J]. 林业经济，2018，40(9)：92-96.

[4] 周健，肖荣波，庄长伟，等. 城市森林碳汇及其抵消能源碳排放效果——以广州为例[J]. 生态学报，2013，33(18)：5865-5873.

[5] Nguyen T, Yu X, Zhang Z, et al. Relationship between types of urban forest and PM 2.5 capture at three growth stages of leaves [J]. Journal of Environmental Sciences-China, 2015, 27 (1): 33-41.

[6] 王文波，姜喜麟，田禾. 国家森林城市创建中的若干问题探讨[J]. 森林工程，2015，31(4)：13-17.

[7] 国家林业局. 国家森林城市评价指标：LY/T2004-2012[S]. 北京：中国标准出版社，2012.

[8] De Groot R, Wilson M A, Boumans R, et al. A typology for the classification, description and valuation of ecosystem functions, goods and services [J]. Ecological Economics, 2002, 41 (3): 393-408.

[9] 王文波，杨开良，邓宛琳，等. 基于岭南特色的珠三角国家森林城市群指标体系研究[J]. 林业经济，2016，38(8)：100-103.

[10] 杜雯翠，夏永妹．京津冀区域雾霾协同治理措施奏效了吗？——基于双重差分模型的分析[J]．当代经济管理，2018，40 (9)：53-59.

[11] Du Y, Sun T, Peng J, et al. Direct and spillover effects of urbanization on PM 2.5 concentrations in China's top three urban agglomerations [J]. Journal of Cleaner Production, 2018, (190): 72-83.

[12] Zhu L, Gan Q, Liu Y, et al. The impact of foreign direct investment on SO_2, emissions in the Beijing-Tianjin-Hebei region: A spatial econometric analysis [J]. Journal of Cleaner Production, 2017, 166:189-196.

[13] 任宇飞，方创琳．京津冀城市群县域尺度生态效率评价及空间格局分析[J]．地理科学进展，2017，36 (1)：87-98.

[14] Rosa E A, Dietz T. Climate change and society speculation, construction and scientific investigation [J]. International Sociology, 1998, 13 (4): 421-455.

[15] 童玉芬，王莹莹．中国城市人口与雾霾：相互作用机制路径分析[J]．北京社会科学，2014，(5)：4-10.

[16] Shao S, Yang L, Yu M, et al. Estimation, characteristics, and determinants of energy-related industrial CO_2 emissions in Shanghai (China), 1994-2009 [J]. Energy Policy, 2011, 39 (10): 6476-6494.

[17] Nowak D J, Crane D E, Stevens J C, et al. Air pollution removal by urban trees and shrubs in the United States [J]. Urban Forestry & Urban Greening, 2006, 4 (3): 115-123.

[18] 陈莉，李佩武，李贵才，等．应用 CITYGREEN 模型评估深圳市绿地净化空气与固碳释氧效益[J]．生态学报，2009，29 (1)：272-282.

[19] Van Donkelaar A, Martin R V, Brauer M, et al. Use of satellite observations for long-term exposure assessment of glob-

al concentrations of fine particulate matter [J]. Environmental Health Perspectives, 2014, 123 (2): 135-143.
[20] 邵帅,李欣,曹建华,等.中国雾霾污染治理的经济政策选择——基于空间溢出效应的视角[J].经济研究,2016,(9):73-88.
[21] Greene W H. Econometric Analysis [M]. 北京:清华大学出版社, 2001.
[22] 屠星月,黄甘霖,邬建国.城市绿地可达性和居民福祉关系研究综述[J].生态学报,2019,39(2):421-431.
[23] 李岚森,李龙国,李乃稳.城市雾霾成因及危害研究进展[J].环境工程,2017,35 (12):92-97,104.

中国在全球价值链中的出口隐含碳分析*

孙华平　张　灵　沈依奕

江苏大学财经学院

摘要：本文使用非竞争投入产出模型，将进口中间投入与国内生产的中间投入相区分，然后进行可比价调整，并对1995年、2000年、2005年20个典型国家37个产业进行出口净隐含碳以及出口净隐含碳强度的测算。结合TiVA数据库，测算了20个国家37个产业的全球价值链参与指数以及全球价值链地位指数，分析出口净隐含碳与全球价值链融入程度的关系。进而对1995—2011年50个国家面板样本数据进行回归，探索影响二氧化碳排放量的因素。结果发现，我国是最大的出口净隐含碳国，出口隐含碳强度较大，但人均出口隐含碳较少。发达国家全球价值链参与度和全球价值链地位指数都较高，"一带一路"国家全球价值链地位指数偏低，我国总体以及出口主要部门纺织业和电子设备全球价值链地位指数较低。全球价值链参与度、产业结构对二氧化碳的减排有明显的正向作用，人力资本对减排也有一定的正向作用。而国内生产总值以及人口对二氧化碳减排具有显著的负向作用。国外直接投资和科技创新与二氧化碳排放量呈现正相关。

关键词：非竞争投入产出模型；全球价值链参与指数；全球价值链地位指数；净出口隐含碳

一、引言

近一百年来，全球变暖问题日益严峻，过去半个世纪平均气温上升的

---

* 国家自然科学基金面上项目"基于全球价值链知识溢出的中国区域高碳产业低碳化转型路径研究"(71774071)；江苏省社科基金重点专项"推进江苏深度融入全球创新网络研究"(20ZLA007)；江苏大学"青年骨干教师培养工程"项目(5521380003)。

幅度已经达到前一个世纪上升幅度的两倍。气候变暖引发多种极端自然灾害，包括冰川消融、水灾频繁、海湾海岸生态自然环境失衡、高温极寒天气不断出现、耕地面积持续减少等。全球变暖的主要原因为人类大量使用化石燃料，如煤炭、石油、天然气等，产生了大量温室气体 CO_2。因为全球环境的不断破坏严重威胁到人类的可持续发展，气候问题尤其是碳排放问题在全球范围备受关注。

2016 年 4 月 12 日，170 个国家和地区签署了《巴黎协定》，标志着世界向碳排放协同治理迈出了里程碑式的重要一步。协定要求将全球气温上升控制在 2℃之内，以及 2030 年世界温室气体排放量要从 2010 年的 500 亿兆吨减少到 400 亿兆吨。除此之外，从 2023 年开始，参与协定的各国每五年需要接受一次温室气体排放检查，来监督各国加快实施相应措施，共同承担推进全球低碳经济转型的责任。与此同时，发达国家将高碳产业大量转移到发展中国家，新兴发展中国家也依靠发达国家的投资以及自身劳动力优势和自然资源快速发展经济。其中，1995 年我国对外贸易规模只有 3000 亿美元，截至 2005 年，这一数额高达 14219 亿美元，到 2015 年更是升至 39586.44 亿美元。但是不可忽视的事实是，我国碳排放总量从 1995 年的 2887.08 兆吨激增到 2014 年的 9086.96 兆吨，人均排放 CO_2 从 1995 年的 2.4 吨飞涨到 6.66 吨。由于天然气和石油储量并不丰富，我国主要使用的能源是煤炭，而煤炭杂质较多、热值较低，因此相比石油和天然气，含碳量更大。我国是碳排放大国的事实毋庸置疑，来自国际和国内社会要求大力减排的呼声和压力也越来越大。中国在《巴黎协定》中也作出承诺，在能源结构中清洁能源的比例要提高到约 20%，到 2030 年单位国内生产总值的 CO_2 排放比 2005 年要下降 60%～65%，CO_2 排放在 2030 年左右达到峰值并争取尽早达峰。紧接着，我国又推出了“十三五”温室气体控制方案，明确提出要加快我国能源结构转型，加快绿色清洁经济发展。

发达国家和发展中国家对于贸易中的隐含碳责任的分担问题仍然争论不休。在复杂的国际分工生产下，到底是应该由“生产国”承担碳排放责任还是由“消费国”承担排放责任？生产动力源自需求的存在，中国等许多发展中的碳排放大国无法享受生产产品的使用，许多发达国家则本身碳排放较少,这是有意识将高碳产业向发展中国家转移的结果。现在发展中国家和许多学者如 Wyckoff 和 Roop 等对多个国家进行测算,得出了相近的结果:发展中国家大多是贸易隐含碳的净出口国,其中中国为最大净出口国;发达国家是贸易隐含碳的净进口国,其中美国成为最大隐含碳净进口国,日本则是第二大净进口国。各国在全球生产分工的地位对其贸易隐含碳数量有着巨大的影响。

随着经济全球化的深入,如今一个复杂的多部件产品的不同生产阶段很有可能在不同的国家完成,全球贸易也随之多样化。产品常常要重复跨越边境,相比于以货物总价值为准的传统贸易测量方法,深入追溯产品分工以及贸易附加值的全球价值链(GVC)测度方法更能反映一个国家在全球贸易中的地位,进而真实地测量一个国家的贸易隐含碳。因此,分析中国在全球价值链上的隐含碳,一方面,能直接影响贸易政策的制定以及生产者和消费者的决定;另一方面,可以帮助研究在全球价值链上的位置对我国碳排放造成的影响,进而探讨产业结构调整对我国达成碳减排目标的作用。

鉴于上述研究意义,本文运用非竞争投入产出模型,分别测算 20 个代表性国家 1995 年、2000 年以及 2005 年出口净隐含碳及其在全球价值链上的分工位置,讨论两者的关系,进而深入探讨隐含碳在不同国家不同产业的分布状况。同时,根据 1995—2011 年的 50 个国家样本,以 CO_2 排放量为被解释变量,全球价值链参与程度、FDI、人力资本等为解释变量建立回归模型,以期探索 CO_2 排放的主要影响因素。

二、文献综述

(一)投入产出模型

Leontief 是第一个使用投入产出模型来分析一个国家经济系统的学者[1],这个模型描述了一个产业的产出如何变成另一个产业的投入。在投入产出表中,列项表示所有产业对一个产业的投入,而横向表示一个产业对所有产业的产出。因此,无论是作为消耗产品的产业,还是产出产品的产业,在该表中都可以直观看出在一个经济体内一个产业对另一个产业的依赖程度,甚至多个国家间产业的相互联系。因为投入产出表可以反映产业间价值流动的特性，所以它是一个非常有效直观的研究产业间的碳排放关系以及价值链上下游关系的方法。而要分析中国贸易的隐含碳需要涉及两个研究领域：全球价值链位置以及隐含的碳排放量，下面对这两个模块进行文献分析。

（二）全球价值链分析

Porter 在他的价值链模型中首次提出了“价值链”这个概念[2]，他从组织的角度出发，提出企业向市场提供有价值的商品或服务的过程，可以分为基础活动和支持活动。基础活动又可以按照生产顺序分为进货物流、生产、出货物流、宣传销售以及售后服务，支持活动分为基础设施、人力资源管理、技术以及采购。随着供应链在全球范围内延伸，各国供应商们进口一定价值的投入品然后将产品增值加工后再出口，此时产品的总价值又成为下个生产商的进口成本，最后最终消费者使用的制成品中包含了所有在这条产品价值链上参与生产的厂商所增加的价值。Shih 等最先提出了“微笑曲线”[3]，认为在产品周期中，概念研发、品牌推广、产品设计、加工生产、分销、营销以及售后服务是真正可以增加产品价值的环节。但是在这个产品价值链上，两端的环节对于产品增值的作用要远远大于中间的环节，尤其是大量消耗时间和劳动力的加工生产往往被认为是产出价值最低的环节。

Hummels 等提出了“HIY 模型”（国际垂直专业化率），用于计算在一国出口额中国外增加值部分[4]，并将国外增加值部分细分为出口额中所含的国外直接增加值部分，和出口额所含的经由第三国的国外间接增加值部分。但是“HIY 模型”存在一定的缺陷：(1)假设所有国家在生产出口品和国内消费的最终制成品时所投入的进口中间强度相同，这个条件在加工出口普遍受到政策鼓励的地区显然不能成立；(2)所有国家进口的产品价值必须百分百属于国外增加值，即最多只有一个国家出口中间品。在“HIY 模型”中，一个国家不能进口中间品，然后加工成为半成品，出口给第三个国家完成最后加工，也不能进口已经由自身加工再出口过的中间品。随着全球化不断深入，实现多国家跨境、往复跨境的国家生产网络使得“HIY 模型”结果偏差越来越大。张少军分别选取江苏省和广东省作为长三角经济和珠三角经济的代表，利用两省的投入产出表测算这两个省在国内价值链的和全球价值链的垂直专业化水平，发现其他地区省市受到两省带动作用最大的产业仍然是资源密集型产业[5]。Kooopman 等将总出口进行分解，在增加值贸易与传统贸易之间建立起了联系[6]，并且与 Hummels 的“HIY 模型”相结合，提出了更完善的测量全球价值链上附加值的方法。Koopman 等在中国加工贸易盛行的背景，核算了其出口中的国内附加值[7]。

冼国明和文东伟采用了 Hummels 等的“HIY 模型”，通过 OECD input-output 数据库计算了我国制造业在全球价值链上的垂直专业化水平，得出了我国制造业尤其是技术密集性产业的国际垂直专业化率在不断提高的结论[8]。程大中采用多国投入产出模型以及 WIOD 数据库从国外增加值、进口中间品两个方面分析了 2002—2011 年中国与包括韩国、日本、美国、德国在内的多个主要贸易经济体的贸易关联程度，进而描绘我国国际分工地位的演化趋势，并得出我国在全球价值链上的地位呈上升趋势的结论[9]。马风涛等在对产业进行合并以后，利用世界投入产出表计算多国产业贡献的国外增加值在我国制造业总增加值中所占比重，以电气、光学设备和纺织品为例详细地对中国制造业在全球价值链上的位置进行分析[10]，得出结论：我国制造业正在加快融入全球价值生产网络中，出口产品的国内增加值比例呈上升趋势，并且也得出国外增加值中来自美国、德国、韩国、日本的比重较大的结果。孟渤等根据全球投入产出模型计算各国 CO_2 的排放量，将全球价值链分为“向前连锁”及“向后连锁”[11]。“向后连锁”分为：本国将最终制成品出口给直接进口国；本国将中间品出口给直接进口国，再由直接进口国完成加工以及最终消费；本国将中间品出口给直接进口国，再由直接进口国加工成中间品或最终制成品出口给第三国；本国将中间品出口给直接进口国，再由直接进口国加工成中间品出口给第三个国家加工成中间品或最终制成品最后销往本国。而“向前连锁”正好相反，根据全球价值链建立了完善的能源核算体系。

（三）隐含碳的研究

Wyckoff 等核算得出美国、法国、日本、德国、加拿大、英国进口中间品隐含碳占这 6 个国家总碳排放量的 14%[12]。Machado 等核算了巴西贸易的隐含碳和隐含能[13]。Ahmed 等计算得出我国是一个碳排放净出口国[14]。Munoz 等采用多国家投入产出表，对奥地利以消费为导向的碳排放量进行测算[15]，结果表明，大部分(2/3)的碳排放发生在向奥地利出口的新兴工业化国家。

马述忠等采用多地区投入产出表结合 MRIO 模型对 55 个国家在 1995—2005 年间的碳排放量进行计算[16]，并且计算以生产国为碳排放责任国和以消费国为碳排放责任国这两种核算体系下各国碳排放量的差异，得出：很多新兴发展中国家，如俄罗斯、印度以及中国，因为大量出口资源密集型产品，存在作为生产国负担的碳排放量大幅高于作为消费国负担的碳排放量的现象。李真采用非竞争投入产出表对我国 2005 年、2007 年、2010 年 27 个部门核算进口国外附加值中隐含碳的数额，并以技术结构、碳排放系数、进口中间品贸易规模、进口中间品结构为变量对进口中间品中的隐含碳进行影响因素分析[17]。结果表明，我国进口中间品中隐含的碳排放相对波动较小，而出口的国外附加值中隐含碳呈下降趋势，因此进口隐含碳对出口隐含碳的影响普遍被高估；碳排放系数、进口中间品贸易规模对绝大多数的产业的碳排放量具有正向推动作用，而技术结构和进口中间品结构对绝大多数的产业的碳排放量具有反向抑制作用，在本身就是高耗能的基础产业中效果尤其明显。

计军平将竞争型投入产出表中进口中间品剥离出来得到 35 个产业的非竞争型投入产出表，利用 EEIO 方法在非竞争投入产出模型中引入了污染强度系数，然后将其与里昂惕夫逆矩阵相结合，得出各部门的碳排放量[18]。再采用 SDA 分解法，以碳排放系数、最终产品结构、最终产品规模、产业间投入产出关系作为变量探索各产业碳排放量增长的主要影响因素。分析表明，最终产品规模是我国 2007—2012 年间碳排放量增长的唯一的推动因素，而碳排放系数、最终产品结构和产业间的投入产出关系是碳排放量增长的抑制因素，虽然抑制作用相对较小。除此之外，最终产品规模在 2007—2012 年间对碳排放量增长的促进作用与 2007 以前相比明显加强。谢建国采用中国投入产出表研究了中国 1995 年、2000 年和 2005 年的能耗情况，将进口隐含能从出口隐含能中减去得到出口净隐含能，并对出口净隐含能进行 SDA 因素分析[19]。结果表明，我国出口总隐含能主要来自国内附加值隐含能,虽然我国出口隐含能呈上升趋势,其主要原因是出口增加,但是能源使用效率也在不断上升,主要得益于出口结构的改善。

以上文献为本文提供了非常有益的启发,但是仍存在一定的局限性。第一,目前对于隐含碳的研究多采用竞争型投入产出模型,大多建立在国内附加值隐含碳强度和进口中间品隐含碳附加值强度相同的假设上,无法较为准确地将进口中间品从产出中剥离出来。第二,很多文献并没有对投入产出表进行可比价调整,造成各个不同年份产业真实产值扭曲。第三,现有研究中主要是采用投入产出表来测量各产业碳排放量或者采用 SDA 方法对碳排放增长因素进行结构性分解,而探讨我国在全球价值链上的分工地位及与我国贸易隐含碳之间关系的实证分析文献很少。为弥补上述 3 个不足之处,本文将在相关文献的基础上,分别测算多个国家的出口净隐含碳以及全球价值链融入度,并且与国外直接投资、人口、国内生产总值、人力资本、产业结构等变量一起进行回归分析,探究变量之间存在的内在联系,并提出相应的对策建议。

三、模型和方法

(一)净出口隐含碳的测算模型和方法

本文采用的 1995 年、2000 年、2005 年 20 个国家非竞争投入产出表来自 STAN INPUT-OUPUT 数据库,这个数据库提供了所有 OECD 成员国以及其他 15 个经济体量较大的非 OECD 成员国的非竞争型投入产出数据,共计 37 个部门。本文利用 OECD 网站统计的各个国家三个年度的 CPI 以及 PPI 价格指数对非竞争型投入产出表进行可比价调整,分别用 PPI 调整中间产品价值,用 CPI 调整最终产品价值,因少数国家 PPI 指数缺失,也用调整过的 CPI 指数代替。

净出口隐含碳的测算可分为三步:

第一步,测算国内产品的里昂惕夫逆矩阵。在竞争型投入产出表中,从横向来看,一个产业的总产出是由中间产品(或者说所有产业对其的中间需求)和最终产品(或者说所有产业消费、资本积累、出口所构成的最终需求)组成的。从纵向来看,一个产业的总投入是由中间投入和新创造价值投入组成的。因为进口中间品以及进口制成品虽然在国内消费，但是碳排放却发生在国外；而本地区生产并出口的中间品或者最终制成品，虽然由国外居民使用，但是碳排放却发生在本国。非竞争投入产出表已经将进口的中间品以及进口最终制成品从竞争型投入产出表中剔除，便于测算本国生产的附加值中存在的净隐含碳。非竞争投入产出表（表1）中也存在等式：中间产品＋最终产品＝总产品，即

$$\sum x_{hi}^{D} + Y_{h}^{D} = X_{h}^{D} \tag{1}$$

其中，

$$Y_{h}^{D} = Y_{Ch}^{D} + Y_{Kh}^{D} + Y_{Vh}^{D} + Y_{Eh}^{D},\ h = 1,2,\cdots,n \tag{2}$$

矩阵形式可以表示为

$$A^{D}X^{D} + Y^{D} = X^{D} \tag{3}$$

式中 A^{D} 为国内产品技术系数矩阵，其中 a_{hi} 表示 i 产业产品对 h 产业产品的国内直接消耗，有 $a_{hi} = x_{hi}/X_{i}$ 或者 $x_{hi} = a_{hi}X_{i}$。(1)式变换可得 $X^{D}=(1-A^{D})^{-1}Y^{D}$。其中 $(1-A^{D})^{-1}$ 为里昂惕夫逆矩阵，是一个 $n\times n$ 维的矩阵，体现了各个生产部门变动一个单位最终产出会导致其对其他生产部门完全需求量变化多少。A^{D} 只能反映一个生产部门对于另一个生产部门的直接消耗，而里昂惕夫逆矩阵 $(1-A^{D})^{-1}$ 反映的是一个生产部门对于另一个生产部门的包括直接消耗和间接消耗的完全消耗。如图1，以汽车产业对电力产业的消耗为例，汽车产业的生产直接需要电力的支持，同时玻璃对汽车生产也是必需品。但是玻璃产业的生产也需要消耗电力，因此汽车产业不仅通过自身生产直接消耗电力，也通过对玻璃的使用消耗电力，汽车产业通过对玻璃的使用产生的对电力的消耗又称为对电力的间接消耗。产业之间的关系并不是只有间接消耗，而是要通过完全消耗来阐述，这也是投入产出表的一大优势。

第二步，核算各国单位国内附加值的隐含碳排放强度系数。首先从国际能源署(IEA)发布的能源差额表(Energy Balance Sheet)中提取每个国家的年度碳排放总额（仅包含燃料燃烧产生的 CO_2 排放量）。本文以煤炭、石油、天然气三种能源作为 CO_2 排放载体，假设每标准油的不同排放载体 CO_2 排放强度相同，按比例将 CO_2 排放量分配到各个能源排放载

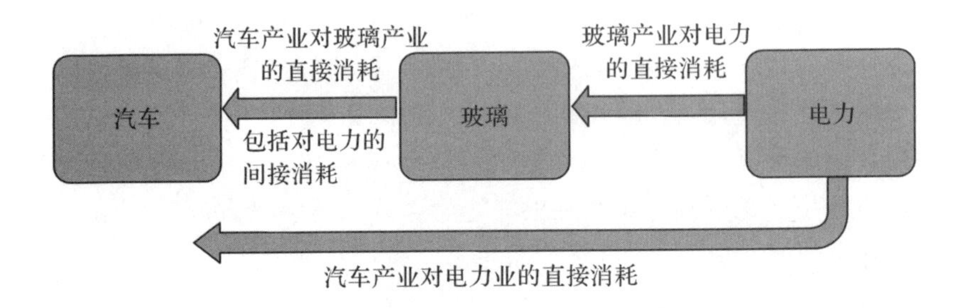

图 1　直接消耗与完全消耗的关系

体。假设 A 国生产煤炭的部门为 p 部门,生产石油的部门为 q 部门,生产天然气的则为 r 部门,W_1 为本国燃烧煤炭所排放的 CO_2,W_2 为本国燃烧石油所排放的 CO_2,而 W_3 为本国燃烧天然气所排放的 CO_2。在投入产出表中,对于 i 产业来说 x_{pi} 等于生产煤炭的部门对于 i 产业的投入,也就是 i 产业对于煤炭的消耗,同理 x_{qi},x_{ri} 分别等于 i 产业对于石油以及天然气的消耗。

表 1　非竞争型投入产出表结构

产出 / 投入		中间产品					最终产品				总产出
		产业 1	产业 2	…	产业 i	小计	消费	资本形成	存货变动	出口	
中间投入	产业 1	x^D_{11}	x^D_{12}	…	x^D_{1i}	$\sum x^D_{1i}$	Y^D_{C1}	Y^D_{K1}	Y^D_{V1}	Y^D_{E1}	X^D_1
	产业 2	x^D_{21}	x^D_{22}	…	x^D_{2i}	$\sum x^D_{2i}$	Y^D_{C2}	Y^D_{K2}	Y^D_{V2}	Y^D_{E2}	X^D_2
	…	…	…	…	…	…	…	…	…	…	…
	产业 h	x^D_{h1}	x^D_{h2}	…	x^D_{hi}	$\sum x^D_{hi}$	Y^D_{Ch}	Y^D_{Kh}	Y^D_{Vh}	Y^D_{Eh}	X^D_h
	折旧	DEP									
	社会投入	RENV									
	劳动报酬	INC									

因此可以根据投入产出表中不同产业对能源生产部门的消耗,将碳排放分解到投入产出表的各个分类部门。以生产煤炭的 p 部门为例,投入产出表中有等式:

$$x_{p1}^{D}+x_{p2}^{D}+\cdots+x_{pi}^{D}+Y_{Cp}^{D}+Y_{Kp}^{D}+Y_{Vp}^{D}+Y_{Ep}^{D}=X_{p}^{D}, \tag{4}$$

X_p^D 是煤炭产业的总产值，但是这一年度导致 CO_2 排放的煤炭产值只有 $X_p^D-Y_{Ep}^D-Y_{Vp}^D$，其中 Y_{Vp}^D 是煤炭出口额，引发的 CO_2 实际排放发生在进口国，Y_{Ep}^D 为年度存货变动。天然气产业和石油产业在国内导致的实际 CO_2 排放值也同理可得。因此对于 i 部门，CO_2 排放量为：

$$G_i=\frac{x_{pi}^{D}}{X_p^D-Y_{Ep}^D-Y_{Vp}^D}\cdot W_1+\frac{x_{qi}^{D}}{X_q^D-Y_{Eq}^D-Y_{Vq}^D}\cdot W_2+\frac{x_{ri}^{D}}{X_r^D-Y_{Er}^D-Y_{Vr}^D}\cdot W_3,\quad i=1,2,\cdots,n \tag{5}$$

再将产业 CO_2 排放量除以总产值，得到 CO_2 排放系数向量。A 国 i 产业的 CO_2 直接排放系数为：

$$C_i=G_i/X_i^D,\ i=1,2,\cdots,n \tag{6}$$

第三步，将 CO_2 排放系数向量的元素依次放在对角矩阵的对角线上[13]，得到 CO_2 直接排放系数矩阵 L，则 CO_2 完全排放系数矩阵

$$U=L(1-A^D)^{-1} \tag{7}$$

则净出口隐含碳为：

$$S=U*EX=L(1-A^D)^{-1}EX \tag{8}$$

其中 EX 为 K 国出口。

$$\begin{pmatrix} S_{11} & S_{12} & \cdots & S_{1i} \\ S_{21} & S_{22} & \cdots & S_{2i} \\ \vdots & \vdots & & \vdots \\ S_{h1} & S_{h2} & \cdots & S_{hi} \end{pmatrix}=\begin{pmatrix} L_1 & 0 & \cdots & 0 \\ 0_1 & L_2 & \cdots & 0 \\ \vdots & \vdots & & \vdots \\ 0 & 0 & \cdots & L_h \end{pmatrix}\begin{pmatrix} I-a_{11} & -a_{12} & \cdots & -a_{1i} \\ -a_{21} & I-a_{22} & \cdots & -a_{2i} \\ \vdots & \vdots & & \vdots \\ -a_{h1} & -a_{h2} & \cdots & I-a_{hi} \end{pmatrix}\begin{pmatrix} EX_1 \\ EX_2 \\ \vdots \\ EX_h \end{pmatrix}$$

净出口隐含碳强度为：

$$T=S/EX \tag{9}$$

（二）全球价值链位置测算

1. 全球价值链核算模型

本文根据 Koopman 等提出的 KPWW 法将 K 国出口总额分解成国外增加值出口成分（FVA）、国内增加值出口成分（DVA）以及从本国出口最终又被本国进口的增加值部分（VAR）[6]。而国内增加值出口成分又

可以进一步分解为由直接进口国吸收的制成品(DDVA-FN)、由直接进口国加工成制成品然后吸收的中间品(DDVA-IN)、由直接进口国加工被第三个国家吸收的中间品(IDDVA-IN)。其中直接增加值就是由直接进口国最终消费的国内增加值部分,包括 DDVA-FN 和 DDVA-IN,间接增加值就是由第三个国最终消费的国内增加值部分(图 2)：

$$EX = DVA + VAR + DDVA\text{-}FN + DDVA\text{-}IN + IDDVA\text{-}IN \quad (10)$$

VAR 和 FVA 是在传统贸易核算体系中重复计算的。FVA 就是 Hummels 的垂直专业化模型中的“VS”,IDDVA 就是模型中的“VS1”。

本文参考 Koopman 等[6]提供的核算一国各个产业参与全球生产网络程度和在全球价值链上的分工地位的方法,即 GVC 参与指数和 GVC 地位指数。根据(3)式,GVC 参与指数被定义为一国国内增加值中被第三国吸收的部分(IDDVA)和国外增加值(FVA)之和占出口总额的比例,GVC 参与指数为：

$$GVC\text{-}Participation_{kj} = \frac{FVA_{kj} + IDDVA_{kj}}{E_{kj}} \quad (11)$$

其中 GVC-participation 代表 k 国 j 产业参与全球生产网络的程度,E_{kj}、FVA_{kj} $IDDVA_{kj}$ 分别代表 k 国 j 产业的出口总额、国外增加值和国内间接增加值。GVC 参与指数越大,说明 k 国 j 产业参与全球生产网络的程度越高。其中 $\frac{FVA_{kj}}{E_{kj}}$ 即 k 国 j 产业的国外附加值占 j 产业的总出口额的比例又被定义为向后连锁率(backward linkage)。$\frac{IDDVA_{kj}}{E_{kj}}$ 即 k 国 j 产业国内间接增加值占 j 产业出口总额的比例被定义为向前连锁率(forward linkage)。

即使不同国家参与全球生产网络的程度相同,它们在全生产价值链上的位置也可能有不同,而 GVC 地位指数测量了一国国内间接出口增加值和外国增加值的差异。指数越大,即 k 国 j 产业中出口总额中间接出口增加值的比例大于出口总额中外国增加值的比例,说明 j 产业是中间品的净出口方,它以向其他国家供应中间品或自然资源来参与全球生产网络,所以 j 产业在全球价值链上的分工地位更靠近上游。指数越小,说明 j 产业是中间品的净进口方,其贸易国家主要为其提供中间品或自

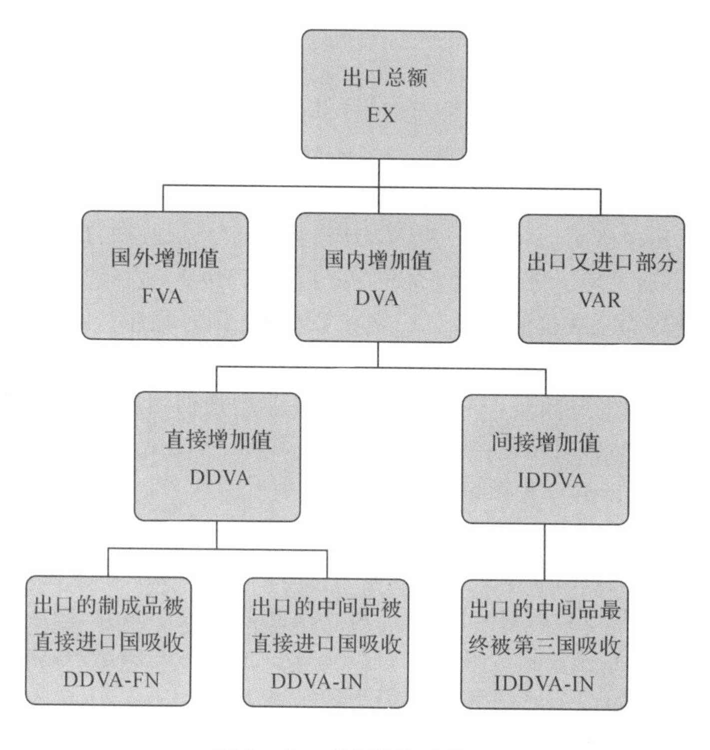

图 2 出口总额分解示意图

然资源，所以 j 产业在全球价值链上的分工地位更靠近下游。GVC 地位指数计算公式为：

$$GVC\text{-}Position=\ln(1+\frac{IDDVA_{kj}}{E_{kj}})-\ln(1+\frac{FVA_{kj}}{E_{kj}}) \tag{12}$$

2. 数据来源

OECD 联合 WTO 公布了 TiVA(Trade in Value Added)数据库，发布了 1995—2011 年(2016 年更新)所有的 OECD 国家，以及亚太经合、欧盟、东盟、北美自由贸易区、南美洲等共计 63 个国家或者地区的附加值贸易数据，共计 34 个产业，其中工业类 19 个，服务业类 14 个。

（三）二氧化碳排放影响因素分析

1. 回归模型设置

本文选取了1995—2011年50个国家国内的CO_2排放总量作为被解释变量，全球价值链参与度、经济体量、人力资本、科技创新能力、人口数量、产业结构、外国直接投资作为解释变量，构建如下回归模型：

$$\ln(CO_2)=\alpha_1 GVC+\alpha_2 \ln GDP+\alpha_3 EDU+\alpha_4 \ln(PCT+1) +\alpha_5 \ln P+\alpha_6 SVA+\alpha_7 FDI+\mu \tag{13}$$

其中GVC为全球价值链参与程度，GDP为一国国民生产总值，EDU为一国15岁以上人口人均受教育年限，代表人力资本；PCT为专利申请数量，P为一国人口数量，SVA为一国服务业增加值占GDP的比重，FDI为一国接受的外国投资在世界所占比重。

2. 变量选取以及数据来源

由于模型中CO_2排放量、国民生产总值与平均受教育年限以及其他比例形式的解释变量大小相差极其大，所以采取对被解释变量以及数量特别大的解释变量取对数的方法，减小变量间的大小差异、减小异方差。其中各国CO_2排放量以吨为单位。全球价值链参与指数（GVCC）即前文的GVC-participation指数。因为地位指数GVC-position的特殊性，其衡量的是向前连锁率与向后连锁率之间的差异，所以在地位指数和参与指数中，采取综合考虑前后价值链地位的参与指数。现在各个国家的生产生活仍然基于燃料型能源的大量使用与消耗，CO_2的排放量与GDP息息相关，尤其是主要经济体如美国、日本、中国同时都是碳排放大国，且随着这些国家GDP的增长，CO_2排放量也逐年不断上升，因此GDP应与CO_2排放量呈正相关。本文选取的各国GDP以不变价美元为单位。

人力资本对本国居民的环保意识，对清洁能源的倾向性以及使用能源的效率有潜在影响，因此应该与CO_2排放量呈负相关。衡量一国的人力资本相当于测算一国受教育水平，一般衡量指标有“完成高等教育人口比例”、“教育支出比例”。本文认为“教育支出比例”由于各国的教育体系、制度的不同，实际劳动力受教育水平可能存在明显差异，而“完成高等教育人口比例”则只考量了本科以上学历的人口比例，忽略了获得高等学历以下的熟练劳动力的作用。因此本文选取15岁以上人口人均受教育年限来综合衡量一国劳动力的受教育水平，也就是人力资本情况。由于人均受教育年限5年统计一次，因此将相隔的统计年份数据之差平滑分配到两者之间的年份进行估计。因为平均教育年限每个国家波动较小，同时为了使变量的系数更具有实际意义，本文对变量EDU没有采取取对数的方法。

一国的科技创新能力很有可能作用于本国能源使用情况的改善，但同时经济活动丰富、碳排放量大的国家更加容易产生创新，因此科技创新能力对于碳排放的影响是多方面的、复杂的。科技创新能力一般通过“研究开发费用占比”或者专利数量来衡量，由于研究开发费用对于一国的科技创新能力有滞后效应，而且费用投入与研究成果并无必然关系，所以采取专利申请数量作为科技创新能力的衡量指标。由于衡量的是一个国家的研究人员或者研究所而非该国家公司的创新能力，因此以发明者居住国为标准，采用该国PCT国际专利机构申请数量。因为有些国家PCT申请数量为0，所以本文对这个变量先加1再取对数。

人口与CO_2排放量之间的关系比较容易预测，人口越多，CO_2排放量会有增加的倾向。

相比于高能耗、高排放的第一、第二产业，服务业具有高增加值以及低能耗两大特点，因此具有显著的减排作用，与碳排放量很有可能呈负相关关系，因此本文采取服务业增加值占GDP比重作为衡量产业结构的指标。本文中，国外直接投资衡量的是对本国的外国直接投资的流入，具有流量和存量两个概念，由于FDI反映的是外国对本国的长期投资，所以使用各国FDI存量占比（世界各国之和为1），能更好地反映全球对该国长期产业分工优势的判断和预测，以及外国资本对本国碳排放的潜在影响。被解释变量以及解释变量的指标和数据来源如表2。

表 2 指标和数据来源

变量	变量名称	指标	数据来源
CO_2	二氧化碳排放量	各国二氧化碳排放量	IEA
GVC	全球价值链参与度	GVC 参与指数	根据 TiVA 数据库计算得来
GDP	经济体量	各国不变价国民生产总值	WORLDBANK
EDU	人力资本	人均受教育年限	BARRO-LEEDATABASE
PCT	科技创新能力	PCT 专利申请数	OECD
P	人口	各国人口	WORLDBANK
SVA	产业结构	服务业增值占 GDP 比重	WORLDBANK
FDI	外国直接投资	各国 FDI 存量占比	UNCTAD

四、结果分析

(一)全球价值链下净出口隐含碳分析

如表 3,在 20 个国家中,中国在 1995 年以及 2005 年出口隐含碳强度都位列第一,分别为 0.0333 吨/美元和 0.0195 吨/美元,也就是说中国每出口 1 美元增加值,就会在中国国内增加 0.0333 吨和 0.0195 吨 CO_2 的排放。2000 年,中国 0.0231 吨/美元的排放强度略小于南非 0.0250 吨/美元的排放强度,位列第二。但是从 1995 年到 2005 年这个时间段来看,中国出口隐含碳强度呈下降趋势,也从侧面说明我国出口结构有一定改善。与此同时,新兴经济体如印度、印度尼西亚、土耳其等国家出口隐含碳强度都位列前茅,并且呈上扬态势,这些国家有可能依靠高碳产业的崛起来加快经济发展。英国、法国和意大利等发达国家出口隐含碳强度处于末尾,变动情况也比较平稳。而以爱沙尼亚、捷克、斯洛伐克为代表的"一带一路"沿线国家的隐含碳强度处于中游的位置,总体上来看有下降的趋势。

表 4 显示各国平均每人要承担多少出口隐含碳。虽然出口净隐含碳总量相对比较少,但是排在人均出口隐含碳前几位的几乎都是发达国家或者"一带一路"沿线的准发达国家,巴西、土耳其、印度这样的新兴经济体排在相对较后的位置。这与发达国家人均高 GDP 有一定联系,因此发

达国家普遍存在 CO_2 排放量与 GDP 比值相对较小的现象，碳排放强度相对较低在一定程度上是由于先进的出口结构和产业结构所带来的减排福利。而中国处于人均出口隐含碳排名的中游，领先于其他发展中国家，这也是由经济飞速发展的驱动所致。

表 3 出口净隐含碳强度 单位：吨/美元

	1995	2000	2005
中国	0.03332315	0.02307193	0.019588858
南非	0.00829516	0.02499291	0.016478827
澳大利亚	0.00901556	0.01203437	0.010199279
印度	0.01638291	0.02003493	0.010126786
印度尼西亚	0.00349226	0.00703934	0.009080629
土耳其	0.00438184	0.00774455	0.008200694
爱沙尼亚	0.01102276	0.01030978	0.006532074
捷克	0.01045081	0.01057417	0.004734866
斯洛伐克	0.00806177	0.00668169	0.003982469
巴西	0.00246384	0.00408694	0.003884489
加拿大	0.00520288	0.00412972	0.003586258
美国	0.00520758	0.00371506	0.003192088
匈牙利	0.00226132	0.00363357	0.002264351
日本	0.00185166	0.00182232	0.002221231
德国	0.00269166	0.00302021	0.002023779
斯洛文尼亚	0.00232827	0.00257686	0.001921467
意大利	0.00189944	0.00209152	0.001845225
英国	0.00277381	0.00247046	0.001818538
波兰	0.01729515	0.01395599	0.001404256
法国	0.00184769	0.00208094	0.001373996

表 4　人均出口净隐含碳　单位:吨/人

	1995	2000	2005
澳大利亚	0.003882865	0.004925271	0.005899076
加拿大	0.004266087	0.00465057	0.004499733
爱沙尼亚	0.003989957	0.00369607	0.004458178
捷克	0.003256521	0.004109341	0.004112761
斯洛伐克	0.003269748	0.002362314	0.002659994
德国	0.001959997	0.002105662	0.002308962
波兰	0.001773937	0.001846456	0.002207792
斯洛文尼亚	0.002529358	0.001650875	0.001930999
南非	0.000858303	0.001889722	0.001687653
英国	0.001633269	0.001633427	0.001584037
匈牙利	0.001286805	0.001485497	0.00153242
意大利	0.001107721	0.001107115	0.001353006
中国	0.000502047	0.000545087	0.001273752
美国	0.001747485	0.001381335	0.001177845
日本	0.000729466	0.000734924	0.001155426
法国	0.001090354	0.001236812	0.001079987
土耳其	0.000380601	0.000715939	0.000497066
印度尼西亚	0.000164023	0.000351029	0.000343279
巴西	0.000165575	0.000211849	0.000302733
印度	8.61933E－05	0.000112224	0.00013987

图 3～图 5 分别描述了 1995 年、2000 年以及 2005 年 20 个国家全球价值链地位指数(*X* 轴)、全球价值链参与指数(*Y* 轴)与出口净隐含碳总额(气泡大小)之间的关系。很明显,1995 年、2000 年以及 2005 年,中国都是净出口隐含碳排放量最大的国家,分别为 1995 年 604 兆吨,2000 年 688 兆吨,2005 年更是大幅激增到 1660 兆吨,5 年间增长了 1.4 倍,出口

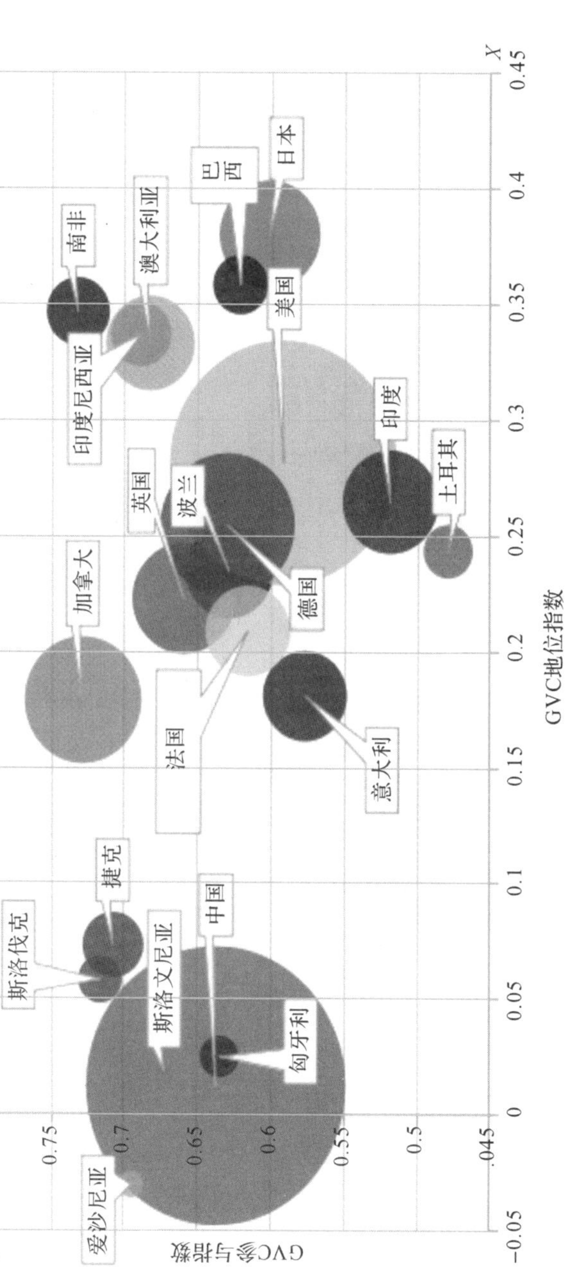

图3 1995年全球价值链测度与总出口净隐含碳的关系

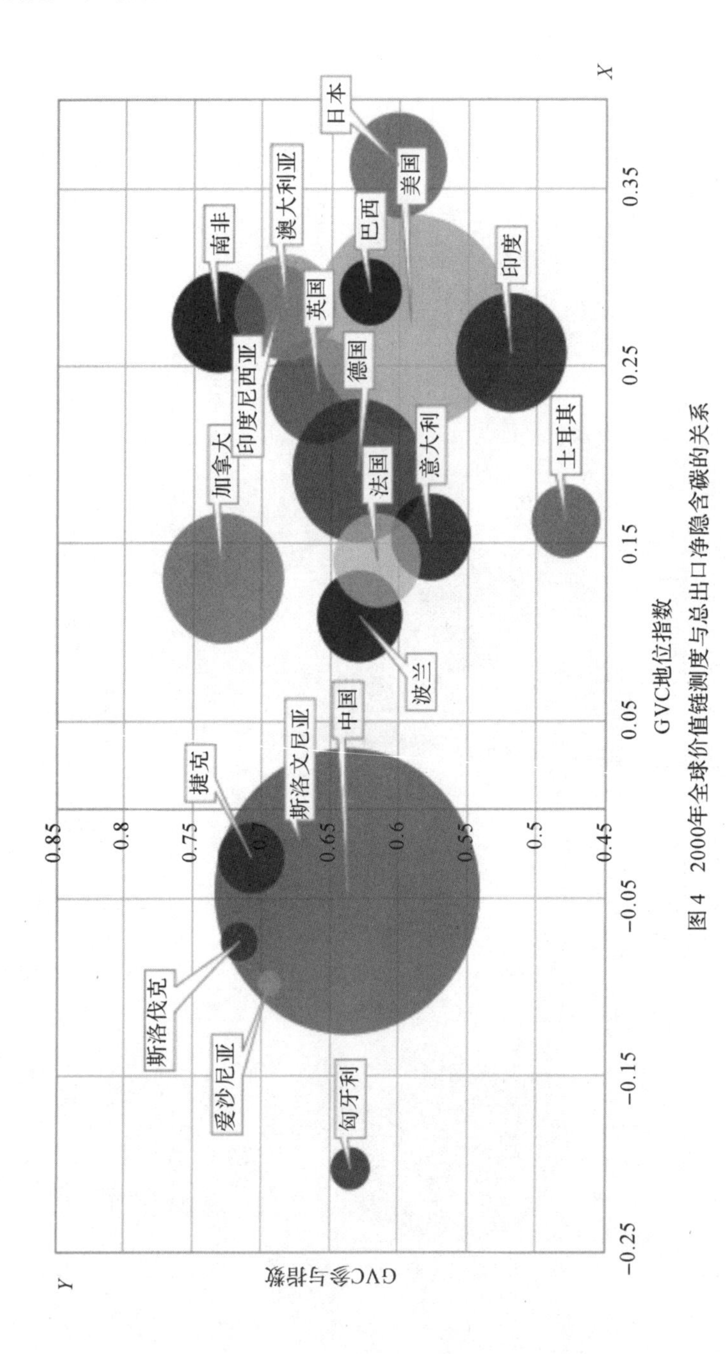

图4 2000年全球价值链测度与总出口净隐含碳的关系

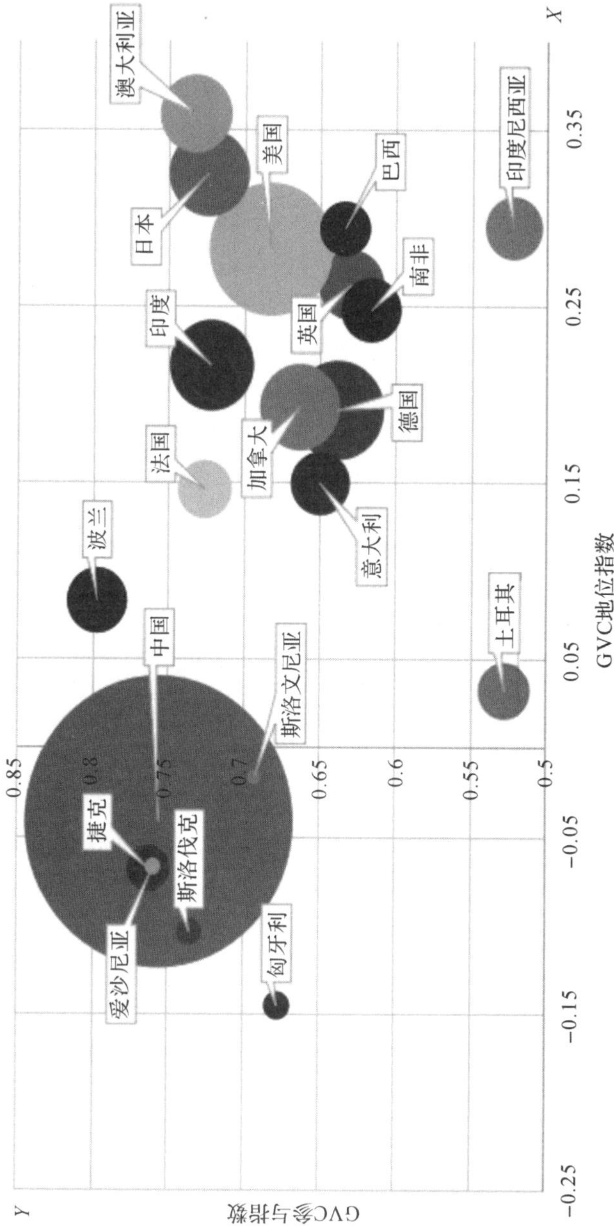

图5 2005年全球价值链测度与总出口净隐含碳的关系

净排放总额已经远超其他国家。这与中国加入世界贸易组织以后更加深入融入全球价值链、对外贸易大幅增加、经济社会飞速发展不无关系。紧随其后的是美国,1995 年净出口隐含碳为 465 兆吨,2000 年其净出口隐含碳已经略微下降到 389 兆吨,2005 年仍然保持下降趋势达到 348 兆吨,保持排放总额第二的位置,但是总隐含碳只有中国的五分之一。发达国家出口净隐含碳排放强度较低,出口净隐含碳总额较大,但是有逐渐减少的趋势。发达国家同时拥有较高的全球价值链地位指数和全球价值链参与指数,几乎都集中在 X 正半轴,而中国和“一带一路”沿线国家因为仍处于全球价值链的下游部分,所以大多集中在 X 的负半轴。美国随着全球价值链的地位不断上升,出口净隐含碳总额不断下降。土耳其、印度则依靠全球价值链参与度的提高,加快融入全球化贸易以发展自身经济。

图 6～图 8 分别描述了 1995 年、2000 年以及 2005 年 20 个国家制造业全球价值链地位指数(X 轴)、全球价值链参与指数(Y 轴)与出口净隐含碳总额(气泡大小)之间的关系。在 20 个国家中,中国是制造业出口净隐含碳的第一大国,且制造业出口净隐含碳每年呈增加趋势,分别为 1995 年 604.9 兆吨、2000 年 688 兆吨,以及 2005 年的新高 1660 兆吨。1995 年,中国制造业净隐含碳占比为 51.53%。2000 年,制造业中净出口额最大的两个部门纺织业和电子设备分别占净出口额的 21.5%和 11.31%。在 2000 年出口净隐含碳的组成中,因其劳动力密集的特性,纺织部门的出口净隐含碳为 8.15 兆吨,只占总出口净隐含碳的 1.1%。而导致出口净隐含碳最多的产业多为资源密集型产业,如化学品和化学制品部门占13.77%,碱性金属部门占 14.31%。这些部门虽然占净出口产值的份额较小,但是在开采、生产过程中在中国境内排放大量的 CO_2,对环境造成了严重的影响。纺织业在 2005 年仍然是对出口附加值贡献最大的一个部门,占净出口额的 14.4%,办公设备和电子设备分别位居第二、第三名,但是无例外的,2005 年对出口净隐含碳影响最大的部门仍然是化学品以及化学制品和碱性金属两大部门。

中国纺织部门 1995、2000 年、2005 年在全球价值链上的分工地位指数分别是−0.13405、−0.12584 以及−0.07139。而电子设备部门的指数更低,1995 年、2000 年、2005 年的地位指数分别是−0.3591、

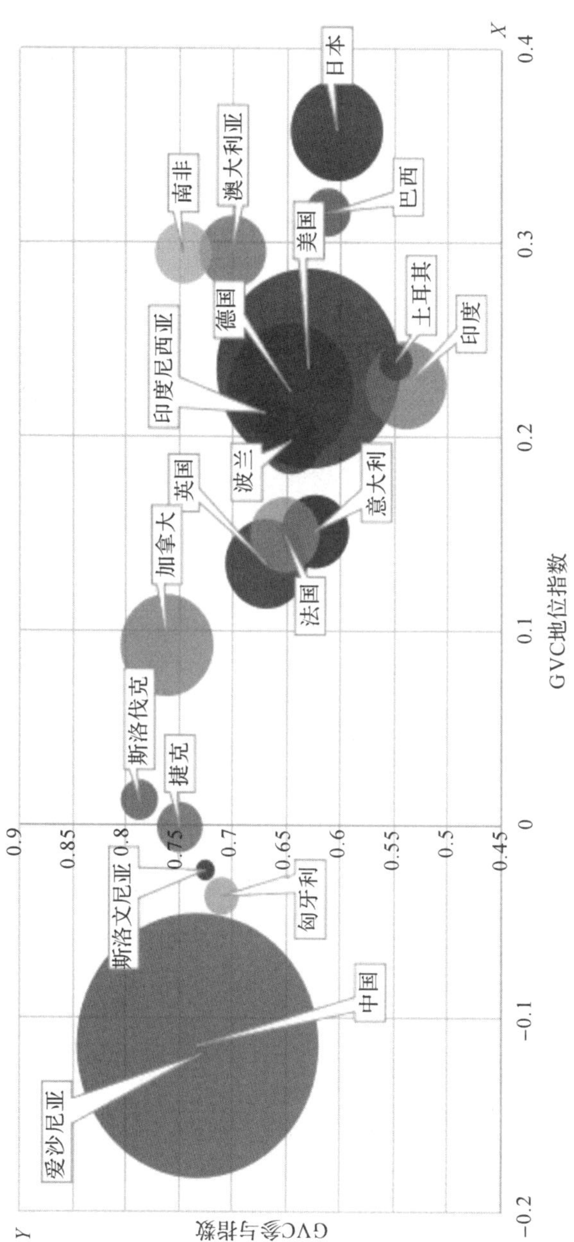

图6 1995年制造业价值链测度与出口净隐含碳的关系

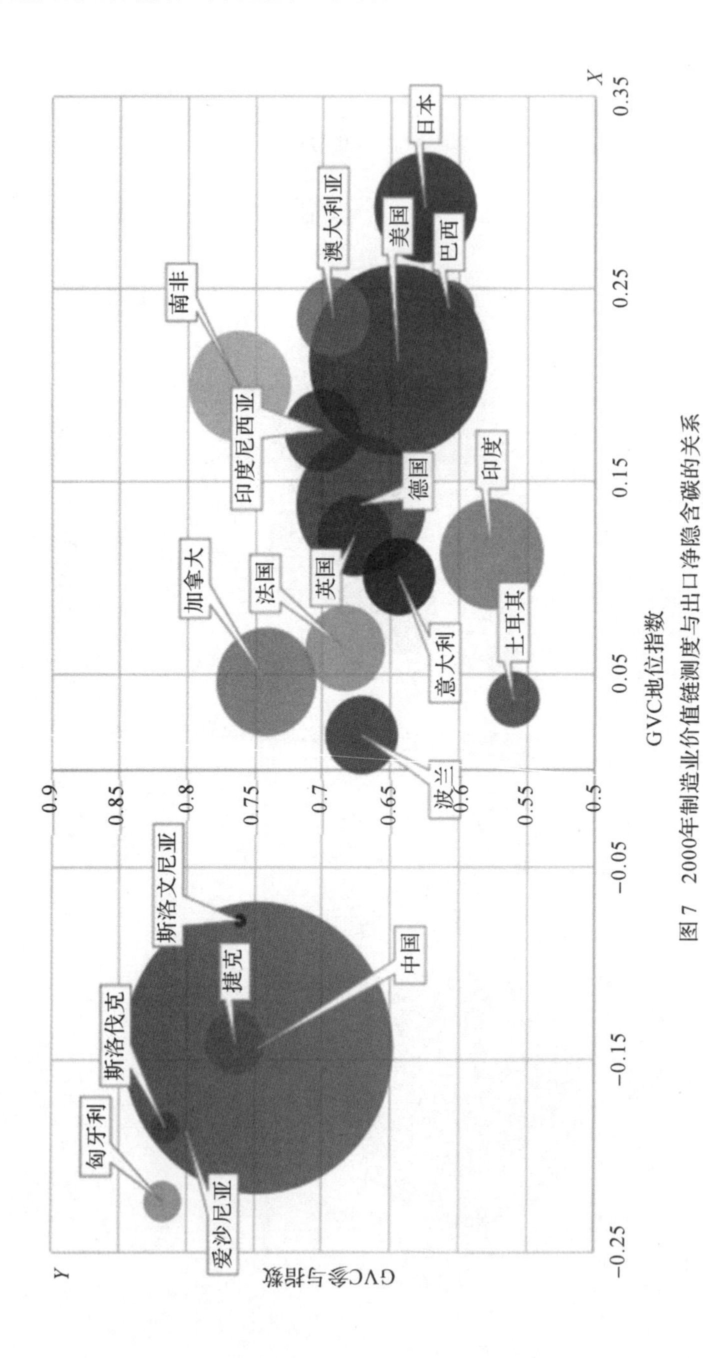

图 7　2000年制造业价值链测度与出口净隐含碳的关系

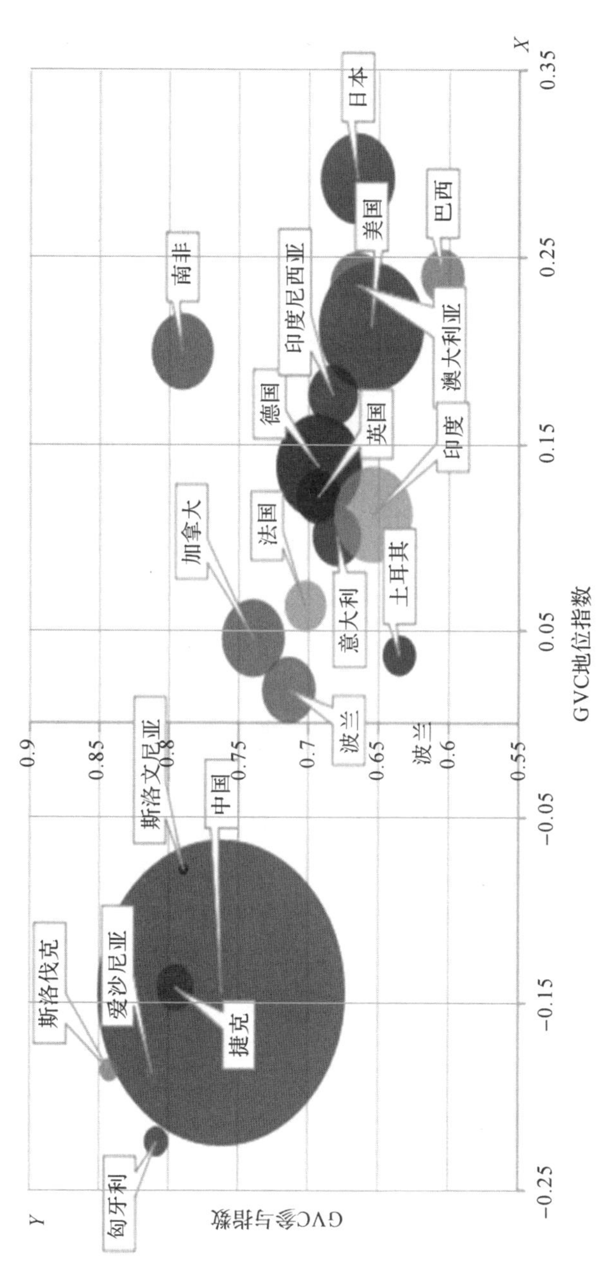

图 8　2005年制造业价值链测度与出口净隐含碳的关系

—0.4308、—0.3748。这类产业的产品往往由发达国家进行设计，通过大量进口发达国家的先进设备，在本国进行简单的加工组装，因而附加值相对较低。说明我国纺织业和电子设备部门处于全球价值链的下游，出口的产品中，国内附加值不及进口中间品的价值。虽然纺织部门的地位指数有上升趋势，但是主要部门的国内增加值低，导致经济发展仍然需要大量依靠资源类高污染产业。

总体来看，日本由于资源以及劳动力的匮乏，大力发展高新技术产业，能源使用效率高，对外输出的也多为高附加值的多部件产品，因此在考虑前后价值链关系嵌入度差异的全球价值链地位指数上排名最高，与其他发达国家相比，出口净隐含碳也处于偏低水平。“一带一路”沿线国家虽然GVC地位指数不高，但有较高的GVC参与指数，因此隐含碳也偏少。而中国由于经济体量特别大，发展迅速，参与指数自然上升，但是地位指数却维持不变，导致出口净隐含碳也居高不下。

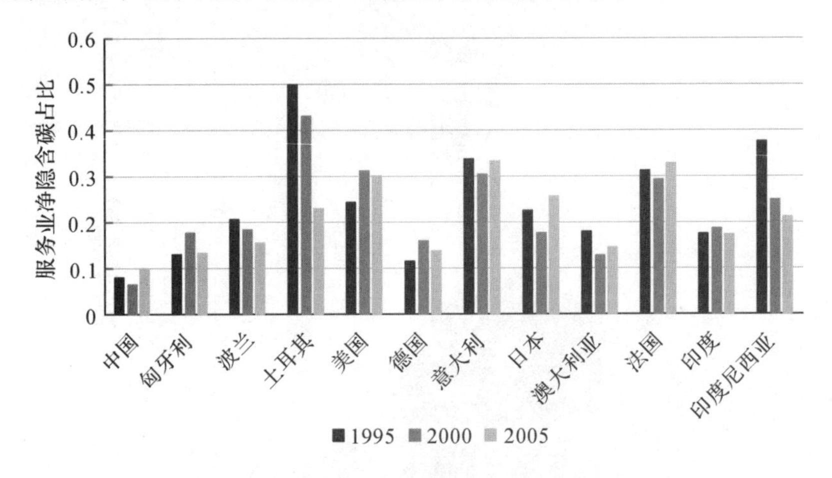

图9　服务业净隐含碳占比

图9为12个典型国家的服务业隐含碳占总净出口隐含碳的比重，在这12个国家中，土耳其超过所有发达国家，服务业隐含碳占总出口隐含碳比例在1995年和2000年稳居第一。主要原因是在净出口中，土耳其服务业比重很大，如在2000年，其比例就超过50%。尤其是零售业、餐

饮住宿业以及运输仓储业，这三个部门的净出口额之和占据了总净出口的40%，其中运输仓储业一个部门贡献22%的净出口额。相对应的，服务业中，运输和仓储业隐含碳占总净出口隐含碳的35%。但是在2005年，土耳其服务业净隐含碳占比大幅下降，其主要原因可能是餐饮住宿的净出口额迅猛下跌，净出口额从400亿美元下跌到120亿美元。1995年，土耳其的运输和仓储部门在全球价值链上的嵌入程度很高，地位指数和参与指数分别为0.3076和0.528，但是到2005年大幅降至0.169以及0.3793，直接影响了土耳其服务业净隐含碳占比。总体看来，服务业在总净出口隐含碳中的比重在发达国家保持一个比较稳定的状态，如澳大利亚、意大利、美国等，而在发展中国家波动比较剧烈。

（二）碳排放影响因素回归分析

面板回归样本期为1995—2011年，包含50个国家，根据IMF标准，其中发达国家共28个，发展中国家22个。首先对模型进行Hausman检验，结果显著，因此拒绝原假设，采取面板固定效应模型，最后结果如表5。结果显示，所有解释变量对被解释变量影响显著，所有变量T检验p值远远小于5%，对于变量总体的F检验p值也约等于0，断定系数R^2为0.997658，接近于1，调整R^2也接近于1，总体拟合优度较好。其中全球价值链参与度的减排作用非常明显，α_1表示CO_2排放量对全球价值链参与度的半弹性，全球价值链参与度每增加1个百分点可能会导致CO_2排放量减少0.437%。GDP对CO_2排放量影响为正，α_2即CO_2排放量对GDP的弹性，表明如果GDP增加1%，则CO_2排放量增加0.345%。15岁人均受教育年限变动对CO_2排放量影响较大。α_3表示CO_2排放量对人均受教育年限的半弹性，即人均受教育年限每增加一年，CO_2排放量减少0.053%。人力资本的提升有利于改变人们的认知，进而可以促进节能减排和能源效率的提升。所以总体上来看，人力资本对CO_2排放量的影响目前表现为显著的抑制作用。

结果显示，科技创新能力与CO_2排放量呈正相关关系，α_4表示CO_2排放量对PCT专利申请数量的弹性，PCT申请专利数量增加1%可能会导致CO_2排放量增加0.0597%。这可能是由于如日本、美国、德国、英国等这些专利申请的大国同时也是传统经济强国，由于经济活动非常活跃，

表 5 回归结果

变量	CO_2
GVC	−0.437*
	(0.141)
GDP	0.345*
	(0.032)
EDU	−0.053*
	(0.0085)
PCT	0.0597*
	(0.007)
P	1.003*
	(0.073)
SVA	−1.276*
	(0.127)
FDI	0.662*
	(0.216)
Constant	−13.053*
	(1.812)
Obs.	850
R-squared	0.99

* 表示 1%的显著性水平。

虽然每创造 1 美元的 GDP 所排放的 CO_2 较小，但 CO_2 排放的总量居高不下。也可能存在科技创新影响滞后的因素，即当年申请的专利仍然需要经历成品、投产、普及的漫长过程才能发挥其效用。人口对 CO_2 排放量的影响非常显著，α_5 表示 CO_2 排放量对人口数量的弹性。人口增长所贡献的 CO_2 排放量的增加速度已经超过人口本身的增长速度，人口增长 1%将会带动 CO_2 排放量增加 1.003%。回归结果中人口增长对 CO_2 排放量影响之大，说明现在全球几乎没有经济体有显著低碳的能源结构，总体上对自然资源的利用缺乏高效的途径，所以人口增长必然导致能源的使用明显增加，以至于碳排放量增加。

产业结构的升级对一国 CO_2 排放量有显著的抑制作用，α_6 表示 CO_2 排放量对产业结构的半弹性，一国服务业增加值占 GDP 比重增长 1%，其 CO_2 排放量有望减少 1.276%。第三产业的含碳量相比第一产业和第二产业显著减少。但是至 2011 年，各国服务业增加值占 GDP 比重的算术平均值已经达到 64.96%，上升空间比较有限。国外直接投资对 CO_2 排放量的影响显著为正，一定程度上验证了污染天堂假说。α_7 表示 CO_2 排放量对 FDI 变量的半弹性，即一国 FDI 流入存量占世界总存量的比重提升 1%，则 CO_2 排放量可能增加 0.662%。国外直接投资的流入既有可能带来先进的管理生产技术，提高生产加工效率，减少 CO_2 的排放，也有可能是将高能耗、高排污产业转移到其他国家的一个手段，这种情况下，国外直接投资会导致 CO_2 排放的增加。而现实中，两种情况往往同时存在，跨国企业一方面带来了高效的生产技术，一方面加大了对东道国资源的开采。从回归结果来看，FDI 对环境的负面影响更大一些。除此之外，虽然 0.662%数值不算小，但是 FDI 流入存量占全球的比重本身就是一个变化较小变量。2011 年，FDI 流量占比前四大国家是美国、中国、巴西以及德国，占比分别为 14.67%、7.91%、6.14%和4.31%。因此，均衡来看，各国应重视国外直接投资对于 CO_2 排放量的重要影响。

五、结论与建议

本文以非竞争投入产出模型结合 TiVA 数据库对 1995 年、2000 年、2005 年 20 个国家 37 个产业的出口净隐含碳的总量和强度以及各个产业的 GVC 地位指数和 GVC 参与度进行测算，并且以 CO_2 总排放量作为被解释变量，以全球价值链参与度、人力资本等作为解释变量进行回归分析，以探究全球价值链中中国的隐含碳。最后得出结论：

第一，我国是最大的出口净隐含碳国家，隐含碳强度也占据前列，但是人均出口隐含碳相对较低。

第二，我国全球价值链参与程度较高，但是主要制造业出口部门仍处于价值链下游。

第三，全球价值链嵌入程度、产业结构和人力资本对减排影响较为显著。

因此本文提出以下建议:首先,注重人力资本积累,促进产业结构动态升级,鼓励企业在全球产业链上增加值高的部分实现科技突破。其次,进一步鼓励企业嵌入全球价值链并努力改善出口结构,提高国内增加值在出口增加值中占的比例,不断提升融入全球生产链的地位,并积极向价值链上游攀升,减少出口隐含碳的强度。再次,改善能源结构,开发使用清洁能源,有效使用资源,减少粗放式生产,以减少出口隐含碳总量。最后,加强环境检查、政府监督,对高碳排放和高污染产业进行及时治理,积极推行清洁生产。

参考文献

[1] Leontief W W. Input-Output Economics [M]. Oxford: Oxford University Press on Demand, 1986.

[2] Porter M E. The Value Chain and Competitive Advantage [M]. New York: The Free Press, 2001.

[3] Shin N, Kraemer K L, Dedrick J. Value capture in the global electronics industry: Empirical evidence for the "smiling curve" concept [J]. Industry and Innovation, 2012, 19 (2): 89-107.

[4] Hummels D, Ishii J, Yi K, et al. The nature and growth of vertical specialization in world trade [J]. Journal of International Economics, 2001, 54 (1): 75-96.

[5] 张少军. 全球价值链与国内价值链——基于投入产出表的新方法[J]. 国际贸易问题, 2009, 4: 108-113.

[6] Koopman R, Wang Z, Wei S J. Tracing value-added and double counting in gross exports [J]. The American Economic Review, 2014, 104 (2): 459-494.

[7] Koopman R, Wang Z, Wei S J. How Much of Chinese Exports Is Really Made in China? Assessing Domestic Value-added When Processing Trade Is Pervasive [R]. National Bureau of

Economic Research，2008.
[8] 文东伟，冼国明. 中国制造业的垂直专业化与出口增长[J]. 经济学(季刊)，2010，9(2)：467-494.
[9] 程大中. 中国参与全球价值链分工的程度及演变趋势——基于跨国投入—产出分析[J]. 经济研究，2015，9：4-16，99.
[10] 马风涛，李俊. 中国制造业产品全球价值链的解构分析——基于世界投入产出表的方法[J]. 国际商务(对外经济贸易大学学报)，2014，1：101-109.
[11] 孟渤，格林・皮特斯，王直. 追溯全球价值链里的中国二氧化碳排放[J]. 环境经济研究，2016，1：10-25.
[12] Wyckoff A W，Roop J M. The embodiment of carbon in imports of manufactured products：Implications for international agreements on greenhouse gas emissions [J]. Energy policy，1994，22 (3)：187-194.
[13] Johnson R C，Noguera G. Fragmentation and Trade in Value Added over Four Decades [R]. National Bureau of Economic Research，2012.
[14] Ahmad N，Wyckoff A. Carbon Dioxide Emissions Embodied In International Trade of Goods [R]. Paris，France：OECD Publishing，2003..
[15] Muñoz P，Steininger K W. Austria's CO_2 responsibility and the carbon content of its international trade [J]. Ecological Economics，2010，69 (10)：2003-2019.
[16] 马述忠，黄东升. 基于 MRIO 模型的碳足迹跨国比较研究[J]. 浙江大学学报(人文社会科学版)，2011，4：5-15.
[17] 李真. 进口真实碳福利视角下的中国贸易碳减排研究——基于非竞争型投入产出模型[J]. 中国工业经济，2014，12：18-30.
[18] 计军平，胡广晓，马晓明. 基于非竞争进口型投入产出模型的中国碳排放增长因素部门分解研究[J]. 环境经济研究，2016，1：43-58.

[19] 谢建国,姜珮珊. 中国进出口贸易隐含能源消耗的测算与分解——基于投入产出模型的分析[J]. 经济学(季刊),2014,4:1365-1392.

天然气安全评价指标体系的构建与应用*

周云亨[1] 叶瑞克[2] 陈佳巍[3]

陈牧秦[1] 张雨亭[1] 曹雨辰[1]

1. 浙江大学公共管理学院；2. 浙江工业大学经济学院；

3. 浙江工业大学公共管理学院

摘要：围绕如何测度并改善天然气安全这一核心议题，本文引入并修正了APERC能源安全“4A”分析框架，运用层次分析法与德尔菲法，构建了天然气安全评价指标体系，对主要天然气净进口国和净出口国的天然气安全状况进行了量化评估。评估发现：(1)天然气安全四维度(资源可利用性、经济可承受性、贸易可获得性与环境可接受性)的不可或缺性意味着综合表现优异的国家安全水平更高；(2)8个二级指标中，可采储量、个体可承受性等指标的权重更大；(3)天然气净出口国在资源可利用性、经济可承受性和贸易可获得性方面有优势，整体表现优于进口国。就中国而言，可从加快资源开发、完善市场机制、扩大进口渠道和提高资源利用效率四个方面提高天然气安全水平。

关键词：天然气安全；“4A模型”；指标体系；综合评价

得益于技术进步、能源需求扩张以及环境治理考量，天然气作为最清洁的化石燃料在能源领域里扮演着越来越重要的角色。一方面，勘探技术的进步大幅提高了全球天然气资源储量，可采储量稳步上升；另一方面，近年来非常规天然气开采技术的推广应用迅速提高了全球天然气产能及产量，使更具环境效益和成本优势的天然气成为煤炭等化石燃料的重要替代能源。数据显示，在全球一次能源结构中，天然气的比重从

* 国家社会科学基金项目“新型城镇化背景下我国清洁能源发展战略、激励机制与政策工具研究”(15CZZ025)。

1971 年的 16%攀升至 2017 年的 22%[1]。全球主要能源研究机构预测天然气在不久的将来会成为仅次于石油的全球第二大能源品种[2,3,4]。随着在一次能源结构以及全球能源贸易中地位的提升,天然气已经成为影响国际政治经济格局的重要因素。天然气进口国愈加关注天然气的供应安全问题,而天然气价格大幅波动的困扰也使得天然气出口国越来越重视天然气需求的稳定性和出口安全问题。近年来冬季"气荒"使得中国的天然气安全问题更具紧迫性。由于面临着大气治理与温室气体减排的双重压力,中国天然气需求量已从 2008 年的 819 亿立方米迅速攀升至 2018 年的 2830 亿立方米,进口依存度已经达到 43%[5,6]。然而,相对于实践中的重要性,天然气安全的理论研究仍有待加强。有鉴于此,本文将围绕如何测度并改善天然气安全这一核心议题,在梳理已有研究的基础上,构建天然气安全评价指标体系,测度并对比分析 22 个主要天然气进口国和出口国天然气安全状况,并最终为相关国家尤其是我国提高天然气安全水平提供政策参考。

一、天然气安全研究述评

近年来,随着天然气在能源安全领域重要性的凸显,天然气安全及其评价已经进入中外学者的视野,并逐渐成为能源安全领域的研究热点之一。为了全面考察天然气安全评估的研究现状,本文从评估视角、指标体系以及优化方案三方面对相关研究进行梳理和总结。

首先,已有的研究主要基于进口国的视角探讨天然气供应的安全问题。例如,Weisser 与 Shaffer 基于供应安全考虑,指出由于过于依赖少数进口来源地导致了欧盟成员国难以摆脱潜在的天然气供应中断风险[7,8]。Lu 等基于生态网络分析法模拟了中国天然气供应系统并测量了天然气安全水平,认为我国天然气供应安全水平在 2000—2011 年间得以稳步提升[9]。李宏勋等通过选取进口安全、国内供应以及需求安全三个层面的 13 项指标,构建中国进口天然气供应安全预警指标体系[10]。

其次,就指标体系而言,多数研究更注重考察资源、经济与政治因素,较少兼顾环境与社会因素。Cabalu 根据四个指标(能源强度、对外依存度、国内天然气生产量与国内天然气消费量的比率、地缘政治风险)构建了天然气供应安全评价指标体系，探讨了2008年亚洲七个天然气进口国天然气供应的脆弱性[11]。Biresselioglu等使用天然气进口量、天然气供应商数量、对单一国家的依赖程度、对外依存度、供应国脆弱性以及天然气占一次能源比重等6个指标评估了2001—2013年间全球23个天然气进口国的供应安全[12]。张珺等以2002—2012年中国天然气供应数据为样本，构建了含有天然气单位产值能耗、天然气进口依存度、国内天然气产量与天然气消费量之比以及地缘政治风险等4个指标的中国天然气供应安全评价指标体系[13]。

最后，已有研究大多基于单一行为体的视角对天然气供给安全提出优化方案。李兰兰等人强调基础设施效应一直是促进中国居民天然气增长的主要动因，提高天然气可得性有赖于完善的基础设施[14]。杨艳等人对比分析了市场需求、成本与价格等因素在中、美页岩气开发利用过程中起到的作用，强调中国需要通过突破核心技术瓶颈等手段以便降低页岩气开发成本[15]。丁克永等认为在亚太地区天然气供需格局日趋紧张的背景下，中国天然气安全供给形势不容乐观，中国应加快LNG进口来源多样化，争取亚太地区天然气定价权，形成天然气调峰储备体系[16]。Austvik认为，欧盟亟须加强成员国之间的天然气互联互通，只有建立起统一的天然气市场才能积极应对外部供应风险[17]。

综上所述，现有研究呈现以下特征：①作为能源安全的重要组成部分，天然气安全逐渐成了能源安全研究的热点领域，传统的构建指标体系进行定量评估仍是主流；②多数研究聚焦于天然气供给安全，忽视了需求安全对于天然气出口国的重要性，基于需求视角和供需综合视角的研究较少，亦鲜有进口国和出口国天然气安全的比较评估研究；③在指标体系构建中，主要考虑资源、经济与政治因素，较少考虑环境与社会因素；④在优化方案方面，基于单一行为体及供给视角的解决方案较多，基于全球及供需两端视角的综合方案有所欠缺。上述不足正是本研究试图加以完善的。

二、评价指标体系构建与数据来源

(一)天然气安全评价的分析框架

鉴于天然气进口国与出口国之间存在着日益密切的相互依赖关系,本文将沿袭以国家为主体的传统能源安全研究范式,基于供需综合视角对主要出口国和进口国的天然气安全状况进行综合研判。为了更好地反映天然气安全的多维性,本研究在天然气安全评估中引入了亚太能源研究中心(APERC)提出的能源安全“4A”分析框架,从资源可利用性(Availability)、经济可承受性(Affordability)、贸易可获得性(Accessibility)以及环境可接受性(Acceptability)四个维度构建分析框架[18],将这四个维度作为天然气安全评价指标体系的“基本指标”。进而将四个“基本指标”分解为若干“评估指标”,并基于精确、均衡、通用及数据可得性等标准,从中筛选8个“评估指标”(图1)及其对应的“要素指标”。

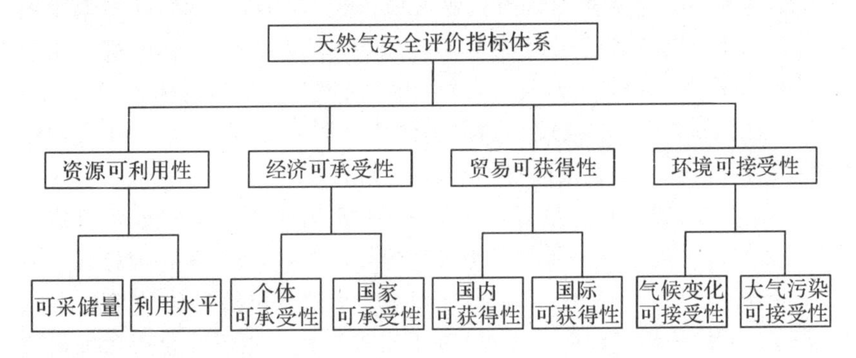

图1 “天然气安全评价指标体系”的概念模型

相关指标筛选理由及说明如下:

一国天然气资源可利用性取决于该国天然气的资源储量、开发水平与经济价值等要素。其中,可采储量是最重要的表征指标,因为它已经考虑了地质、技术与经济等因素的制约。可采储量越高,表明该国资源可利用性条件越好。储采比反映了一国天然气资源的可持续开发水平。如果两个国家的天然气产量相当,一国的天然气资源储采比越高,则表明该国天然气资源的可持续开发条件越好，反之亦然。

经济可承受性是指天然气利用的经济成本，涉及个体与国家两个层面。个体可承受性主要取决于单位能源价格与个体的购买力水平，两者之间的比值越低说明个体能源消费的经济负担越小。国家可承受性主要是为了考察天然气进出口收支对于该国经济发展的影响。如果一国用于进口天然气的支出占 GDP 比重过大，或者天然气出口收入占该国 GDP 比重过大，则意味着这一类国家越容易遭受国际天然气价格大幅波动的影响。

贸易可获得性是指地缘政治、运输通道安全、基础设施等因素是否会阻碍天然气的持续供应。国内可获得性主要用一国天然气的自给程度来表征，一国天然气自给率越高则国内的可获得性就越好。国际可获得性旨在评估天然气进口国进口来源的多元化程度，以及天然气出口国出口市场的多元化水平。一般来说，不管是天然气进口国还是出口国，其在国际市场的贸易伙伴越多且份额越均衡，就能更好地规避国际贸易中断的风险。

环境可接受性主要是考察天然气消费带来的环境效益。天然气的低污染、低排放特点使其在利用过程中产生的污染物排放率显著低于煤炭与石油，由此，它也被视为是人类通向可持续的能源与气候未来的桥梁能源[19]。鉴于各国环境可持续性的显著差异，天然气在各国能源转型中扮演着不同的角色。对于那些碳减排压力较小、空气污染不严重的国家，天然气替代煤炭与石油的紧迫性较低；对于那些碳减排压力较大，尤其是空气污染严重的国家，天然气替代煤炭与石油的紧迫性更高。

（二）指标权重的确定

为了保证指标权重测度的科学合理，本研究运用层次分析法和德尔菲法，向来自于国际能源署、国家发改委能源研究所、自然资源部油气资源战略研究中心以及中石油等单位的能源问题专家发放指标权重专家判断矩阵问卷，将判断矩阵输入层次分析法软件（yaahp 7.0）检验专家判断矩阵的一致性，若不一致则邀请专家修订判断矩阵；最终成功回收 43 份有效问卷，即 43 位专家的判断矩阵通过一致性检验（CR 数值小于0.1）；最后运行 yaahp 7.0 软件计算得到各项指标的权重（表 1）。

表 1 国家天然气安全评价指标体系

基本指标	评估指标	要素指标	指标方向	权重
资源可利用性	可采储量	国内人均天然气资源可采储量	正	0.1685
	利用水平	天然气储采比	正	0.1153
经济可承受性	个体可承受性	单位电价与人均GDP比值	负	0.1490
	国家可承受性	天然气净进/出口额与GDP比值	负	0.0663
贸易可获得性	国内可获得性	天然气自给率	正	0.0927
	国际可获得性	天然气净进/出口多元化	正	0.1308
环境可接受性	气候变化可接受性	人均能源消费碳排放	负	0.1188
	大气污染可接受性	PM 2.5	负	0.1587

如表 1 所示，国内人均资源可采储量权重最大，说明专家认为资源禀赋对于天然气安全至关重要；天然气净进/出口额与 GDP 比值的权重最小，而为个体消费者所接受的价格水平更为重要；相对于气候变化因素而言，专家们认为大气污染治理是促进天然气消费更为重要的驱动力；相对于追求天然气的自给自足而言，专家们显然更为重视如何通过进出口的多元化以降低进出口风险。

（三）评估对象与数据来源

本文基于各国在天然气领域的重要性和数据的可获得性原则，选取了墨西哥、法国、德国、意大利、土耳其、英国、乌克兰、中国、印度、日本以及韩国等 11 个天然气净进口国与美国、加拿大、荷兰、挪威、俄罗斯、伊朗、卡塔尔、阿尔及利亚、澳大利亚、印度尼西亚以及土库曼斯坦等 11 个天然气净出口国作为被评估国。为了便于指数计算和结果分析，本文所选国家的天然气进口与出口数量均采用进出口净值进行统计。BP 数据显示，2017 年，这些国家的天然气可采储量、产量、消费量与国际贸易量分别占全球总量的74.7%、74.3%、72.2%与75.9%[20]。除了在天然气领域有着举足轻重的地位，这些国家在地理位置上覆盖了欧洲、亚洲、美洲、非洲与大洋洲，具备地理区位代表性。天然气资源可采储量、储采比、年度生产量、年度消费量、年度国际贸易量、地区交易价格、能源消费碳排放等相关数据均来自《BP世界能源统计年鉴》(*Statistical Review of World Energy*)，各国人口数量、人均GDP、GDP来自于美国中情局的《世界概览》(*World Factbook*)，单位电力价格来自全球能源价格网(globalenergyprices.com)，PM 2.5数据来自于世界卫生组织的《空气污染指数》(*Ambient Air Pollution*)，上述数据获取时间截至2019年5月。为了确保数据的完整性和统计口径的一致性，对于BP统计年鉴中缺失的数据，由《世界概览》的数据加以补充。

(四)指标合成方法

鉴于所选国家在资源储量、人口规模、经济总量等方面相差悬殊，为了追求指标核算的合理性与公平性，天然气安全评价指标体系所选的指标大多采用相对指标，即一个统计量相对于另一个参照统计量的比值，如国内人均天然气资源可采储量等指标。在数据处理方面，课题组采用压缩数据法和归一化法，对于部分指标先进行压缩处理，最后进行归一化处理，以平衡不同国家间单项数据的悬殊差异：①对样本间数据去除极值后分布仍不符合线性趋势的指标进行对数化处理，对去除极值后分布符合线性趋势的指标不进行处理；②利用均值方差对指标数值设置上下限，并去除极值，再对数据进行归一化处理；③根据指标权重进行加总计算，得到结果。计算公式如下：

利用均值方差设置上下限，去极值：

$$up=\text{mean}(X)+n\times\text{std}(X),\ down=\text{mean}(X)-n\times\text{std}(X),\ n=1,2 \tag{1}$$

$$X_i=\begin{cases}up,\ \text{if}\ X_i>up\\ down,\ \text{if}\ X_i<down\end{cases} \tag{2}$$

对负相关的指标取负数：

$$X_i=-X_i,\ i=3,4,7,8 \tag{3}$$

最大值最小值归一化：

$$X_i=\frac{X_i-\min(X_i)}{\max(X_i)-\min(X_i)} \tag{4}$$

某国家的综合指标计算:

$$Y=\sum w_i \times X_i \tag{5}$$

其中,w_i 为某国第 i 个指标的权重(见表1);X_i 为第 i 个指标,对去除极值后数据分布仍不符合线性趋势的 X_1,X_2,X_5,X_8 进行对数化处理:

$$X_i=\ln(X_i),i=1,2,5,8 \tag{6}$$

三、结果分析

(一)综合评价结果分析

从综合评价结果看(表2),表现相对良好的国家都在天然气资源禀赋方面具有比较优势,且在其他方面表现尚可。在排名前50%的国家中,无一例外都是天然气出口国。其中,挪威、俄罗斯、阿尔及利亚、卡塔尔、澳大利亚、伊朗、美国和加拿大同时还是天然气年产量位列全球前十的生产大国,这说明一国天然气总体安全状况在很大程度上取决于该国的资源可采储量与生产能力,而提高本国天然气的可采储量与自给率是保障天然气安全的基础。在天然气进口国中,乌克兰、中国和印度三国的国内资源禀赋更出色,使其综合表现在天然气进口国中处于中上游水平。英国、法国、日本、德国、意大利、韩国、墨西哥、土耳其等OECD国家的主要短板是资源可利用性指数表现不佳,一方面过于依赖某些天然气出口国,另一方面国内的能源使用成本过高,导致这些国家天然气安全的综合表现不是很理想。

表2 主要天然气进口国和出口国的天然气安全指数

国家	资源可利用性	经济可承受性	贸易可获得性	环境可接受性	总得分	进口国/出口国
挪威	18.053	17.353	19.747	23.744	78.896	出口国
俄罗斯	23.273	15.380	19.730	16.735	75.118	出口国
阿尔及利亚	20.968	17.087	17.573	15.830	71.459	出口国

续表

国家	资源可利用性	经济可承受性	贸易可获得性	环境可接受性	总得分	进口国/出口国
卡塔尔	28.380	21.530	21.142	0.000	71.052	出口国
土库曼斯坦	28.380	21.530	7.270	9.741	66.921	出口国
伊朗	28.380	15.983	9.845	9.148	63.355	出口国
澳大利亚	20.094	7.305	16.538	18.639	62.577	出口国
美国	12.466	14.074	13.162	19.606	59.308	出口国
印度尼西亚	16.084	1.987	17.515	22.460	58.046	出口国
荷兰	15.026	9.284	17.256	15.852	57.418	出口国
加拿大	13.403	14.036	6.731	19.662	53.832	出口国
乌克兰	18.651	4.447	5.458	20.021	48.576	进口国
英国	5.301	6.937	11.421	21.421	45.079	进口国
中国	13.392	6.320	15.957	9.047	44.716	进口国
法国	2.987	8.741	9.550	22.221	43.498	进口国
日本	3.765	4.099	11.985	18.857	38.707	进口国
印度	11.231	1.371	13.870	11.880	38.351	进口国
德国	8.255	2.397	9.213	18.085	37.950	进口国
意大利	3.559	3.878	11.764	18.620	37.821	进口国
韩国	3.765	11.536	11.337	9.918	36.556	进口国
墨西哥	4.001	9.143	4.953	18.158	36.255	进口国
土耳其	2.987	8.999	8.378	12.602	32.965	进口国

（二）指标结果分析

（1）在资源可利用性方面，天然气与人口在全球的高度不均衡分布，为卡塔尔、土库曼斯坦、伊朗、俄罗斯、阿尔及利亚等国带来了资源红利，而大多数 OECD 国家表现不佳。

（2）在经济可承受性方面，OECD 国家由于经济相对发达，对于天然气价格波动的承受力更强；印度、印度尼西亚等国由于经济发展水平相对落后、人均 GDP 较低导致其承受力较差。

(3)在贸易可获得性方面,中国、印度、卡塔尔、俄罗斯等陆海复合型国家往往比土库曼斯坦等内陆国拥有更多选择;加拿大、墨西哥及乌克兰由于与大国毗邻而居,导致其过于依赖单一消费市场或者出口国,面临着更高的市场风险或地缘政治风险。

(4)在环境可接受性方面,大多数OECD国家基本完成了由煤炭向清洁能源的转型进程,空气质量较好;印度、中国由于能源转型滞后,国内空气质量亟待改善;卡塔尔由于人均能源消耗碳排放过高,面临着巨大的碳减排压力。

(三)进出口国家比较分析

相较于天然气进口国而言,天然气出口国在资源可利用性、经济可承受性和贸易可获得性方面都有更好的表现,其中前两项的优势更为明显。这表明了天然气出口国的天然气安全度普遍高于进口国,这恐怕也是学术界更关注供应安全而非需求安全的原因所在。天然气进口国在环境可接受性方面的整体表现要优于天然气出口国,这是由于天然气进口国中的部分国家(如卡塔尔)糟糕的环境可接受性表现拉低了进口国的整体水平。

在天然气出口国中,挪威、俄罗斯和阿尔及利亚由于各项指标都较为出色,进入第一梯队。卡塔尔、土库曼斯坦和伊朗,尽管其资源可利用性指数表现优异,但它们在环境可接受性或贸易可获得性方面表现不佳,处于第二梯队。澳大利亚、美国、印度尼西亚、荷兰和加拿大的资源可利用性指数远逊于第二梯队,综合表现也远不及第一梯队,属于天然气出口国的第三梯队。

在天然气进口国中,英国、法国、日本、德国等OECD国家的环境可接受性指数得分普遍较高,这主要得益于清洁能源在这些国家一次能源占比较高,但是这类国家的资源可利用性指数得分却远不及乌克兰、中国和印度。得益于在经济可承受性、贸易可获得性方面的较好表现,英国、法国、日本等国的天然气安全度与乌克兰、中国和印度处于同一层次,而德国与意大利、韩国、墨西哥、土耳其则相对落后。

(四)中国评价结果分析

就中国而言,第一,环境可接受性、经济可承受性表现较差,在22个国家中分别排名倒数第二和倒数第七。中国经济的快速增长以及国内民众对于清洁能源的旺盛需求都促成了国内天然气需求量的迅速攀升，在可预见的未来，中国的天然气消费量仍将保持高速增长，这给中国的天然气供给安全带来严峻考验[21]。第二，贸易可获得性、资源可利用性在22个国家中分别排名第八和第十二，在11个进口国中分别为第一和第二位。进口多元化是中国天然气安全的优势所在，与"一带一路"沿线国家（如俄罗斯、土库曼斯坦、卡塔尔、缅甸）的能源合作有效提升了其天然气安全水平；然而，囿于富煤、缺油、少气的国内资源禀赋，天然气尤其是页岩气开发利用技术水平与国际先进水平仍存在不小差距[22]，以及国内天然气市场机制仍不完善，目前国内天然气产量越来越难以满足日趋旺盛的消费需求，这给中国的天然气安全带来了风险和挑战。

四、结论与政策启示

（一）结论

综上所述，本研究引入并修正了 APERC 能源安全"4A"分析框架，运用层次分析法和德尔菲法，构建了天然气安全综合评价的概念模型及其指标体系，并对全球主要国家的天然气安全状况进行量化评估。评估发现：(1)一国的天然气安全水平可以通过四个维度来评估，即资源可利用性、经济可承受性、贸易可获得性以及环境可接受性；天然气安全四维度的不可或缺性意味着综合表现优异的国家安全水平更高。(2)问卷调查发现，可采储量、个体可承受性、国际可获得性和大气污染可接受性四个指标更为重要；由此观之，确保资源的可利用性是一国天然气安全的重要基础，提高经济的可承受性和贸易的可获得性是维护本国天然气安全的重要手段，而关注环境的可接受性则是更高的目标追求。(3)天然气出口国安全状况的整体表现优于天然气进口国，它们在资源可利用性、经济可承受性和贸易可获得性三方面有着明显的优势。

以上结论隐含的政策内涵如下：

(1)对于天然气出口国而言，提高天然气的利用效率是其提高本国天然气安全的重要手段。鉴于天然气出口国普遍存在着天然气资源利用效率低下的问题，这些国家需要逐步削减化石燃料补贴，并且合理地运用价格和税收等手段提高天然气资源利用效率,这将有利于增强国内资源供应的可持续性,提高经济运行效率与效益,改善天然气安全的环境可接受性。

(2)至于天然气进口国,协同促进天然气资源国内开发与国际化战略能有效化解资源短缺对经济可持续发展的束缚,有助于确保能源系统的平衡与生态环境的改善。在国内,亟须加快天然气资源,尤其是页岩气资源的勘探开发进程;在国外,为了有效降低依赖海外资源的风险,天然气进口国不仅需要强化进口天然气来源的多元化策略,而且还需要在天然气进口通道、运输方式乃至贸易方式等方面追求多样化。

(二)对中国的启示

首先,加快资源勘探开发进程,提高天然气资源可利用性。尽管中国是一个传统意义上的缺油、少气的国家,但是随着非常规天然气开发技术的进步,我们亟须加快国内非常规天然气资源潜力的评估,从而改善和扩大我国天然气的资源基础。对此,中国应该将非常规天然气资源勘探技术的进步作为保障本国天然气安全的重要依托,通过建立更加公平合理的市场准入机制,积极开发本国的天然气资源,这是确保本国天然气安全的根本途径。

其次,完善国内天然气市场定价机制,形成被国际广泛接受的天然气价格指数,提高经济可承受性。目前亚洲国家进口的天然气价格普遍高于北美和欧洲等地,这与亚洲天然气消费市场远离资源产地有关,同样也与亚太地区缺少类似北美地区的 Henry Hub 和西欧的 Heren NBP Index 等具有国际重要影响的定价中心有关。对此,中国应当围绕“管住中间、放开两头”的总体思路持续推进国内天然气价格改革,完善市场定价机制;与此同时,采取积极措施吸引更多的海外资本参与上海石油天然气交易中心和重庆石油天然气交易中心的市场交易,使其成为国际广泛接受的天然气价格指数,以更好地维护本国与区域的天然气安全。

再者,扩大进口多元化渠道,提高贸易可获得性。天然气供应中断所造成的损失将取决于供应中断出现的概率、供应量的损失以及持续时间。对此,中国需要与更多的诸如俄罗斯、土库曼斯坦、卡塔尔等利益冲突可能性较低,同时天然气安全程度较高的国家建立贸易伙伴关系,积极参与这些国家的天然气资源开发，使其成为稳定可靠的天然气资源供应国。与此同时，中国还有必要不断开拓与挪威、美国、加拿大等国的天然气贸易，以便在传统天然气供应国出现供应中断时，能通过这些国家的供应渠道弥补缺口，这是降低海外天然气供应中断风险的重要手段，同时也是避免过于依赖单一进口来源导致价格居高不下的对冲方案。

最后，高效利用天然气资源，提高环境可接受性。积极推动天然气产业的健康发展，稳步提高天然气在一次能源结构中的比重，是我国追求能源环境可持续发展的必由之路，也是实现经济繁荣、满足民生需求的有效途径。对此，政府在制定相关能源政策时应积极发挥市场机制在天然气资源配置中的决定性作用，建立合理的煤、油、气、电定价机制，使这些能源商品之间的比价关系能更好地反映资源稀缺性与环境外部性，这有助于推动更清洁的天然气替代煤炭和石油，从而加快我国能源转型进程。

参考文献

[1] IEA. World Energy Balances 2019 [EB/OL]. https://www.iea.org/reports/world-energy-balances-2019, 2019-09-10.

[2] IEA. World Energy Outlook 2018 [EB/OL]. https://www.iea.org/reports/world-energy-outlook-2018, 2018-11-13.

[3] OPEC. World Oil Outlook 2018 [EB/OL]. https://www.opec.org/opec_web/en/publications/340.htm, 2019-12-25.

[4] EIA. International Energy Outlook 2018 [EB/OL]. https://www.eia.gov/outlooks/archive/ieo18/, 2018-07-24.

[5] BP. Statistical Review of World Energy 2019 [DB]. https://www.bp.com/en/global/corporate/energy-economics/statistical-review-of-world-energy.html, 2019-06-11.

[6] 沈镭，张红丽，钟帅，等. 新时代下中国自然资源安全的战略思考[J]. 自然资源学报，2018，33 (5)：721-734.

[7] Weisser H. The security of gas supply—A critical issue for Europe? [J]. Energy Policy, 2007, 35 (1): 1-5.

[8] Shaffer B. Europe's natural gas security of supply: Policy

tools for single-supplied states [J]. Energy Law Journal, 2015, 36 (11): 179-201.

[9] Lu W, Su M, Fath B D, et al. A systematic method of evaluation of the Chinese natural gas supply security [J]. Applied Energy, 2016, 165 (1): 858-867.

[10] 李宏勋,吴复旦. 我国进口天然气供应安全预警研究[J]. 中国石油大学学报(社会科学版),2018,34 (4): 1-6.

[11] Cabalu H. Indicators of security of natural gas supply in Asia [J]. Energy Policy, 2010, 38 (1): 218-225.

[12] Biresselioglu M E, Yelkenci T, Oz I O. Investigating the natural gas supply security: A new perspective[J]. Energy, 2015, 80 (11): 168-176.

[13] 张珺,黄艳. 中国天然气供应安全指数构建与建议[J]. 天然气工业,2015,35(3): 125-128.

[14] 李兰兰,徐婷婷,李方一,等. 中国居民天然气消费重心迁移路径及增长动因分解[J]. 自然资源学报,2017,32(4): 606-619.

[15] 杨艳,王礼茂,方叶兵. 中国页岩气资源开发利用的可行性评价[J]. 自然资源学报,2014,29(12): 2127-2136.

[16] 丁克永,徐铭辰,吕丹,等. 亚太天然气供需格局下的中国天然气安全形势及应对策略[J]. 中国矿业,2018,27 (9): 7-10.

[17] Austvik O G. The Energy Union and security-of-gas supply [J]. Energy Policy, 2016, 96 (6): 372-382.

[18] Intharak N, Julay J H, Nakanishi S, et al. A quest for energy security in the 21st century [J]. Asia Pacific Energy Research Centre Report, 2007.

[19] Ogden J, Jaffe A M, Scheitrum D, et al. Natural gas as a bridge to hydrogen transportation fuel: Insights from the literature [J]. Energy Policy, 2018, 115 (4): 317-329.

[20] BP. Statistical Review of World Energy 2018 [EB/OL]. https: // www. bp. com/en/global/corporate/news-and-in-

sights/reports-and-publications. html，2018-06-11.
[21] Ji Q，Fan Y，Troilo M，et al. China's natural gas demand projections and supply capacity analysis in 2030 [J]. The Energy Journal，2018，39 (6)：53-70.
[22] 张虹，张代钧，卢培利，等. 重庆市页岩气开采流域地表水资源安全的综合评价[J]. 自然资源学报，2018，33(8)：1451-1461.

气候治理与可持续发展目标深度融合的机遇、挑战与对策*

方　恺　李程琳　许安琪
浙江大学公共管理学院

摘要：随着全球升温幅度不断加大和极端天气概率不断提高，气候变化成为人类社会面临的严峻挑战。为更积极有效地应对气候危机，有必要探索将气候治理与可持续发展目标(SDGs)进行深度融合，这符合"人类命运共同体"的内涵，与生态文明理念一脉相承，有助于提升中国的减排和适应能力，树立全球气候治理引领者的大国形象。当前气候治理与SDGs深度融合存在政策协同难的问题，同时面临巨大的国内国际压力。建议通过跨部门合作、多元主体共治、跨学科研究等措施以实现应对气候变化政策与SDGs的协同增效。

关键词：气候治理；可持续发展；政策协同；中国

一、问题的提出

联合国政府间气候变化专门委员会(IPCC)在第五次评估报告中指出，1901—2010年间，全球海平面上升了0.19m，且上升速度不断加快；2011年大气中温室气体浓度比工业革命前的1750年增加了40%[1]。联合国世界气象组织最新年度评估报告表明，2019年全球平均气温较工业革命前升高了1.1℃[2]。大量证据显示，全球气温正接近地球系统的临界点，引发了冰川冻土消融、海平面上升、生物多样性丧失等一系列生态

* 国家社科基金重大项目"完善推进绿色创新的市场型环境政策体系研究"(20ZDA088)。本文已被《治理研究》录用。

环境问题，也对社会和经济系统产生了显著影响，使人类社会面临不可逆转的变化风险[3]。国际研究表明，气候变化加剧了疾病传播和灾害发生风险[4]，极端天气将在未来 30 年内导致超过 1.4 亿人无家可归，沦为“气候难民”[5]。与此同时，气候变化还可能扩大世界各国之间的经济不平等性，抵消国际社会为缩小南北差距所做出的努力。总之，气候危机是当前全人类面临的严峻挑战，如若不采取切实行动，21 世纪温升幅度可能超过 3℃[6]。

为积极应对全球气候危机，《联合国气候变化框架公约》(UNFCCC)近 200 个缔约方在 2015 年巴黎气候大会上正式通过《巴黎协定》，力图将 21 世纪全球平均温升幅度控制在 2℃以内，并为控制在 1.5℃以内而努力。同年，联合国 193 个成员国在可持续发展峰会上通过了包含 17 项可持续发展目标(SDGs)的《联合国 2030 年可持续发展议程》(以下简称《SDGs 议程》)，旨在以统筹协调的方式破解经济、社会和环境问题，为未来 15 年世界各国的可持续发展描绘了蓝图。

作为当前全球环境治理领域最为重要的两个行动纲领，《巴黎协定》和《SDGs 议程》虽然都将应对气候变化作为重要内容，但彼此缺乏有效协同，甚至存在潜在的矛盾。例如，气候行动(SDG 13)并未像《巴黎协定》一样给出具体的温控目标，且近来有研究表明，SDG 13 在实现过程中可能会妨碍其他 SDGs 的实现，如影响体面工作和经济增长(SDG 8)，进而一定程度上抵消全球为减少不平等(SDG 10)和消除贫穷(SDG 1)所做的努力[7]。正是基于上述认识，2019 年，联合国经济社会理事会和 UNFCCC 秘书处以“气候与可持续发展目标协同”为题举办研讨会，强调解决《巴黎协定》和 SDGs 之间的权衡问题，并加强目标协同。虽然国内外学者分别围绕气候治理和可持续发展开展了广泛而深入的分析，但鲜有研究就两者如何深度融合，以实现重叠部分的增效和矛盾部分的调和进行探讨。有鉴于此，下文首先回顾和比较全球应对气候变化和可持续发展议题的目标与行动历程，进而分析《巴黎协定》与 SDGs 之间的内在关联性，并以中国为例，探讨两者深度融合所面临的机遇与挑战，最后提出对策建议。

二、应对气候变化与可持续发展的目标与行动

(一)应对气候变化的历程

为应对气候变化这一全球性问题,联合国于1988年成立了IPCC,在整理已发表的科学文献的基础上,对人类当前所面临的气候现状进行定期评估,进而为各国决策者提供减缓和适应气候变化的措施建议[8]。IPCC的成立为全球共同应对气候变化提供了制度性支撑,也为后续各国参与一系列国际谈判奠定了基础。迄今为止,IPCC已先后出版了五次报告,对气候变化给人类社会带来的威胁与挑战进行了全面评估,第六次评估报告预计将于2022年全部完成。

1992年,联合国环境与发展大会批准通过UNFCCC,并于1994年正式生效,目前缔约方多达近200个国家。UNFCCC的目标是将大气中的温室气体浓度稳定在足以使生态系统适应气候变化、确保粮食免受威胁并使经济可持续发展的范围内,并强调各国应担负起"共同但有区别的责任",发达国家要率先开展减排行动[9]。此后,UNFCCC缔约方大会多次取得重要成果,如1997年的《京都议定书》、2009年的《哥本哈根协议》和2015年的《巴黎协定》。

1997年,在日本京都举行的UNFCCC第3次缔约方大会通过了《京都议定书》,并于2005年正式生效。《京都议定书》对发达国家规定了具有法律约束力的减排指标,如要求欧盟、美国、日本、加拿大等国2008—2012年间的温室气体排放总量较1990年整体减少5%;并提出具体减排策略,如允许国家间进行碳排放权交易、开发清洁发展机制等。然而,美国、日本和加拿大等部分发达国家后以未明确发展中国家的减排任务为由退出了《京都议定书》,从而导致此次国际行动最终失效。

2009年,哥本哈根世界气候大会通过了《哥本哈根协议》,鉴于发达国家在历史上的碳排放责任,该协议强调"共同但有区别的责任",要求发达国家为发展中国家适应和减缓气候变化提供资金支持。但遗憾的是,由于各方意见存在明显分歧,《哥本哈根协议》并未成为具有法律约束力的文件,因而其实际效果十分有限。

2015年,UNFCCC第21次缔约方会议通过了具有里程碑式意义的

《巴黎协定》,成为继《京都议定书》后第二份具有法律约束力的全球气候协议,明确提出将21世纪全球平均温升控制在2℃以内,并为控制在1.5℃以内而努力;尽快实现全球温室气体排放达峰;21世纪下半叶实现温室气体净零排放。不同于以往自上而下硬性分摊减排责任,《巴黎协定》鼓励各国根据国情制定国家自主贡献目标(INDCs)。这一机制旨在发挥各国自主减排的能动性,能够更好地体现"共同但有区别的责任"原则,可以视为治理理论在应对气候变化中的一次有益探索。中国于2015年向联合国提交了INDCs:CO_2 排放量在2030年左右达到峰值并争取尽早达峰;单位国内生产总值(GDP)CO_2 排放较2005年下降60%～65%;非化石能源占一次能源消费比重达到20%左右;森林蓄积量较2005年增加45亿m^3。

2017年,美国总统特朗普宣布美国将停止执行《巴黎协定》,以摆脱协定给美国带来的经济财政负担。究其"退群"原因,很大一部分来自于特朗普政府与美国能源行业之间千丝万缕的联系:后者对特朗普政府和共和党强大的资金支持和政治游说驱使特朗普政府退出全球气候行动,从而使美国诸多能源公司从中获利[10]。然而,美国退出《巴黎协定》这一举动,并不会从根本上动摇以UNFCCC和《巴黎协定》为核心的全球气候治理格局。一方面,《巴黎协定》自下而上的治理模式引入了更多地方政府、企业、社会组织以及公民等非国家行为主体的力量,不少美国地方政府宣布将继续严格履行《巴黎协定》的各项承诺,因而美国的退出将强化而非削弱此模式[11];另一方面,当今人类的环境意识早已不同于20世纪90年代,自特朗普宣布美国退出《巴黎协定》以来,并没有其他国家跟进,不少西方国家重申了履行《巴黎协定》的意愿和决心。此外,从近期IPCC发布的《全球升温1.5℃特别报告》、2018年底举行的联合国气候变化卡托维兹大会通过《巴黎协定》实施细则等事件中也可以看出,坚定推进气候治理是国际社会的共识[12]。

纵观国际气候治理的演进历程,每次谈判都是一场各国利益的拉锯战,任何一点成果共识都来之不易。各方之所以在国际谈判中铢锱必较,不仅是因为气候变化事关世界各国的切身利益,更是由于应对气候变化的行动必然涉及与自身经济社会利益之间的权衡问题,其实现成本将在很大程度上决定着各国未来的发展空间和社会福祉，进而影响一个国家的可持续发展。正如有关碳排放权分配的争论，不再是纯粹的科学问题，而更多地成为一个政治和社会议题[13]。从这个意义上说，《巴黎协定》尽管在全球气候治理体系中发挥着至关重要的作用，但实际效果仍需时间检验。

（二）可持续发展的历程

20世纪下半叶以来，伴随着人口持续膨胀和经济高速增长，区域乃至全球的资源短缺、环境污染、生态破坏等问题日趋严峻，引发了国际社会对自身发展方式的反思[14]。1962年，由Rachel Carson撰写的《寂静的春天》第一次唤起了人们对环境的关注，为可持续发展理念的孕育奠定了基础[15]。1972年，斯德哥尔摩大会进一步探讨了环境问题的重要性，并发布了《人类环境宣言》，强调环境管理已迫在眉睫。同期，《只有一个地球》《增长的极限》等报告对追求无限增长的经济发展模式提出了批评[16]，进一步探讨了人类发展与环境保护之间的辩证关系。自此，“环境”与“发展”不再是没有关联的独立术语，从而为可持续发展理念的确立起到了助推作用。

1987年，世界环境与发展委员会发布了报告《我们共同的未来》，正式提出“可持续发展”的理念和基本原则。1992年，联合国环境与发展大会召开，其间发布了《里约宣言》《21世纪议程》，标志着可持续发展理念逐渐深入人心。为响应《21世纪议程》，中国政府于1994年制定了全球第一个国家级可持续发展议程《中国21世纪议程》[17]，并在2年后将可持续发展作为一条重要的指导方针和战略目标上升为国家战略，纳入国民经济与社会发展规划。

2000年召开的千年首脑会议通过了《联合国千年宣言》，提出了包含8项目标(Goals)、18项子目标(Targets)以及48项指标(Indicators)在内的千年发展目标(MDGs)，逐渐实现了可持续发展从理念到全球议程的转化。自MDGs提出以来，全球范围内所有目标均取得了重大进展，但也存在数百万穷人依然忍受饥饿、性别不平等依然顽固、各个国家和地区进展存在巨大差距等不少亟待解决的问题。MDGs本身涵盖的环境议题十分有限且忽视了与其他目标之间的关联性，在其实施的15年中，气候变化、水资源短缺、土地退化、大气污染和生物多样性丧失等问题愈加成为人类发展的重大威胁[18]。在此背景下，2012 年召开的“里约＋20”峰会上决定在 2015 年 MDGs 到期前制定新一阶段可持续发展议程，并初步明确了包括城市、能源、水、粮食和生态系统等在内的优先发展领域，为“后千年”议程奠定了基础[19]。

2015 年，近 200 个国家在联合国可持续发展峰会上签署了《SDGs 议程》，正式提出了包含 17 项目标、169 项子目标和 232 项指标在内一揽子 SDGs，为世界各国未来 15 年的发展和国际合作指明了方向[20]。与 MDGs 重点关注消除贫困、改善教育、保护儿童妇女权利等人类基本生存问题不同，SDGs 强调经济、社会和环境三重维度的协同发展[21]，在目标设置上更具有系统性与广泛性。环境目标的重要性得到了显著提升，清洁饮水和卫生设施（SDG 6）、经济适用的清洁能源（SDG 7）、气候行动（SDG 13）、水下生物（SDG 14）和陆地生物（SDG 15）都与环境可持续性直接相关，占目标总数的 29.4％。此外，改善全球资源使用效率并使经济增长和环境退化脱钩（SDG 8.4）、减少城市人均负面环境影响（SDG 11.6）和实现自然资源的可持续管理和高效利用（SDG 12.2）等属于经济、社会大目标下的子目标也与环境保护密切相关。而 MDGs 中涉及环境的目标只有一项：保持环境可持续性（MDG 7），仅占目标总数的 12.5％[22]。

可以说，《SDGs 议程》既体现了全球治理思路的连续性，又体现了新阶段人们关于应对全球变化、实现可持续发展的新思考。2016 年，中国政府在“十三五”规划纲要中提出将 SDGs 纳入“十三五”规划和国家中长期整体发展规划[23]，并于同年发布了《中国落实 2030 年可持续发展议程国别方案》，彰显了我国作为负责任大国实现 SDGs 的立场和决心。

三、气候治理与 SDGs 的关联分析

气候变化等一系列问题不仅严重威胁环境可持续性，而且对人类福祉产生了消极影响，特别是那些抵御环境风险能力较弱的低收入群体。2019 年，旨在促进《巴黎协定》与《SDGs 议程》协同增效的气候与可持续发展目标协同国际会议在哥本哈根召开，与会者呼吁全球、地区和国家层面的利益相关者在气候行动与可持续发展进程中采取切实行动并保持一

致,从而使共同利益最大化。这从一个侧面反映出气候治理与可持续发展目标深度融合势在必行。

一方面,落实《巴黎协定》提出的温控目标是实现 SDGs 的重要内容,其中气候行动(SDG 13)与经济适用的清洁能源(SDG 7)两项目标成为连接两份文件的直接纽带。《巴黎协定》的有效推进有助于提升全球能效(SDG 7.3)、促进清洁能源开发和能源基础设施建设(SDG 7.a)、加强各国抵御和适应气候相关灾害的能力(SDG 13.1)和将应对气候变化的举措纳入国家政策、战略和规划(SDG 13.2)等目标的实施。此外,由于 SDGs 各目标之间相互依存、相互影响[24],气候行动也将对其他目标如优质教育(SDG 4)、清洁饮水和卫生设施(SDG 6)以及消除贫穷(SDG 1)等产生间接影响,从而影响整个《SDGs 议程》的实现进程[25]。有学者通过对 17 项目标和 169 项指标的网络分析,指出将应对气候变化的举措纳入国家政策、战略和规划(SDG 13.2)是最为紧迫和关键的举措[26],对所有 17 项 SDGs 和超过 65%的指标都将产生重要影响[27]。可见,气候治理已成为实现 SDGs 的重要内容和核心目标。

另一方面,SDGs 的良好实现反过来又将有力推动气候治理在全球、地区和国家等层面的落实。有研究表明,消除贫穷(SDG 1)、减少不平等(SDG 10)以及和平、正义与强大机构(SDG 16)将带动产业、创新和基础设施建设(SDG 9)以及可持续城市和社区建设(SDG 11),从而有效增强人类抵御灾害风险的能力[28]。此外,不能将气候危机视为孤立的威胁,包含水下生物(SDG 14)和陆地生物(SDG 15)的良好的生态系统是减缓气候变化的必备条件[29]。因此,实现 SDGs 与开展气候治理本质上是一致的,两者相辅相成、互为助益。

然而,《SDGs 议程》目标与指标间复杂的交互关系也给同时落实 SDGs 和气候治理带来了挑战。首先,为实现全球温升 2℃以内的目标,必须将温室气体减排作为全球共同行动,而目前占世界人口 2/3 的发展中国家仍处于工业化、城市化的初中级阶段,能源刚性需求很大,全球仍有 14 亿人未能享受现代能源服务[30],气候治理与能源服务之间(SDG 7)的政策协同较为困难。其次,各国发展经验表明,温室气体减排行动往往会对工业,特别是制造业发展产生一些冲击,从而在一定程度上阻碍经济增长。因此可以说,短时间内气候治理与经济增长(SDG 8)之间的权衡关系远大于协同效应[31]。此外,随着日益紧密的跨区域经贸联系与日益紧密的国际产业分工,条件严苛的减排政策容易导致发达国家和地区将高污染和高排放产业转移至欠发达国家和地区,这一“污染天堂”效应加剧了地区间的不平等(SDG 10)。总之,气候治理与 SDGs 在实际推进过程中还存在一些潜在矛盾,亟待深入研究破解之策。

图 1 时间轴上、下分别展示了气候治理进程和 SDGs 进程。自 1987 年“可持续发展”理念提出、1988 年政府间气候变化专门委员会成立以来,气候治理与 SDGs 呈现相对独立的发展态势,仅在 1992 年、2015 年分别出现年度上的交集,并于 2019 年哥本哈根会议上开始探索融合之路。随着气候治理与 SDGs 之间的联系日趋紧密,无论从全球治理还是国家治理的视角来看,两者都迎来了深度融合的最佳窗口期。总之,《巴黎协定》与 SDGs 在内容上虽并非完全契合,但最终目标都是为了实现全人类的共同发展与繁荣。在未来的国际合作与行动清单中,亟须实现两份重要国际契约的并轨,以期在最大限度上促进协同增效。

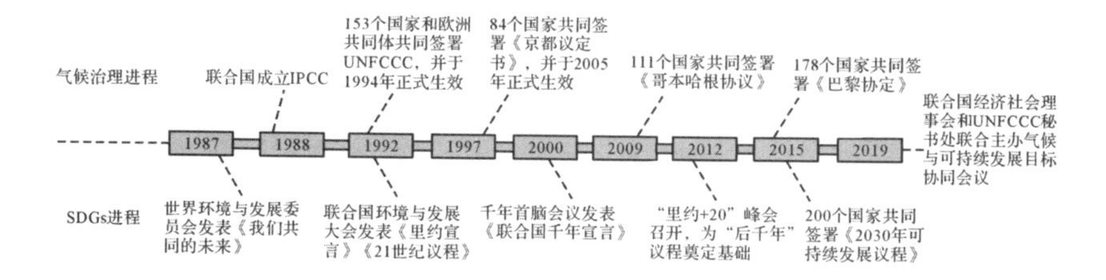

图 1 气候治理与可持续发展的演变历程

四、气候治理与 SDGs 深度融合的可行性分析:以中国为例

(一)机遇

1. 符合“人类命运共同体”内涵,与生态文明理念一脉相承

气候治理与 SDGs 的深度融合,既是对气候危机全球化特征的回应,符合构建“人类命运共同体”的基本内涵,也是对生态系统和经济系统协同发展的重视,与生态文明理念一脉相承。中国作为最大的新兴经济体,

早在2006年就取代美国成为世界上最大的温室气体排放国,在应对全球气候变化和推进可持续发展的事业中肩负着重大的责任与义务。党的十八大做出“大力推进生态文明建设”的战略决定,尊重自然、顺应自然、保护自然的生态文明理念成为新发展理念的重要组成部分。只有将生态文明建设的理念、原则、目标贯穿于政治、经济、文化和社会建设的方方面面,才能够打造出永续发展的生产、生活、生态环境。生态文明建设不仅是环境保护问题,也是经济发展问题,更是两者间的关系问题[32]。党的十九大报告提出“构建人类命运共同体,建设持久和平、普遍安全、共同繁荣、开放包容、清洁美丽的世界”,其中“清洁美丽的世界”从全球治理的视角勾勒出了生态环境保护的根本目标。因此,气候治理与SDGs的深度融合顺应构建“人类命运共同体”的历史潮流,也是新时期对生态文明理念的深化与发展。

2. 气候治理与SDGs高度关联,协同增效潜力巨大

我国在INDCs中明确提出将落实《国家应对气候变化规划(2014—2020)》作为积极应对气候变化的行动纲领。《中国落实2030可持续发展议程国别方案》也提出在环境领域与《国家应对气候变化规划(2014—2020)》进行战略对接,这说明应对气候变化的国家战略本就属于我国实现SDGs进程中的一部分,两者在政策制定与落实上存在巨大的协同增效空间。通过将各国提出的INDCs和SDGs进行文本关键词关联分析,得出重叠频率最高的目标是经济适用的清洁能源(SDG 7)、陆地生物(SDG 15)、消除饥饿(SDG 2)、可持续城市和社区(SDG 11)、清洁饮水和卫生设施(SDG 6)等,高频目标下的高频指标又包括可持续的农业(SDG 2.4)、水资源利用率(SDG 6.4)、可再生能源(SDG 7.2)、可持续的交通运输(SDG 11.2)、森林保护(SDG 15.2)等[33],可见气候治理与SDGs之间的联系十分广泛,两者在气候行动(SDG 13)以外的其他领域也存在巨大的协同增效空间。

3. 有助于明确减排责任,树立积极应对气候变化的大国形象

气候变化是发达国家与发展中国家面临的普遍挑战,而后者受到的冲击往往更为明显,需要以国际合作的形式来共同应对。尽管自身减排任务艰巨,中国始终积极帮助其他发展中国家提升应对气候变化的能力。

2017年，由我国环境保护部、外交部、发展改革委员会、商务部联合发布的《关于推进绿色“一带一路”建设的指导意见》提出加强绿色合作平台建设。截至2018年底，我国金融机构和企业在国内外共发行各类绿色债券超过7000亿元人民币，以绿色金融打造绿色“一带一路”。根据《中国应对气候变化的政策与行动2019年度报告》，2019年以来，中国积极推动与柬埔寨、老挝、肯尼亚、加纳、塞舌尔等国共建低碳示范区；推动与埃塞俄比亚、埃及、几内亚等国减缓和适应气候变化物资赠送项目的执行；推动与博茨瓦纳、乌拉圭、菲律宾等国相关新项目的磋商；举办了9期气候变化南南合作培训班等。中国借助“一带一路”等多边国际合作平台推进气候治理与SDGs的深度融合，不仅能够提升自身应对气候变化的能力，同时也能够为世界提供应对气候变化的中国经验、中国方案，从而成为全球气候治理的引领者，树立负责任、有担当的大国形象。

（二）挑战

1. 气候治理与SDGs深度融合存在政策协同难题

由于《巴黎协定》和《SDGs议程》自成体系，目前学界也鲜有两者的比较或整合研究，导致我国在战略层面缺乏探索INDCs与SDGs深度融合的理论依据。以往人们比较关注气候变化对经济和社会系统的负面影响，但采取紧急的气候行动也可能对其他SDGs的实现产生消极作用。例如，气候行动可能阻碍SDGs中34项子目标的实现，原因是气候政策的执行成本较高，短期内对碳密集型产业和地区冲击较大，且设计不当的气候政策可能加剧贫富差距[34]。然而，由于国情不同，各国气候政策的作用机制也有所差异，关于气候治理与SDGs协同难题的本土化研究显得尤为重要。因此，有必要针对我国国家治理体系和治理能力的现实情况和特点，系统审视气候治理与SDGs的政策矛盾部分及其解决机制，为真正实现气候治理与SDGs的深度融合、促进经济、社会和环境可持续发展提供决策依据。

2. 气候治理与SDGs深度融合面临非传统安全挑战

我国国土面积广阔、气候条件复杂、生态环境脆弱，加之人口众多，因而受气候变化的影响更为显著。《中国气候变化蓝皮书（2019）》显示，1951—2018年，我国年平均气温每10年升高0.24℃，升温幅度明显高于全球同期水平;1961—2018年,中国极端高温事件发生频次自20世纪90年代中期以来明显增多;1991—2018年平均气候风险指数(6.6)相较1961—1990年平均值(4.3)增加了54%。同时,地区间气候敏感性的差异也加大了气候治理的难度。气候变化对我国经济社会特别是农业生产的负面影响更是不容忽视。《应对气候变化报告(2018):聚首卡托维兹》显示,气候变化加剧了中国的水资源短缺现象,导致占播种面积12%~22%的耕地受干旱困扰,并造成小麦、玉米和大豆等主要粮食作物的单产增速放缓。而粮食安全只是气候变化引致的诸多风险中的一种,生态安全(如生物入侵)、能源安全(如供需缺口拉大)、社会安全(如气候难民)、公共卫生安全(如流行性传染病)等其他非传统安全问题也与气候变化息息相关,给我国的可持续发展带来了严峻挑战。因此,将气候治理与SDGs进行深度融合是我国防范化解重大风险、积极应对非传统安全威胁的内在要求。

3. 气候治理与SDGs深度融合承受巨大国际压力

美国退出《巴黎协定》意味着其放弃了全球气候治理的领导权,而这恰恰是中国为数不多可以由参与者向引领者转变的全球治理重要领域。在美国退出的背景下,中国作为全球最大的温室气体排放和能源消费国,在气候治理中拥有更大的话语权,就意味着必须承受住日益加大的道义和舆论压力。如期甚至提前完成INDCs的各项目标,并提前谋划2030年后的减排路线图,对中国展现负责任大国形象至关重要。然而中国的人均GDP仅约为全球平均水平的90%,尚不足美国的1/6,仍处于工业化、城市化的快速发展阶段,无论是生活水平还是现代基础设施同发达国家相比还有很大的差距,随着现代化进程加快,我国在制造业、基础设施建设和居民消费等领域的碳排放短期内还难以回落,能源刚性需求依然巨大,未来面临实现减排与发展经济的双重压力。此外,美国的退出势必会影响对发展中国家相关领域的资金与技术援助,客观上加剧了中国在气候融资和减排技术开发与共享等方面的国际压力。总之,中国的气候治理与SDGs深度融合之路不会一帆风顺,可能同时受到发达国家减排意愿和发展中国家资金与技术诉求的双重干扰。

(三)对策建议

1. 促进跨部门合作

在国际层面,2019 年由联合国经济社会理事会和 UNFCCC 秘书处联合主办的气候与可持续发展目标协同会议,预示着气候变化与 SDGs 的跨部门合作将成为趋势。在国家层面,有国际学者提出通过以下三种途径实现应对气候变化和落实 SDGs 的工作整合:一是加强负责制定气候政策的牵头机构和负责可持续发展的牵头机构之间的沟通与协作;二是由负责应对气候变化的机构或负责 SDGs 的机构来领导两个议程的协调;三是组建新的议事机构负责应对气候变化和 SDGs 的统一领导[34]。

对我国而言,可以通过跨部门合作,实现 INDCs 和《中国落实 2030 年可持续发展议程国别方案》两项政策的互融互洽和协同增效。在应对气候变化方面,我国成立了国家应对气候变化及节能减排工作领导小组,同时设立了国家气候变化专家委员会。2018 年的国务院机构改革将应对气候变化职能从国家发改委调整至生态环境部,成立了生态环境部应对气候变化司。然而正如司长李高表示:"应对气候变化工作涉及经济社会发展方方面面,从来都不是某一个部委能够单独完成的。"[35]笔者对此深有体会,就近期参与评审省市温室气体清单的经验来看,在职能转移的过渡阶段,各地发改委和生态环境部门在数据信息共享、统一评估标准等方面尚需进一步做好衔接工作。可持续发展涵盖的范围更广,涉及国计民生的方方面面,绝非单一部门可以实现全覆盖。为消除政策和信息"孤岛"问题,当前亟须在国家和省市层面理顺应对气候变化和可持续发展的工作协调机制,通过跨部门合作带动气候治理与 SDGs 的深度融合。

2. 实现多元主体共治

要实现气候治理与 SDGs 的深度融合,不能仅仅依靠政府内部的跨部门合作,还需充分发挥市场和政策工具的作用。国际经验表明,碳交易和碳税分别作为市场工具和政策工具的典型代表,能够有效降低温室气体排放。在碳交易机制下,减排主体(如企业)通过分配或拍卖获得碳排放权,并通过市场交易实现碳排放权的高效配置、降低减排成本[36-37]。我国和欧盟、美国、加拿大等国已在不同行业开展碳交易试点,并取得一定成效。碳税政策则通过对不同能源类型征收税费的形式,迫使排放主体提升能源利用效率、降低温室气体排放[38]。虽然与碳交易机制相比,碳税政策可以较快实现温室气体减排,但经济社会成本有时较高,不利于市场机制在资源配置中发挥决定性作用[39-40]。因此,通过将碳交易机制与碳税政策有机结合,探索制定既满足我国INDCs和SDGs的要求,又符合各参与主体基本利益诉求的制度体系,针对不同地区、不同行业、不同企业的实际特点实施差别化的减排政策,有助于在提升减排效果的同时,降低全社会的减排成本,实现多元主体共治,为气候治理与SDGs的深度融合提供体制和机制保障。

3. 推进跨学科研究

由于应对气候变化和可持续发展问题具有专业性、系统性、复杂性和长期性等特征,需要调动起环境学、生态学、经济学、管理学、社会学、政治学等相关领域的专家学者进行广泛交流与团队合作,推进跨学科交叉研究在气候治理与SDGs深度融合方面的应用。应当积极吸收借鉴国外相关团队的合作模式和研究成果,加强国内外科研合作攻关和数据信息共享,以便及时掌握气候变化和可持续发展领域的最新国际前沿进展,同时将中国经验和中国故事传递给世界各国。与此同时,建议由生态环境部和发改委联合牵头成立由资深专家学者组成的咨询委员会,(不)定期围绕气候治理与SDGs深度融合的议题、政策、方案、试点情况等进行科学评估,根据评估结果和地方反馈信息及时调整、优化相关政策措施。此外,政府应加大配套政策支持力度,打通产学研各个环节,推动研究成果真正落地,形成气候治理与SDGs深度融合的共识与合力。

五、结语

基于上述分析,本文得出以下主要观点。第一,从全球应对气候变化和促进可持续发展的历程来看,气候治理与SDGs高度关联,最终目标都是为了实现全人类的共同发展与繁荣。第二,气候治理与SDGs的深度融合符合“人类命运共同体”的基本内涵,与生态文明理念一脉相承,且两者之间具有巨大的协同增效空间。第三,我国在气候治理与SDGs深度融合方面存在一些障碍,建议通过促进跨部门合作、实现多元主体共治、推进跨学科研究加以破解。第四,实现气候治理与SDGs深度融合,既是推进国家治理体系和治理能力现代化的内在需要，同时也有利于我国树立负责任大国形象，实现由全球治理参与者向引领者的角色转变，具有重大的现实意义和深远的历史意义。

参考文献

[1] Intergovernmental Panel on Climate Change. Climate Change 2013：The Physical Science Basis [M]. Cambridge：Cambridge University Press，2013.

[2] World Meteorological Organization. The Global Climate in 2015-2019 [EB/OL]. World Meteorological Organization，2019.

[3] Lenton T M，Rockstrm J，Gaffney O，et al. Climate tipping points—too risky to bet against [J]. Nature，2019，575：592-595

[4] Mora C，Spirandelli D，Franklin E C，et al. Broad threat to humanity from cumulative climate hazards intensified by greenhouse gas emissions [J]. Nature Climate Change，2018，8：1062-1071.

[5] Rigaud K K，de Sherbinin A，Jones B，et al. Groundswell：Preparing for Internal Climate Migration [DB]. World Bank，2018.

[6] United Nations Environment Programme. Emissions Gap Report 2019 [EB/OL]. Nairobi，2019.

[7] Nerini F F，Tomei J，To L S，et al. Mapping synergies and trade-offs between energy and the sustainable development goals [J]. Nature Energy，2018，3(1)：10-15.

[8] 沈永平，王国亚. IPCC 第一工作组第五次评估报告对全球气候变化认知的最新科学要点[J]. 冰川冻土，2013，35(5)：1068-1076.

[9] 董敏杰，李钢. 应对气候变化：国际谈判历程及主要经济体的态度与政策[J]. 中国人口·资源与环境，2010，20(6)：13-21.

[10] Zhang H B, Dai H C, Lai H X, et al. U.S. Withdrawal from the Paris Agreement: Reasons, impacts, and China's response [J]. Advances in Climate Change Research, 2017, 8: 220-225.
[11] 张永香，巢清尘，郑秋红，等. 美国退出《巴黎协定》对全球气候治理的影响[J]. 气候变化研究进展，2017，13(5)：407-414.
[12] 张海滨，戴瀚程，王彬彬，等. 美国宣布退出《巴黎协定》对全球气候治理制度与结构的影响[J]. 中国国际战略评论，2018，(2)：162-170.
[13] 方恺，李帅，叶瑞克，等. 全球气候治理新进展——区域碳排放权分配研究综述[J]. 生态学报，2020，40(1)：10-23.
[14] 陈先鹏，方恺，彭建，等. 资源环境承载力评估新视角——行星边界框架的源起、发展与展望[J]. 自然资源学报，2020，35(3)：513-531.
[15] 彭斯震，孙新章. 后2015时期的全球可持续发展治理与中国参与战略[J]. 2015，27(7)：1-5.
[16] 诸大建，刘淑妍. 可持续发展的生态限制模型及对中国转型发展的政策意义[J]. 中国科学院院刊，2014，29(4)：416-428.
[17] 吕永龙，王一超，苑晶晶，等. 关于中国推进实施可持续发展目标的若干思考[J]. 中国人口·资源与环境，2018，28(1)：1-9.
[18] Sachs J D. From Millennium Development Goals to Sustainable Development Goals [J]. Lancet, 2012, 379 (9832): 2206-2211.
[19] 董亮，杨晓华. 2030年可持续发展议程与多边环境公约体系的制度互动[J]. 中国地质大学学报(社会科学版)，2018，18(4)：74-85.
[20] 薛澜，翁凌飞. 中国实现联合国2030年可持续发展目标的政策机遇和挑战[J]. 中国软科学，2017，(1)：1-12.
[21] Costanza R, Daly L, Fioramonti L, et al. Modelling and measuring sustainable wellbeing in connection with the UN

Sustainable Development Goals [J]. Ecological Economics, 2016, 130: 350-355.

[22] 方恺，许安琪. 2030 年可持续发展议程下的环境目标评估与落实：现状、挑战与对策[J]. CIDEG 决策参考，2018，(3): 1-10.

[23] 吕永龙，王一超，苑晶晶，等. 关于中国推进实施可持续发展目标的若干思考[J]. 中国人口·资源与环境，2018，28(1): 1-9.

[24] Nilsson M, Griggs D, Visbeck M. Map the interactions between sustainable development goals [J]. Nature, 2016, 534 760(7): 320-323.

[25] Mccollum D L, Wenji Z, Christoph B, et al. Energy investment needs for fulfilling the Paris Agreement and achieving the Sustainable Development Goals [J]. Nature Energy, 2018, 3: 589-599.

[26] Allen C, Nejdawi R, El-Baba J, et al. Indicator-based assessments of progress towards the sustainable development goals SDGs): A case study from the Arab region [J]. Sustainability Science, 2017, 12(6): 975-989.

[27] Nerini F F. Shore up support for climate action using SDGs [J]. Nature, 2018, 557 770(3): 31.

[28] Abel G J, Barakat B, Samir K C, et al. Meeting the Sustainable Development Goals leads to lower world population growth [J]. Proceedings of the National Academy of Sciences, 2016, 113(50): 14294-14299.

[29] Charlie J G, Matthew J S, Zoe G D. Conservation must capitalise on climate's moment [J]. Nature Communications, 2020, 11: 109.

[30] 孙新章，张新民，夏成. 对全球可持续发展目标制定中有关问题的思考[J]. 中国人口·资源与环境，2016，22(12): 123-126.

[31] Nerini F F, et al. Mapping synergies and trade-offs between energy and the sustainable development goals [J]. Nature

Energy，2018，3(1)：10-15.

[32] 沈满洪.习近平生态文明思想研究——从“两山”重要思想到生态文明思想体系[J].治理研究，2018,34(2)：5-13.

[33] Janetschek H，et al. The 2030 Agenda and the Paris Agreement：voluntary contributions towards thematic policy coherence [J]. Climate Policy，2019，DOI：10. 1080/14693062. 2019. 1677549

[34] Nerini F F，et al. Connecting climate action with other Sustainable Development Goals [J]. Nature Sustainability，2019，2：674-680.

[35] 中华人民共和国生态环境部.生态环境部 2018 年 10 月例行新闻发布会实录.2018-10-31.

[36] Caciagli V. Emission Trading Schemes and Carbon Markets in the NDCs：Their Contribution to the Paris Agreement [M]// Theory and Practice of Climate Adaptation. Springer，Cham，2018：539-571.

[37] Zhao X，Jiang G，Nie D，et al. How to improve the market efficiency of carbon trading：A perspective of China [J]. Renewable and Sustainable Energy Reviews，2016，59：1229-1245.

[38] Dong H，Dai H，Geng Y，et al. Exploring impact of carbon tax on China's CO_2 reductions and provincial disparities[J]. Renewable and Sustainable Energy Reviews，2017，77：596-603.

[39] 王金南，严刚，姜克隽，等.应对气候变化的中国碳税政策研究[J].中国环境科学，2009,29(1)：101-105.

[40] Yang M，Fan Y，Yang F，et al. Regional disparities in carbon dioxide reduction from China's uniform carbon tax：A perspective on interfactor/interfuel substitution [J]. Energy，2014，74：131-139.

专题三

环境治理与产业政策的探索实践

我国城市再生资源回收体系建设的问题与建议

董会娟　肖诗茳

上海交通大学环境科学与工程学院

摘要：城市再生资源回收再利用是应对资源匮乏，解决"垃圾围城"的有效手段，也是实现我国循环经济和可持续发展的必然选择。完善城市再生资源回收体系是全国各级城市所面临的共同问题，各个城市都在积极寻求解决办法。本文分析了我国再生资源回收存在的问题，倡导我国城市再生资源回收体系建设"互联网＋"创新模式，强调"前端分类—中端回收—末端处理"全链条回收网络建设对我国再生资源回收体系构建的重要性。

一、我国再生资源回收现状及存在问题

城市再生资源是指在生产和生活消费中产生的、不再具有原来使用价值，但经过回收、分类和加工处理，能获得新的使用价值的各种废物[1]。其主要包括废旧金属、废塑料、废电子电器、废玻璃、废橡胶、废纸、废旧木料、废旧建材及废渣、报废机电设备及其零部件。我国再生资源回收最早始于1958年国务院颁布的《关于加强对废弃物品收购和利用工作的指示》，强调废旧物资的再利用。之后政府又陆续发布《再生资源回收管理办法》《循环经济促进法》《重要资源循环利用工程》等一系列政府文件及法律法规来推动再生资源回收，尤其是最近几年，政府出台了《关于推进再生资源回收行业转型升级的意见》等文件，进一步推动城市再生资源分类回收[2]。

此外，从2006年起，商务部启动了"再生资源回收体系建设试点城

市”项目，截至目前批准了三批共90个试点城市[3-5]，支持试点城市新建和改、扩建51550个网点、341个分拣中心、63个集散市场，同时支持了123个再生资源回收加工利用基地建设。我国再生资源回收工作取得了一定的成绩，2018年我国十大类别的再生资源回收总量约为32218亿吨，约合8705亿元人民币[6]。然而，我国再生资源回收体系建设仍不完善，存在的主要问题如下：

（一）职能管理不明确，法律法规不健全

再生资源回收管理工作涉及单位众多，类似“九龙治水”。现行再生资源回收管理主要由商务委主导、绿化市容局负责生活垃圾的收集和清运工作，环保局负责再生资源回收过程中产生环境问题的管理工作，公安局负责废旧金属收购的治安管理工作，缺乏一个统一整合的领导小组，可以全面开展再生资源回收工作，因此难以形成管理合力、提高管理效率。而且，在城市再生资源回收领域有大量的非正规回收人员参与，由于此类人员不注重回收过程中的环境保护，导致回收成本大大低于正规回收企业，而政府对于非正规回收人员的管理相对缺乏。缺乏具体可行的法律法规进行约束，相关部门也没有严格管理，最终导致再生资源回收难以持续。

（二）公众回收意识低，回收率与发达国家差距明显

据统计，我国最发达的城市北京、上海生活垃圾产生量已达到人均约0.89kg/d，接近发达国家水平。然而与日本等发达国家相比，其可再生资源回收率仍很低，例如废塑料回收率仅为45%左右，远远低于日本的95%[7,8]。尤其是大量的低值废弃物包括包装废塑料、牛奶盒、平板玻璃、废衣服和废家具等，由于回收成本高、利用价值低而难以进入再生资源回收利用环节，导致城市垃圾产生量难以减少。另一方面，一些对环境危害极大的废弃物，例如废节能灯管、废铅酸蓄电池等回收率不足10%。整体而言，市民对垃圾分类意识缺乏、对垃圾回收积极性不足、缺乏完善的回收体系，这导致回收率低。上海推行垃圾分类体系后，城市再生资源回收量明显提升，垃圾分类回收体系建设亟待全国推进。

（三）配套设施不完善，回收产业链不健全

目前，我国现有再生资源回收设施落后，收集和分拣等环节还需依靠

大量人工进行，这样的操作极易产生环境与健康风险，并且不利于再生资源回收行业高技术、大规模发展。在收集运输环节，缺乏成熟的运输系统做支撑，导致回收成本上升。同时，受全球经济环境下行和原材料价格下降影响，再生资源生产的生产材料价格优势减弱，导致需求量下降。此外，再生资源供应不稳定，缺乏完整的产业链条，不能对再生资源生产出来的材料稳定地进行生产再利用。这些原因都导致再生资源回收再利用行业难以可持续发展。

二、我国再生资源回收体系创新建设建议

考虑到我国人口众多、影响因素复杂等情况，我国的可再生资源回收体系建设依托“互联网/物联网＋”的模式将事半功倍，并且要强化“上游分类回收—优化中间智能运输—完善下游利用”的全产业链视角建设，强化“城市再生资源回收—静脉产业”一体化体系构建。

（一）强化政府专门管理部门的建设

必须明确政府部门专门负责再生资源回收体系建设，如商务委、环保局、发改委等可形成联席会议制度，并与上海市绿化市容局、上海市文明办、上海市商务委、各区县政府形成的生活垃圾分类减量推进工作联席会议相结合，对再生资源回收工作进行专门、统一且高效的管理。针对不同种类再生资源，制定具有针对性、专业化的法律法规。例如，对于低值可再生资源（废玻璃、废衣物、废家具等），由于废弃数量大，可利用价值低，回收企业不愿意参与回收，政府可制定管理办法向回收企业购买低值废弃物回收服务。因此将低值废弃物的回收工作纳入公共服务范畴，切实提高城市治理水平和市民生活环境。针对非正规私人回收参与者，制定专门法规，在保持社会稳定的基础上指派具体部门对此群体依法进行管理。

（二）创新基于“互联网＋”的上游分类回收模式

考虑到我国发展阶段及国情复杂的特殊情况，无法照搬日本等发达国家的回收模式。我国的再生资源回收体系建设必须借助互联网、物联网、大数据、云计算等现代信息技术，才能切实推动再生资源回收成功。已有的尝试包括借助手机 APP、微信等互联网产品的便捷性和经济性，

调动居民和企业进行垃圾分类回收的积极性;基于此,积极宣传推广“阿拉环保”“笨哥哥”等已有的“互联网+”创新回收模式,推动“互联网+”回收模式在上海的普及。此外,鼓励有条件的区县积极尝试将再生资源回收网与城市生活垃圾清运网合二为一,充分利用现有成熟的城市生活垃圾运输体系,降低新建再生资源回收网的成本和时间。在一系列试点之后,总结经验并把“两网融合”推广到全市范围内。

(三)优化再生资源智能分拣回收中心建设

再生资源源头分类回收后的集中分拣处理环节是源头分类和下游利用的枢纽和桥梁,是再生资源回收体系建设的重要环节。针对目前城市再生资源回收站点缺乏、不规范和设置不合理等问题,政府可利用地理信息系统和网络优化技术,综合考虑人口分布、再生资源数量、运输距离、建设成本和收益等,系统优化,在现有回收站点的基础上重新优化布局回收中心的位置和规模。同时,出台相关支持政策和税收优惠措施,鼓励回收企业利用引进或自主研发的先进再生资源回收分拣处理系统,用机械自动化取代人力劳动,提高分拣和打包处理的效率,降低成本。此外,政府还可以鼓励回收企业承担回收中心的职能,减少不必要的中间环节;回收站点可直接布局到有再生资源利用需求的产业园区。

(四)培育下游正规静脉企业规模化发展

拥有专业的环境保护设施和生产安全措施的正规处理企业是再生资源回收体系建设的重要保障。政府亟需加大对非法小作坊或低效小型企业的取缔力度,着力扶持和培育一批具有一定市场占有率、技术达标、管理模式先进的正规再生资源回收企业。以龙头企业收编整合现有“小散乱”的非正规处理作坊,并最终推动整个下游处理行业的正规发展,这不仅可以减少再生资源回收过程中产生的环境和安全问题,并且可以提高再生资源回收利用效率。此外,加强静脉产业园区建设,为再生资源回收企业集中化、规模化和正规化建设提供基础设施和场地;同时在静脉园区内积极扶植和规划不同类型再生资源回收利用技术企业,引进先进资源化利用技术。例如,可以引进垃圾衍生燃料技术(RPF)(表1),将生活垃圾中不可回收的污染废纸、包装废纸和废塑料等垃圾转化为固体燃料,不仅可以代替工业中的燃煤使用,而且操作便捷、低碳环保。

表 1　RPF 固体燃油与煤的参数对比[9]

燃料	热值	CO_2 排放因子	LCACO_2 排放因子
RPF	26.6GJ/t	1.099tCO_2/t	1.375tCO_2/t
煤	26.6GJ/t	2.277tCO_2/t	3.437tCO_2/t

参考文献

[1] 张菲菲.我国再生资源产业发展研究[D].天津:南开大学,2010.

[2] Xiao S, Dong H, Geng Y, et al. An overview of China's recyclable waste recycling and recommendations for integrated solutions [J]. Resources, Conservation and Recycling, 2018, 134: 112-120.

[3] 商务部商业改革司. 商务部办公厅关于组织开展再生资源回收体系建设试点工作的通知. http://ltfzs.mofcom.gov.cn/article/ztzzn/an/200604/20060401846505.shtml.

[4] 商贸服务司. 商务部办公厅关于组织开展第二批再生资源回收体系建设试点工作的通知. http://ltfzs.mofcom.gov.cn/article/ztzzn/an/200906/20090606361778.shtml.

[5] 中华人民共和国商务部流通业发展司. 关于对第三批再生资源回收体系建设试点城市进行公示的通知. http://www.mofcom.gov.cn/article/h/redht/201202/20120207948564.shtml.

[6] 中国物资再生协会. 中国再生资源回收行业发展报告(2019)[R]. 北京, 2019.

[7] 张秀娟, 翟秋萍, 郗亚萍. 国外再生塑料发展现状及带来的启示 [J]. 资源再生, 2014, (4): 66-68.

[8] 郭士伊. 探索再生资源产业园区的低碳转型之路 [J]. 资源再生, 2014(8): 9.

[9] Earthtechnica Co Ltd., Sekishouten Co Ltd. Development of "RPF", an inexpensive new fuel that emits a smaller amount of CO_2 than fossil fuels[EB/OL], http://www.nedo.go.jp/content/100643576.pdf, Editor 2014. 1-2.

秸秆能源化利用技术的综合评价：基于模糊 AHP-VIKOR 模型和生命周期可持续性评价

宋俊年　王　博
吉林大学新能源与环境学院

摘要：农作物秸秆的处置不当(如露天焚烧)，造成了资源浪费等严重的环境问题；同时我国能源消费量位于世界首位，且能源对外依存度高，能源安全问题不容忽视。将秸秆转化为能源对区域能源安全和环境可持续性发展具有重要意义。为了帮助决策者在多种秸秆转化技术中选择最适宜的技术，以促进生物质能源产业的发展，本研究对七项秸秆能源化利用技术进行了综合评价和排序。为评价各项技术，本研究构建了由环境、技术、经济和社会四个方面(共十五项)组成的评价指标体系，在秸秆获取、预处理、能源化过程、运输到最终使用的全生命周期内，对秸秆能源化利用的全过程进行可持续性评价。结合生命周期环境与技术经济评价的结果和专家意见，采用模糊层次分析法确定指标权重，在对评价指标进行量化的基础上，采用 VIKOR 模型确定技术的可持续性排序。从单一角度来看，直燃发电具有最佳的环境效益，固体成型燃料具有最佳的经济效益。综合来看，直燃发电、气化发电和固体成型燃料在环境优先和经济优先两种情况下具有最好的可持续性。由于政府引导、技术发展等因素的变化，最终排名会随着时间的推移而发生变化。本文所应用的方法和获得的结果可为其他类型生物质能利用的发展规划提供参考。

关键词：秸秆；生物质能；模糊层次分析法；VIKOR；生命周期可持续

一、引言

我国是一个农业大国，农业生物质资源丰富。在我国每年可产生 7

亿吨以上的农作物秸秆，约占我国生物质年总生成量的50%[1]。然而，受传统生产方式的影响，目前我国秸秆利用率仅有30%，处理后被再利用的生物质秸秆资源也仅占2.6%[2]，大部分农作物秸秆直接在田间焚烧，造成雾霾以及面源污染等严重的环境问题[3]。此外，随着我国经济的迅猛发展，能源需求量也在逐年上升，目前中国已超越美国，成为世界上最大的能源消费国[4]。根据英国石油公司发布的《BP世界能源展望2016版中国专题》数据显示，从2014年到2035年，中国能源的对外依存度将从15%上升到23%。在中国这样的发展中国家开发利用生物质能源，能够减少温室气体(GHG)排放，加强能源安全，促进就业，并加快农村经济发展[5,6]。中国国家能源局在《生物质能发展"十三五"规划》中提出了生物质能源的发展目标，即到2020年实现生物质能源年替代指标煤5800万吨[7]。农作物秸秆的能源化利用已成为实现区域环境可持续发展、国家能源安全以及促进经济发展的有效途径。生物质能源转化技术是生物质能利用的关键，农作物秸秆可以通过多种转化技术得到不同形式的能源产品，包括热能、电能、生物燃料或它们的组合产品(如将秸秆转化为电能、生物乙醇、成型燃料、沼气等)[8]。然而由于不同的生物质能源转化技术在经济效益、环境影响、技术水平和社会效益方面的表现不尽相同[9]，决策者通常很难选择适合当地可持续发展的能源转化技术[10]。此外，生物质能利用的评价系统往往具有难以量化的高度不确定性特征，因为现有的数据往往是模糊的、不完整的或不一致的。具有潜在目标冲突的利益相关者往往在如何评估和确定生物质能源转换技术的优越性上存在分歧[11]。因此，须为决策者提供一种可靠的方法，综合考虑各项技术在各个方面的表现，对这些生物质能源转化技术进行优选排序[12]。

确定生物质能源转化技术的优先发展序列可视为多准则决策问题(MCDM)之一，即考虑多个评价指标对有限数量的备选方案进行评分或排序，并且能够解决评价技术过程中的多属性冲突问题[13]。目前有很多MCDM方法求解多属性冲突的问题，如逼近理想解的排序方法(TOP-SIS)、VIKOR方法、偏好顺序结构评估法(PORMETHEE)和消去选择转换法(ELECTRE)，这些方法在可再生能源领域均得到了广泛的应用。例如，Ren等采用TOPSIS确定了城市污泥处理三种技术的可持续性序列[14]。代春艳等运用 VIKOR 方法对某省的可再生能源技术的协同效益进行了评价[15]。Strantzali 等[16]采用 PROMETHEE 方法确定了发电最佳燃料组合。Wu 等利用 ELECTRE 方法构建了海上风电场选址框架[17]。已经观察到不同的 MCDM 方法适用于解决不同类型的问题。其中,一些学者对这些方法进行了细致的比较[18,19]。PROMETHEE 的排名结果与 VIKOR 中根据“S”值的排名结果相似,即仅考虑了群效用最大化,而没有考虑个人最小遗憾。ELECTRE 的排序结果与 VIKOR 中“R”的排序结果相似,即仅考虑了个人最小遗憾,而削弱了最大群体效用。VIKOR 和 TOPSIS 都是在多种方案中确定最佳折中方案的方法。使用 TOPSIS 方法确定的解与正理想解的距离最近,与负理想解的距离最远,但无法考虑这些距离的相对重要性[19]。VIKOR 方法能够克服以上方法存在的不足,确定更加合理的优选方案。确定生物质能源转化技术的优先次序是一项复杂的任务,因为其可持续性、效率和经济效益,以及多样化的生物质能源产品,都涉及有各自偏好的利益相关者。因此,评价生物质能源转化技术的指标体系也应该是一个庞大的体系,既包括环境、经济指标等相互矛盾的指标,也包括技术成熟度、社会可接受性等难以量化的定性指标。因此,VIKOR 方法可作为评价生物质能源转化技术的一种可靠方法。

VIKOR 方法的评价结果取决于专家给出的权重的准确性。由于人的感觉和认知的模糊性,一些技术在定性指标下的表现也很难用精确的数值来评价,而只能给出一定的取值范围[20]。为解决这一问题,一些学者提出了模糊理论,允许决策者使用模糊数来评估每个案例在每个指标下的性能[21]。已有一些文献将模糊 AHP-VIKOR 方法应用于复杂决策问题的求解。Kaya 和 Kahraman 采用综合模糊 AHP-VIKOR 方法确定了伊斯坦布尔的最佳可再生能源替代方案[22]。Kaya 和 Kahraman 提出了一种综合模糊 AHP-VIKOR 方法[23],在伊斯坦布尔的备选造林区中选择出最合适的造林区。Singh 等采用区间值模糊环境下的综合 AHP-VIKOR 方法优化可持续制造策略[24]。朱文等运用模糊 AHP-VIKOR 对四项秸秆能源化利用技术进行了评价[25]。这些研究验证了模糊 AHP 与 VIKOR 结合的适用性和优越性。

作为新兴能源技术,生物质能源转化技术引起了广泛关注,但评价体系仍不完善。回顾以往的研究,一方面,我们发现很少有研究从技术、经济、环境和社会的角度对生物质能源评价技术进行全面的评估。之前的研究更倾向于从这四个方面中的某一个方面进行评估,因此未能完全呈现这些技术的优点和缺点。刘华财等利用能值分析方法对三种典型生物质发电系统的可持续性进行了评价[26]。王红彦对秸秆沼气和秸秆热解气化工程从全生命周期角度进行了环境影响评价[27]。Billig 和 Thraen 从技术和经济两个方面评价了生物质甲烷技术[28]。Cremiato 等从环境角度比较了四种不同的固体废物管理系统[29]。Breitschopf 等从环境和经济两个方面对德国可再生能源技术进行了评价[30]。另一方面,我们注意到研究人员专注于比较和评估以多种生物资源为原料生产相同能源产品的转化技术。Ren 等利用数据包络分析(DEA)对六种生物乙醇生产方式的能源效率进行了评估[10]。Liang 等提出了一种投入产出与生命周期相结合的评价方法,从经济和环境性能方面对七类生物柴油原料进行评价[31]。Dufour 等从生命周期的角度评估了四种以富含脂肪酸的游离废弃物为原料的生物柴油生产系统[32]。在以往的研究中,几乎没有人对以同一种生物资源为原料生产多种生物质能源产品的技术进行评价。农业废弃物具有丰富的储量和生产多种能源产品的潜力,在替代传统化石能源和减少温室气体排放方面具有广阔的前景。然而,以往的研究还没有对农业废弃物的能源化利用技术进行过全方位的比较分析。

为弥补利用农业废弃物生产电力和固体、气体和液体生物燃料技术评价中存在的不足,本研究利用模糊 AHP-VIKOR 的方法,从生命周期的角度对 7 种农业废弃物转化技术进行优先排序。基于生物质能源转化技术的生命周期环境和技术经济评价结果,结合两组分别关注生物质能源转化技术环境效益和经济效益的专家建议,对模糊 AHP 中各指标的权重进行讨论。最后运用 VIKOR 方法,结合各项生物质能源转化技术在环境、技术、经济和社会各方面的表现,确定最终可持续性序列。

二、方法

整个评估过程的框架如图1所示。生物质能源转化技术的生命周期环境和技术经济评价旨在量化评价指标体系中的定量指标。借助专家们的建议,通过模糊AHP给出所有指标(包括定量和定性)的权重,然后由VIKOR方法得到最终的生物质能源转化技术可持续性发展的评价,并对得到的结果进行敏感性分析。

(一)模糊层次分析法

假设共有 n 项指标,第 i 项指标被记为 C_i。在这一步中,创建一个比较矩阵($n \times n$),矩阵中的每一个元素使用语言术语表示。再将专家给出的语言评价转化为三角模糊数(TFNs)进行计算。比较矩阵可以采用表1所示的语言术语和范围来建立。

表1　用于两两比较的语言术语和相应的模糊数[33]

语言术语	缩写	三角模糊数		
同等重要	E	1	1	1
稍微重要	W	2/3	1	3/2
重要	M	1	3/2	2
较强重要	FS	3/2	2	5/2
非常重要	VS	2	5/2	3
绝对重要	A	5/2	3	7/2
以上的倒数	RW, RM, RFS, RVS, RA	以上模糊数的倒数		

利用表1将比较矩阵中的语言术语转化为模糊数,得到矩阵 M'。其中 $\widetilde{m}_{ij}=(l_{ij},m_{ij},u_{ij})$ 为三角模糊数,表示第 i 项指标与第 j 项指标的相对重要性,$\widetilde{m}_{ij}=\frac{1}{\widetilde{m}_{ji}}(i,j=1,2,\cdots,n)$,第 i 项指标的模糊综合程度由式(2)中的 S_i 表示,在式(3)中,将模糊数相加得到 $\sum_{j=1}^{n} M_{ij}^{j}$。

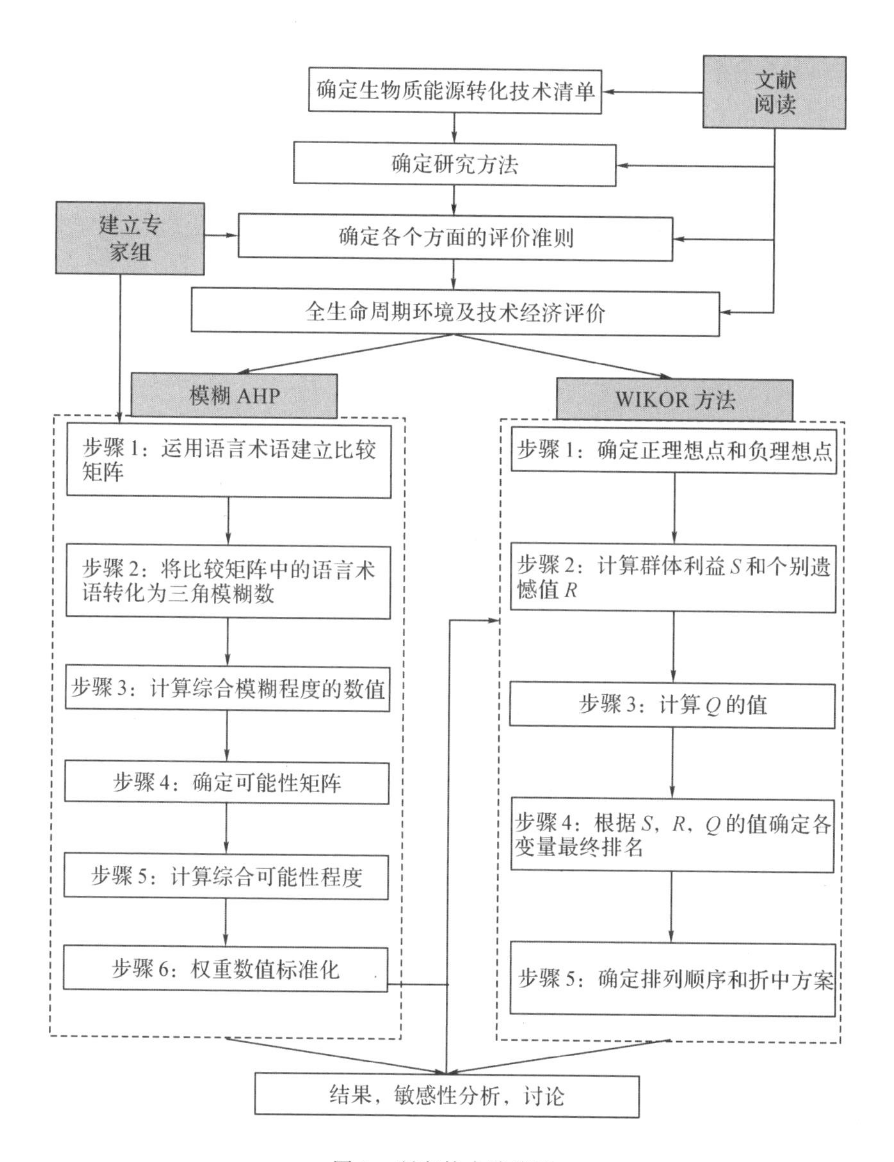
确定生物质能源转化技术清单
文献阅读
确定研究方法
建立专家组
确定各个方面的评价准则
全生命周期环境及技术经济评价
模糊 AHP
WIKOR 方法
步骤 1：运用语言术语建立比较矩阵
步骤 2：将比较矩阵中的语言术语转化为三角模糊数
步骤 3：计算综合模糊程度的数值
步骤 4：确定可能性矩阵
步骤 5：计算综合可能性程度
步骤 6：权重数值标准化
步骤 1：确定正理想点和负理想点
步骤 2：计算群体利益 S 和个别遗憾值 R
步骤 3：计算 Q 的值
步骤 4：根据 S，R，Q 的值确定各变量最终排名
步骤 5：确定排列顺序和折中方案
结果，敏感性分析，讨论

图 1　研究技术路线图

$$M' = \begin{pmatrix} & C_1 & C_2 & \cdots & C_n \\ C_1 & \tilde{1} & \tilde{m}_{12} & \cdots & \tilde{m}_{1n} \\ C_2 & \tilde{m}_{21} & \tilde{1} & \cdots & \tilde{m}_{2n} \\ \vdots & \vdots & \vdots & \ddots & \vdots \\ C_n & \tilde{m}_{n1} & \tilde{m}_{n2} & \cdots & \tilde{1} \end{pmatrix} \tag{1}$$

$$S_i = \sum_{j=1}^{n} M_{ij} \otimes [\sum_{i=1}^{n}\sum_{j=1}^{n} M_{ij}]^{-1} \tag{2}$$

$$\sum_{j=1}^{n} M_{ij}^{j} = (\sum_{j=1}^{n} l_j, \sum_{j=1}^{n} m_j, \sum_{j=1}^{n} u_j),\ i = 1,\ 2, \cdots,\ n \tag{3}$$

$$[\sum_{i=1}^{n}\sum_{j=1}^{n} M_{ij}^{j}]^{-1} = (\frac{1}{\sum_{i=1}^{n}\sum_{j=1}^{n} u_{ij}}, \frac{1}{\sum_{i=1}^{n}\sum_{j=1}^{n} m_{ij}}, \frac{1}{\sum_{i=1}^{n}\sum_{j=1}^{n} l_{ij}}) \tag{4}$$

公式(5) 为可能性矩阵,其中 V 用来描述根据它们的综合模糊程度的值得到的每一对指标之间的相对大小。$\tilde{V}_{ij}$ 表示 $S_i = (l_i, m_i, u_i) \geqslant S_j = (l_j, m_j, u_j)$ 的程度,如公式(6) 所示。$V(S_i \geqslant S_j)$ 和 $V(S_j \geqslant S_i)$ 是比较 S_i 和 S_j 的先决条件。

$$V = \begin{pmatrix} & C_1 & C_2 & \cdots & C_n \\ C_1 & / & \tilde{V}_{12} & \cdots & \tilde{V}_{1n} \\ C_2 & \tilde{V}_{21} & / & \vdots & \tilde{V}_{2n} \\ \vdots & \vdots & \vdots & \ddots & \vdots \\ C_n & \tilde{V}_{n1} & \tilde{V}_{n2} & \cdots & / \end{pmatrix} \tag{5}$$

$$\begin{aligned} \tilde{V}_{ij} &= V(S_i \geqslant S_j) = \sup_{y>x}(\min\{\mu_{\tilde{A}}(x), \mu_{\tilde{A}}(y)\}) = height(S_i \cap S_j) \\ &= \begin{cases} 1 & \text{if } m_i \geqslant m_j, \\ 0 & \text{if } l_j \geqslant u_i, \\ \dfrac{l_j - u_i}{(m_i - u_i) - (m_j - l_j)} & \text{otherwise} \end{cases} \end{aligned} \tag{6}$$

公式(7)表示第 i 个指标大于所有其他指标的可能性程度,公式(9)中 W' 表示权重向量。用公式(10)对所得到的权重向量进行归一化处理,即可得到指标化的权重向量,如公式(11)所示。W_i 是一个非模糊数,表

示第 i 个指标的权重。

$$V(S_i \geqslant S_1, S_2, \cdots, S_K, \cdots, S_n) = V(S_i \geqslant S_2) \text{ and } \cdots \text{and } V(S_i \geqslant S_n)$$
$$= \min V(S_i \geqslant S_k)$$
$$k=1,\ 2,\ \cdots,\ n,\ \text{and } k \neq i \tag{7}$$

$$d'(A_1) = \min V(S_i \geqslant S_k),\ k=1,\ 2,\ \cdots, n,\ \text{and } k \neq i \tag{8}$$

$$W' = (d'(A_1), d'(A_2), \cdots, d'(A_n))^T \tag{9}$$

$$d(C_i) = \frac{d'(C_i)}{\sum_{i=1}^{n} d'(C_i)} \tag{10}$$

$$W = (d(C_1), d(C_2), \cdots, d(C_n))^T = (W_1, W_2, \cdots, W_n) \tag{11}$$

(二)VIKOR 方法

假设一共有 m 个备选方案,记为$\{A^{(1)}, A^{(2)}, \cdots, A^{(m)}\}$,有 n 个评价指标,记为$\{C_1, C_2, \cdots, C_n\}$。$x_{ij}$ 表示备选方案 $A^{(i)}$ 在指标 C_j 下的值。w_j 为指标 C_j 的权重,f_{ij} 为第 i 个方案在第 j 项指标下的值。在这里存在两种类型的指标。一种指标,其指标的值越大,表明备选方案的表现越好(效益型指标),其最佳值和最差值计算如公式(12)所示。对于另一种指标来说,值越小表示方案的表现越好(成本型指标),其最佳值和最差值计算如公式(13)所示。

$$f_j^* = \max_j f_{ij},\ f_j^- = \min_j f_{ij} \tag{12}$$

$$f_j^* = \min_j f_{ij},\ f_j^- = \max_j f_{ij} \tag{13}$$

公式(14)和(15)分别表示最大群体效益(大多数准则)S 和最小个体遗憾 R。w_j 表示用模糊 AHP 方法确定的第 j 项指标的权重。方案产生的利益比率 Q 是用来确定备选方案排名的一项数值,由公式(16)确定。其中 $S^* = \min S_i$;$S^- = \max S_i$;$R^* = \min R_i$;$R^- = \max R_i$。v 表示"大多数准则"策略的权重。$(1-v)$是个体遗憾的权重。可以选择"多数表决"($v > 0.5$)、"协商一致"($v = 0.5$)和"拒绝"($v < 0.5$)的折中方案。在本研究中,v 取 0.5。备选方案根据 S、R 和 Q 的值按升序排列,方案排在前面的好。然后可以得到三个排序列表。

$$S_i = \sum_{j=1}^{n} w_j (f_j^* - f_{ij}) / (f_j^* - f_j^-) \tag{14}$$

$$R_i = \max_j [w_j(f_j^* - f_{ij})/(f_j^* - f_j^-)] \tag{15}$$

$$Q_i = v(S_i - S^*)(S^- - S^*) + (1-v)(R_i - R^*)(R^- - R^*) \tag{16}$$

如果满足以下条件，则 Q 最小的方案被认为是最佳方案。

条件 1："可接受优势"

$$Q(A^{(2)}) - Q(A^{(1)}) \geqslant 1/(m-1) \tag{17}$$

式中，$A^{(2)}$ 是根据 Q 排序的次优方案。

条件 2："决策稳定性"

即 $A^{(1)}$ 是 S 或 R 的排在前面的方案。

如果以上两个条件均满足，则 $A^{(1)}$ 为最佳方案。如果两个条件不能同时满足，可以根据以下方法得到妥协解：

(1)方案 $A^{(1)}$ 和 $A^{(2)}$：如果条件 1 满足，则方案 $A^{(1)}$ 和 $A^{(2)}$ 均被视为妥协解；

(2)方案 $A^{(1)}, A^{(2)}, \cdots, A^{(m)}$：如果条件 1 不满足，则 $A^{(1)}, A^{(2)}, \cdots, A^{(m)}$ 均被视为折中方案；$A^{(m)}$ 满足条件 $A^{(m)} - A^{(1)} \leqslant 1/(m-1)$。

（三）生命周期环境和技术经济评价

本研究考虑了将秸秆转化为能源产品最常用的七种技术方式，包括直燃发电（A1）、气化发电（A2）、固体成型燃料（A3）、氢气（A4）、生物乙醇（A5）、生物沼气（A6）和合成气（A7）[34-36]。图 2 描述了生命周期环境和技术经济评价的这七项技术的系统边界。

1. 功能单元与系统边界

功能单元的引入可以规范投入和产出的数据，为技术评价提供量化的比较指标。本研究确定的功能单元为 10^6 吨指标煤（tce）。所有污染物排放、成本、创造就业机会等的比较都是基于这个功能单元。每个生物质能源转化技术的系统边界由秸秆收集、道路运输、生物质能源转换和生物能源利用等过程组成。由于无法获取生物质能源项目建设过程和生物质能源产品向消费者运输过程的相关数据，这两个过程被排除在系统边界之外[37]。

2. 评价指标体系

本研究从定性和定量两个方面建立了指标体系，考虑了环境、技术、经济和社会四个方面，设立了十五项指标来评价这些技术的表现。本研

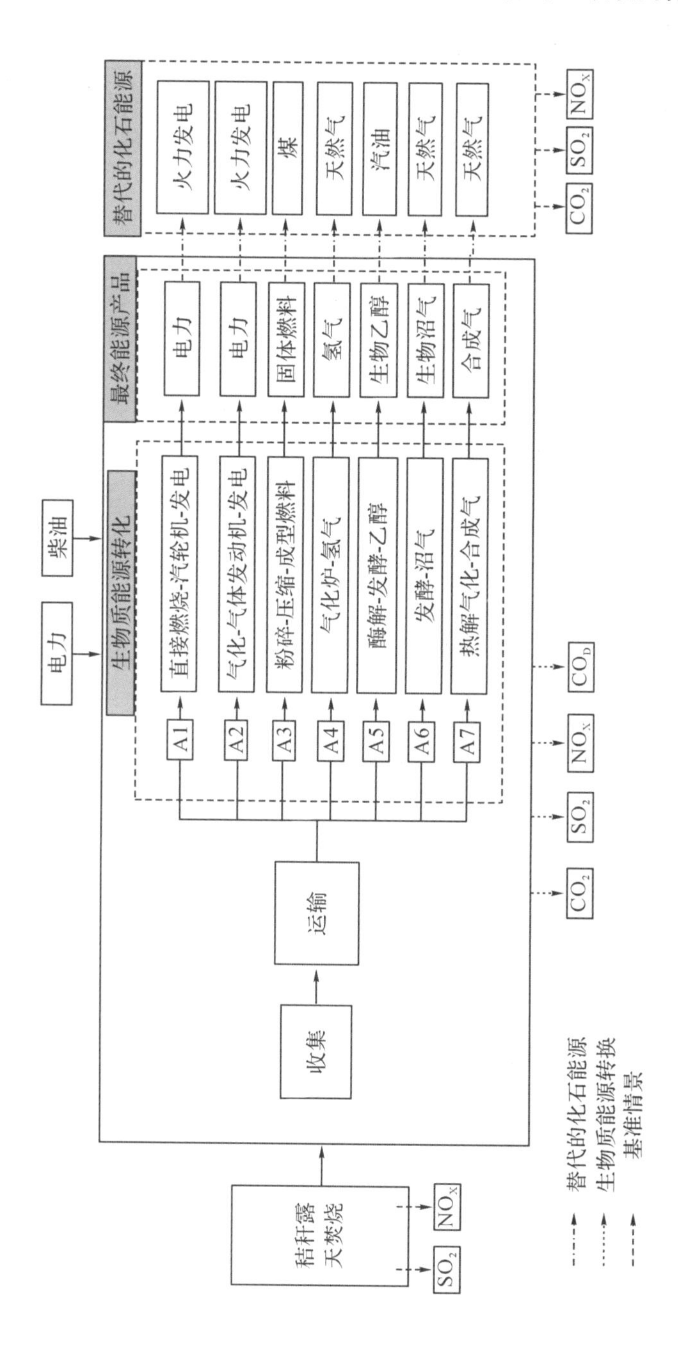

图 2　秸秆能源化利用的全生命周期示意图

究指标的设定参考了生物质能源领域的大量文献，力求能够全面且科学地评价各项技术。在确定指标时还征求了生物质能源领域的专家和能源政策部门工作人员的意见，确保指标设定的合理性和评价结果的可靠性。四组指标的详细信息及解释如表2和注释所示。

表2 秸秆能源化技术评价指标体系[34,38]

指标	子指标	命名	指标属性
环境指标	温室气体减排	C1	定量
	SO_2 减排	C2	定量
	NO_x 减排	C3	定量
	COD 排放	C4	定量
技术指标	能源效率[a]	C5	定量
	能源品位[b]	C6	定性
	技术成熟度[c]	C7	定性
	发展潜力[d]	C8	定性
经济指标	投资回报率[e]	C9	定量
	净现值[f]	C10	定量
	投资回收期[g]	C11	定量
	单位成本[h]	C12	定量
社会指标	政策适应性[i]	C13	定性
	社会可接受度[j]	C14	定性
	创造工作岗位[k]	C15	定量

a. 生物质能源转化技术的能量输出（生产的总生物能源产品热值）与能量输入（秸秆和化石能源的使用的热值）之比。

b. 生产的生物质能源中有用成分的百分比。有用成分的占比越高，说明等级越高。

c. 指技术在国内和国际的普及情况，反映技术是否还有改进的空间。

d. 反映大众对能源产品的使用偏好和技术的发展潜力。

e. 年度净利润占资本投资总额的百分比。

f. 运营期内总现金流入的现值。

g. 项目累计利润等于初始投资的时间。

h. 生产单位能源产品所需的总成本（包括固定成本和可变成本）。

i. 技术是否适应国家政策（国家是否鼓励某一种技术的发展）。

j. 生物质能源转化技术/生物质能源项目的相关人员对其接受或认可度。

k. 生物质能源项目创造的就业机会（该项目需要劳动力来维持运营）。

3. 生命周期环境评价

(1)基准场景

在基准情境中，设定：如果不将秸秆用于生物质能源生产，那么这部分秸秆将被露天焚烧处理，从而导致温室气体和空气污染物的排放。

$$Q_{pi}^{B} = M_i \times \phi_P \tag{18}$$

式中，Q_{pi}^{B} 代表在基准情景中第 i 项技术产生的第 p 种污染物的量；M_i 代表第 i 项技术秸秆利用总量(t/a)；φ_p 代表第 p 种污染物的排放系数。

(2)秸秆运输过程产生的污染物排放

考虑秸秆分散分布，假设资源以孤岛模式分布。几个资源岛均匀分布在一个生物能源项目周围，形成一个圆形的收集范围。不同类型的秸秆平均分布在一个资源岛上，在收集和运输过程中没有差异。收集到的秸秆首先运输到资源岛中心进行加工和储存，然后运输到生物能源工厂[39]。

$$S_i = \frac{M_i}{d} = \frac{M_i}{Y \times \beta \times \eta \times \lambda} \tag{19}$$

$$R_i = \sqrt{\frac{S_i}{\pi}} \tag{20}$$

$$n_i = \frac{M_i}{\pi R_k^2 d} \tag{21}$$

$$D_{i1} = n_i \times \int_0^{R_k} 2\pi \mathrm{d}c\gamma r_k^2 \mathrm{d}r_k = \frac{2}{3}\pi n_i dc\gamma R_k^3 \tag{22}$$

$$D_{i2} = M_i \times \zeta \tag{23}$$

$$D_{i3} = cn_i \pi R_k^2 dl_i \gamma \tag{24}$$

$$Q_{pi}^{T} = (D_{i1} + D_{i2} + D_{i3})\kappa \tag{25}$$

式中，S_i 为第 i 个能源项目的收集范围(km^2)；d 为特定区域秸秆密度(t/km^2)；Y 为单位区域粮食产量(kg/km^2)；β 为草谷比；η 为收集系数(%)；λ 为收集到的秸秆的利用率(%)；R_i 为第 i 个能源项目的收集半径(km)；n_i 为第 i 个能源项目的资源岛个数；R_k 为第 k 个资源岛的收集半径(km)；D_{i1} 为第 i 个能源项目在第 k 个资源岛内秸秆运输所需的柴油总量(L)；c 为运送 1t 秸秆行驶 1km 所需的柴油量(L/t·km)；γ 为道路的曲折系数;D_{i2} 为第 i 个能源项目在预处理过程中消耗的柴油总量;ζ 为处理单位秸秆的柴油消耗的系数(L/t);D_{i3} 为第 i 个生物质能源项目所需秸秆从储能站(各资源岛中心)运输至生物质能源工厂柴油消耗量(L);l_i 为第 i 个能源项目从储存站到生物质能源工厂的运输距离(km);Q_{pi}^{T} 为第 i 个生物质能源项目因运输秸秆产生的第 p 种污染物的排放量(t);κ 为柴油第 p 种污染物的排放因子(kg/L)。

(3)生物能源项目运行过程中的污染物排放

在能源转换过程中,生物能源项目会消耗化石燃料或热能来维持其运行。在这一过程中也将会伴随温室气体和污染物的排放。

$$Q_{pi}^{O}=N_i^{C}\times f_p \tag{26}$$

式中,Q_{pi}^{O} 为第 i 个生物能源项目运行过程中第 p 种污染物的排放量(t);N_i^{C} 为运行过程中化石燃料或火电的消耗量;f_p 为第 p 种污染物(对应化石燃料和火电)的排放因子。

(4)替代化石能源产生的减排

生物质能源产品可以替代化石燃料(替代关系详见图 2),能够产生减排效益。

$$Q_{pi}^{S}=N_i^{S}\times f_p \tag{27}$$

式中,Q_{pi}^{S} 为第 i 项技术产生的生物质能源产品替代化石燃料导致的第 p 类污染物的减排量;N_i^{S} 为生物质能源产品所替代的化石燃料的数量。

(5)生物质能源利用产生的污染物排放

使用生物质能源产品的过程中也会产生污染物排放。

$$Q_{pi}^{U}=B_i\times \delta_p \tag{28}$$

式中,Q_{pi}^{U} 为第 i 个生物质能源项目产生的生物质能源产品在利用过程中第 p 种污染物的排放量;B_i 为第 i 个项目生产的能源产品的总量;δ_p 为生物质能源产品利用过程中第 p 种污染物的排放因子。

(6)全生命周期污染物减排

第 i 项生物质能源技术产生的第 p 种污染物的减排量 Q_{pi},根据以下五个方面计算得到:(1)秸秆露天燃烧产生的污染物排放量(Q_{pi}^{B});(2)秸秆运输过程产生的污染物排放量(Q_{pi}^{T});(3)因替代化石燃料减少的污染物排放量(Q_{pi}^{S});(4)生物质能源生产过程中的污染物排放量(Q_{pi}^{O});(5)生

物能源产品利用过程产生的污染物排放(Q_{pi}^{U})

$$Q_{pi}=Q_{pi}^{B}-Q_{pi}^{T}+Q_{pi}^{S}-Q_{pi}^{O}-Q_{pi}^{U} \tag{29}$$

表 3 总结了各个过程及对应的污染物。值得注意的是,考虑到生物质的“碳中性”的特点,基准情景下温室气体排放和生物质能源消耗造成的 CO_2 排放不考虑。COD 的排放仅在项目运行过程中考虑。

表 3 污染物排放或减排情况

	CO_2	SO_2	NO_x	COD
Q_{pi}^{B}	—	√	√	—
Q_{pi}^{T}	√	√	√	—
Q_{pi}^{S}	√	√	√	—
Q_{pi}^{O}	√	√	√	√
Q_{pi}^{U}	—	√	√	—
Q_{pi}	C1	C2	C3	C4

注:“√”代表存在,“—”代表不存在。

4. 生命周期技术经济评价

技术经济参数详见表 4。在系统边界内,生物质能源项目的生命周期成本包括固定成本(初始投资)和可变成本(包括原料采购、材料、辅助能源、劳动力、维护、折旧和税收)。原料采购成本由原料采购成本、加工成本、运输成本和储存成本构成。参照典型的生物质能源转化利用工程的具体参数,以及当前市场价格,秸秆的田间收购价格为 200 元/吨,企业税收以总收入的 10%核算,固定资产折旧率为初始投资的 5%。定量指标(C5、C9、C10、C11、C12、C15)的量化是根据表 1 中的描述(a、e、f、g、h、k)和表 2 中的参数进行的。

三、结果

(一)生命周期环境及技术经济评价结果

1. 环境评价结果

将七项能源化技术在四个环境指标下的表现量化,结果如图 3 所示。从图中可以看出生物质气(A7)的温室气体减排效益最好,其次是固体成

表 4 七项秸秆能源化技术的相关经济参数

项目	直燃发电	气化发电	成型燃料	制氢气	制乙醇	制沼气	制合成气
规模	25MW	2MW	20000t	133t	50000t	210000m^3	480000m^3
能源产品	电力	电力	成型燃料	氢气	生物乙醇	生物气	合成气
秸秆需求量(t/年)	210000	16200	20619	1934	300000	856	243
折旧年限(年)	20	20	10	15	15	20	15
创造工作岗位(人)	120	43	33	9	685	3	2
初始投资(10^3 元)	230000	10000	11200	37800	481140	2800	1200
各项成本(10^3 元/年)							
采购	57430	3848	5124	887	97105	171	49
材料	7120	192	500	2164	40500	30	30
辅助能源	1780	48	816	689	66600	12	12
酬劳	2880	1032	792	216	7200	72	24
维修费	3720	200	224	996	59700	26	24
折旧	11500	500	560	2056	42076	140	30
纳税	11355	765	1200	1197	36367	0	0
收入总额(10^3 元/年)	113552	7650	12000	11970	363674	315	170
净利润(10^3 元/年)	17766	1065	2784	3765	14126	64	2
能源产品单价	0.75 元/kWh	0.75 元/kWh	600 元/t	90000 元/t	7273 元/t	0.6 元/m^3	0.35 元/m^3

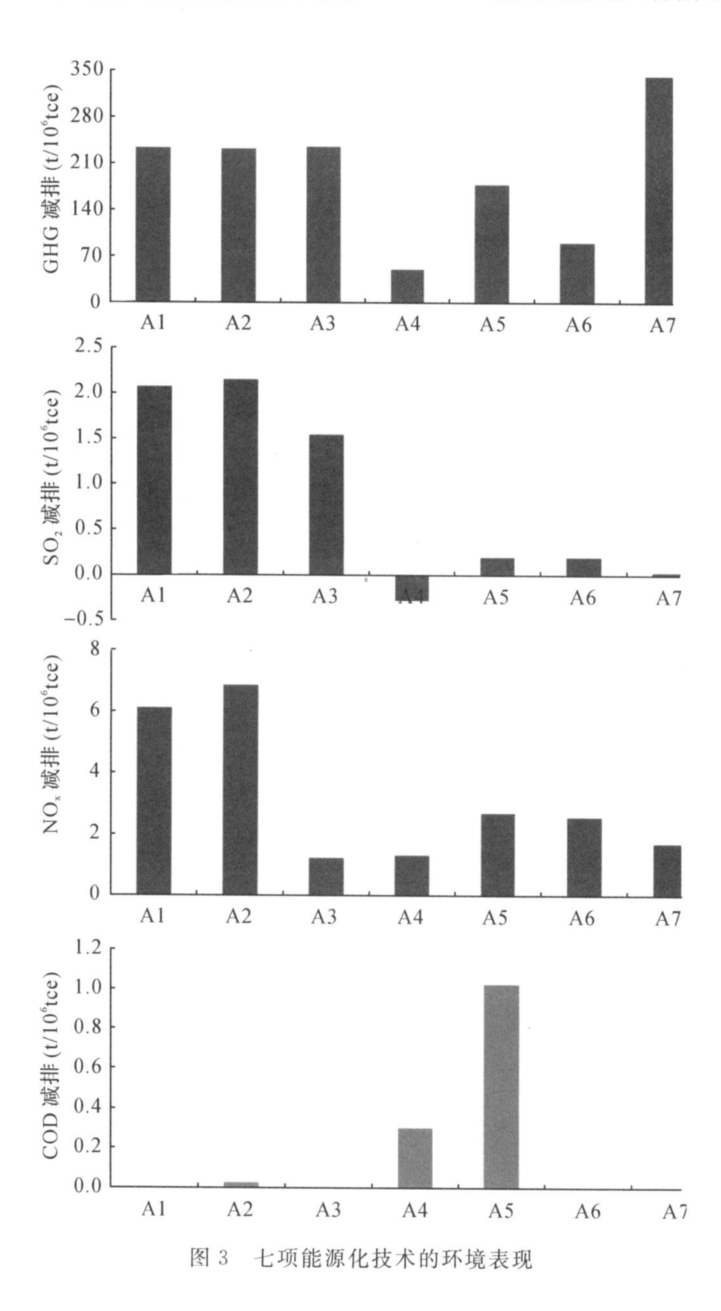

图 3　七项能源化技术的环境表现

型燃料（A3）、直燃发电（A1）和气化发电（A2）。在 SO_2 减排方面，直燃发电（A1）和气化发电（A2）具有明显的优势，而秸秆制氢气（A4）不能够带来 SO_2 减排效益。直燃发电（A1）和气化发电（A2）在 NO_x 方面减排与 SO_2 减排指标的表现相似，具有明显的氮氧化物减排效益。秸秆能源化利用带来环境效益的同时，也伴随着负面环境效应的产生，即化学需氧量的排放，其中气化发电（A2）、氢气（A4）、生物乙醇（A5）和生物质气（A7）的化学需氧量排放应被视为带来了间接环境影响。

2. 技术经济评价结果

七项能源化技术在技术、经济和社会指标下的结果见表 5。仅从经济指标来看，固体成型燃料（A3）具有最佳的经济效益。氢气（A4）、沼气（A6）、生物质气（A7）净现值为负，回收期大于折旧年限。因此，这些技术在经济性能上是不可行的，需要政府的补贴才能得以运行。

表 5 七项能源化技术在技术、经济和社会指标下的结果

	A1	A2	A3	A4	A5	A6	A7
C5(%)	19.20	15.12	83.00	61.45	30.95	16.27	67.95
C9(%)	7.72	16.17	24.86	9.96	14.26	2.29	0.15
C10(10^3CNY)	2746.11	618.42	8033.62	−5160.1	46530	−2085.18	−1094.42
C11(year)	10.00	9.39	4.02	10.04	6.00	43.73	653.59
C12(10^6CNY/10^6tce)	5111.84	5252.96	848.6	11120.64	7287.02	3006.86	1876.72
C15(10^3/10^6tce)	0.64	3.43	0.30	1.39	1.48	2.00	2.23

（二）模糊 AHP 权重的计算结果

两组专家分别对这七项技术运用语言术语进行评价，通过使用 FAHP 方法进行计算得到两组权重。最终的计算结果如表 6 所示。可以看到两组专家均认为环境和经济方面的表现是确保能源化利用技术能否可行的关键。其中在环境指标中温室气体的排放是衡量技术减排效果的关键。

表 6　十五项指标的赋权结果

指标	A 组	B 组	子指标	A 组	B 组
环境	0.444	0.327	C1	0.185	0.137
			C2	0.086	0.063
			C3	0.086	0.063
			C4	0.087	0.064
技术	0.117	0.125	C5	0.045	0.047
			C6	0.043	0.046
			C7	0.017	0.019
			C8	0.012	0.013
经济	0.329	0.444	C9	0.073	0.098
			C10	0.083	0.112
			C11	0.081	0.110
			C12	0.092	0.124
社会	0.109	0.102	C13	0.071	0.069
			C14	0.022	0.020
			C15	0.016	0.013

(三)VIKOR 模型的计算结果

在确定完权重后。分别计算“最大群体效用”(S 值)和“最小个体遗憾”(R 值)以及综合值 Q。各项技术的 S、R 和 Q 值按递增排列。然后,通过检查 VIKOR 方法中的两个条件是否都能满足来确定折中方案。相关的排名如表 7 所示。

环境效益优先的情况下(a),也就是根据 A 组专家给出评价结果,排名结果是:A1,A2,A3,A5＞A4,A6,A7,即直燃发电(A1)、气化发电(A2)、固体成型燃料(A3)、生物乙醇(A5)在环境效益优先的情况下明显优于其他技术,这四项技术的表现没有明显的差别。经济效益优先的情况下(b),也就是根据 B 组专家给出的评价结果排名结果是:A1,A2,A3＞A5,A7＞A6＞A4,即直燃发电(A1)、气化发电(A2)、固体成型燃料(A3)的表现最优,生物乙醇(A5)和生物质气(A7)紧随其后,然后是生物沼气(A6),排在最后的是氢气(A4)。

表 7 七项技术的优先次序排名

(a)	A1	A2	A3	A4	A5	A6	A7
S_i	3	2	1	7	4	6	5
R_i	3	4	2	7	1	6	5
Q_i	2	3	1	7	4	6	5
综合排序	1	1	1	2	1	2	2
(b)	A1	A2	A3	A4	A5	A6	A7
S_i	2	1	3	7	5	6	4
R_i	2	3	1	7	5	6	4
Q_i	3	2	1	7	5	6	4
综合排序	1	1	1	4	2	3	2

(四)敏感性分析

为探求主观权重对技术评价结果的影响,本研究通过改变主要权重值进行敏感性分析。考虑了五种情景的赋权方案。第一个情景设置为所有指标的权重值相等。情景二到情景五,分别强调了一组特定指标的影响,并假设子指标具有相同的重要性。表 8 中呈现了具体的赋权结果。

表 8 不同情景下的赋权情况

	环境指标权重	技术指标权重	经济指标权重	社会指标权重
情景一	0.067	0.067	0.067	0.067
情景二	0.400	0.200	0.200	0.200
情景三	0.200	0.400	0.200	0.200
情景四	0.200	0.200	0.400	0.200
情景五	0.200	0.200	0.200	0.400

从表 9 中呈现的结果可以看出,直燃发电(A1)、气化发电(A2)和固体成型燃料(A3)被认为是最可持续的技术。结论与前面得到的结论一致。验证了权重的合理性和结论的可靠性。具体来说,固体成型燃料技术(A3)一般排在前两位,但在情景二中排在第三位。由此可以推断,固

体成型燃料(A3)与直燃发电(A1)和气化发电(A2)相比,环境效益较差。生物乙醇(A5)在后三种情景下表现良好,但在第二种情况下表现较差,说明其对环境指标较为敏感。

表 9　七项能源化技术在五种情景下的优先次序排名

	A1	A2	A3	A4	A5	A6	A7
情景一	1	2	2	4	3	4	3
情景二	1	2	3	4	4	3	3
情景三	1	2	2	3	1	3	3
情景四	2	2	1	3	1	3	3
情景五	1	1	1	3	1	2	2

四、讨论

直接燃烧发电(A1)、气化发电(A2)、固体成型燃料(A3)被认为是最可持续的技术。这三项技术作为相对成熟的技术,经过多年的发展,在减缓温室气体、SO_2、氮氧化物排放和经济效益方面都有较好的表现。各项技术都能在一定程度上带来环境效益,在环境效益优先的情况下,各项技术的表现没有显著差异,各项技术的最终排名接近。然而,在经济优先的情况下,技术的差异较为明显。目前,技术的发展水平不尽相同,从而导致经济效益表现的巨大差异。

秸秆在获取阶段(包括收集、预处理和运输)的大气污染物排放量占总排放量的比例非常大,这与生物质能源项目规模所决定的收集半径密切相关。就温室气体减排而言,生物质气(A7)具有最佳的表现,这是因为它的生产规模较小,因此秸秆的收集范围较小。

生物质能源转化技术经济评价是基于当前正在运营的生物质能源项目在规模、成本结构、政府补贴等方面的信息展开的。氢气被认为是最有前途的能源产品,而在经济优先的情况下,制氢技术被认为是最糟糕的技术,因为目前生物质制氢技术还不成熟,导致了较高的成本。生物质气和沼气都是气态生物质能源产品,但在经济优先的情况下,制生物质气

(A7)排在制沼气(A6)技术之前,这是因为它在技术上具有更高的能效(单位秸秆投入的能源产量更高)。固体成型燃料(A3)以其简单的转化过程和最高的能源效率,成为最受欢迎的技术之一。在研究结果中,值得注意的一点是,无论是学者还是工程师都认为与发电相关的技术更为可取。但值得指出的是,本研究并未考虑并网成本,这可能放大了发电技术的经济效益。应该强调的是,技术的经济效益与其规模息息相关,本研究乃是基于目前最为广泛采用的技术规模。一个大型的项目不可避免地需要更多的投资,投资者一般来说都需要从银行贷款,因此可能涉及还贷以及附带的利息问题,但这些都不包括在本研究项目的成本核算中,因此大型项目的优势可能会被夸大。

受生物能源产品价格变化、技术发展等因素的影响,经济优先情况下的最终结果可能会随时间而变化。技术的经济表现以及政策适应性指标(C13)下的表现,与国家战略密切相关。随着政府补贴力度的加大和激励政策的出台,生物能源企业的盈利能力将会越来越强,发展前景也将越来越广阔。目前的政府政策更加强调推广发电和固体成型燃料技术,这使得专家们对相应的技术更加偏好。就温室气体减排效应来说,生物质气(A7)具有最佳的表现。

五、结论

本文采用模糊 AHP 和 VIKOR 模型相结合的方法,从生命周期的角度对秸秆能源化利用技术进行评价和排序。本研究囊括七项秸秆能源化技术、四种秸秆能源化产品(气体燃料、固体燃料、液体燃料和电力),建立了包括环境、技术、经济和社会四个方面在内的十五项指标的评价指标体系,在两组专家的支持下对秸秆能源化利用技术进行评价和排序,得出以下结论。

(1)七项生物质能源转化技术都能够带来一定的环境效益,其中直燃发电(A1)和气化发电(A2)在所有污染物减排方面都具有良好的减排效果,固体成型燃料(A3)在温室气体减排方面表现突出。气化发电(A2)、氢气(A4)、生物乙醇(A5)和生物质气(A7)在生产过程中还伴随着化学需氧量排放。

(2)从经济效益方面来看,固体成型燃料(A3)表现最好。而氢气(A4)、沼气(A6)、生物质气(A7)这三项技术净现值为负,回收期大于折旧年限,因此这些技术不能够为企业带来经济效益,而需要政府的补贴才能维持运行。

(3)根据生命周期环境和技术经济评价的结果以及两组专家的建议,得出环境优先和经济优先情况下的评价结果。在这两种情况下,直接燃烧发电(A1)、气化发电(A2)、固体成型燃料(A3)都被认为是最可持续的技术。

将模糊 AHP 和 VIOKR 模型结合用来评价生物质能源化利用技术被认为是可行的,该方法能够使多个专家在不确定条件下给出参考,参与整个评价过程。同时,它有助于找到一个折中的解决方案,让决策者有空间做出选择。本研究的评估范围集中在全国范围内,而不是具体的地区或城市层面。然而,区域因素是制定区域农业资源利用规划时必须考虑的因素。例如,虽然沼气技术在一些地区发展良好,但在北方地区仍有局限性,不能保证沼气技术的正常运行(尤其是在冬季)。除了气候因素外,秸秆的储量是决定一个大型项目能否稳定运行的另一个影响因素。因此,特定区域的技术优先顺序必须包含更多相关因素,以确保评估的完整性。

参考文献

[1] Qiu HG, Sun L X, Xu X L, et al. Potentials of crop residues for commercial energy production in China: A geographic and economic analysis [J]. Biomass Bioenergy. 2014, 63: 110-123.

[2] 李忠.生物质秸秆综合利用现状与对策分析[J].中国资源综合利用,2017,35(12):72-74.

[3] Sun Y F, Cai W C, Chen B, et al. Economic analysis of fuel collection, storage, and transportation in straw power generation in China [J]. Energy. 2017, 132: 194-203.

[4] Yang X L, Li M, Liu H H, et al. Technical feasibility and comprehensive sustainability assessment of sweet sorghum for

bioethanol production in China [J]. Sustainability, 2018, 10: 3-18.

[5] Liu H S, Ou X M, Yuan J H, et al. Experience of producing natural gas from corn straw in China [J]. Resources, Conservation and Recycling, 2018, 135: 216-224.

[6] Wang Z W, Lei T Z, Yang M, et al. Life cycle environmental impacts of cornstalk briquette fuel in China [J]. Applied Energy, 2017, 192: 83-94.

[7] 中国国家能源局. 生物质能源"十三五"规划[EB/OL]. 2016, http://fjb.nea.gov.cn/news_view.aspx? id=27356.

[8] Lo K. A critical review of China's rapidly developing renewable energy and energy efficiency policies [J]. Renewable and Sustainable Energy Reviews, 2014, 29: 508-516.

[9] Sharma B, Ingalls R G, Jones C L, et al. Biomass supply chain design and analysis: Basis, overview, modeling, challenges, and future [J]. Renewable and Sustainable Energy Reviews, 2013, 24: 608-627.

[10] Ren J Z, Tan S Y, Dong L C, et al. Determining the life cycle energy efficiency of six biofuel systems in China: A Data Envelopment Analysis [J]. Bioresource Technology, 2014, 162: 1-7.

[11] Buchholz T, Rametsteiner E, Volk T A, et al. Multi-Criteria Analysis for bioenergy systems assessments [J]. Energy Policy, 2009, 37: 484-495.

[12] Sharma D, Vaish R, Azad S. Selection of India's energy resources: A fuzzy decision making approach [J]. Energy Systems, 2015, 6: 439-453.

[13] Riberio F, Ferreira P, Araújo M. Evaluating future scenarios for the power generation sector using a Multi-Criteria Decisions Analysis (MCDA) tool: The Portuguese case [J]. En-

ergy, 2013, 52: 126-36.

[14] Ren J Z, Liang H W, Chan F T S. Urban sewage sludge, sustainability, and transition for Eco-City: Multi-criteria sustainability assessment of technologies based on best-worst method [J]. Technological Forecasting and Social Change, 2017, 116: 29-39.

[15] 代春艳,张希良,王恩创,等.基于 VIKOR 多属性方法的可再生能源技术评价研究[J].科学决策,2012,(1): 65-77.

[16] Strantzali E, Aravossis K, Livanos G A. Evaluation of future sustainable electricity generation alternatives: The case of a Greek island [J]. Renewable and Sustainable Energy Reviews, 2017, 76: 775-787.

[17] Wu Y N, Zhang J Y, Yuan J P, et al. Study of decision framework of offshore wind power station site selection based on ELECTRE-Ⅲ under intuitionistic fuzzy environment: A case of China [J]. Energy Conversion and Management, 2016, 113: 66-81.

[18] Opricovic S, Tzeng G H. Compromise solution by MCDM methods: A comparative analysis of VIKOR and TOPSIS [J]. European Journal of Operational Research, 2007, 156: 445-455.

[19] Opricovic S, Tzeng G H. Extended VIKOR method in comparison with outranking methods [J]. European journal of operational research, 2004, 178: 514-529.

[20] 李丽颖,苏变萍,张彦博,等.基于海明距离的区间三角模糊多属性决策问题[J].数学的实践与认识,2016, 46(17): 106-111.

[21] 孟卫军,王传顺,邢青松.基于混合指标的灰色关联 TOPSIS 多属性决策模型[J].数学的实践与认识,2018,48(24):66-74.

[22] Kaya T, Kahraman C. Multicriteria renewable energy plan-

ning using an integrated fuzzy VIKOR and AHP methodology：The case of Istanbul [J]. Energy，2010a，35：2517-2527.

[23] Kaya T，Kahraman C. Fuzzy multiple criteria forestry decision making based on an integrated VIKOR and AHP approach [J]. Expert systems with applications，2010b，38：7326-7333.

[24] Singh S，Olugu E U，Musa S N，et al. Strategy selection for sustainable manufacturing with integrated AHP-VIKOR method under interval-valued fuzzy environment [J]. International journal of advanced manufacturing technology，2016，84：547-563.

[25] 朱文. 江苏省秸秆能源化利用潜力和利用方式评价研究[D]. 江苏：南京林业大学，2016.

[26] 刘华财，阴秀丽，吴创之. 秸秆发电系统能值分析[J]. 农业机械学报，2011，42 (11)：93-98+123.

[27] 王红彦. 基于 LCA 的秸秆沼气和秸秆热解气化工程环境影响评价[D]. 北京：中国农业科学院，2018.

[28] Billig E，Thraen D. Renewable methane—A technology evaluation by multi-criteria decision making from a European perspective [J]. Energy，2017，139：468-484.

[29] Cremiato R，Mastellone M L，Tagliaferri C，et al. Environmental impact of municipal solid waste management using Life Cycle Assessment：The effect of anaerobic digestion，materials recovery and secondary fuels production [J]. Renewable Energy，2018，124：180-188.

[30] Breitschopf B，Held A，Resch G. A concept to assess the costs and benefits of renewable energy use and distributional effects among actors：The example of Germany [J]. Energy and environment，2016，27：55-81.

[31] Liang S，Xu M，Zhang T Z. Life cycle assessment of biodie-

sel production in China [J]. Bioresource Technology, 2013, 129: 72-77.

[32] Dufour J, Iribarren D. Life cycle assessment of biodiesel production from free fatty acid-rich wastes [J]. Bioresource Technology, 2012, 38: 155-162.

[33] An D, Xi B D, Ren J Z, et al. Multi-criteria sustainability assessment of urban sludge treatment technologies: Method and case study [J]. Resources, Conservation and Recycling, 2016, 128: 546-554.

[34] 王德元,陈汉平,杨海平,等.生物质能利用技术综合评价研究[J].能源工程,2009,(1):25-29.

[35] 徐庆福,王立海.现有生物质能转换利用技术综合评价[J].森林工程,2007,(4):8-11.

[36] 张晓先.黑龙江省农作物秸秆资源化工程发展方略研究[D].黑龙江:哈尔滨工业大学,2016.

[37] Xu C Q, Hong J L, Chen J M, et al. Is biomass energy really clean? An environmental life-cycle perspective on biomass-based electricity generation in China [J]. Journal of Cleaner Production, 2016, 133: 767-776.

[38] Ren J Z, Lutzen M. Fuzzy multi-criteria decision-making method for technology selection for emissions reduction from shipping under uncertainties [J]. Transportation Research Part D: Transport and Environment, 2015, 40: 43-60.

[39] 赵浩亮,张旭,翟明岭.生物质电厂秸秆燃料收集范围优化分析[J].太阳能学报,2016,37(4):997-1001.

中国部分地区公路交通系统全要素运营效率实证研究

陈晓东[1]　苗　壮[2]

1. 四川农业大学管理学院；2. 西南财经大学中国西部经济研究中心

摘要：以基于加法结构的 BAM 技术效率测算和 Luenberger 生产率分解分析为基础，本文以 2006—2015 年中国部分省级区域面板数据作为研究样本，通过全要素分解分析，寻求中国省级区域公路系统安全运行、减排的治理重点。研究结果表明：交通事故、公路系统排放的二氧化碳以及公路投资是导致中国省级区域大气环境无效率的重要因素，传统的交通大省以及传统的较高工业比重的省份公路系统内静态无效率值之和明显高于国内其他地区，而北京、天津、上海、江苏与广东的公路系统静态绩效值优于国内其他地区。从 Luenberger 生产率指标来看，2006 年以来，交通事故减少对全要素绩效生产率（TFP）产生显著的正向效应，明显优于微弱正向效应的二氧化碳减排绩效，政府后期应重点加大对公路系统内二氧化碳的环境规制力度。从根源分解角度，交通事故的减少以及碳减排技术的进步显著优于其技术效率的下降效应，仅有公路交通投资额的技术效率为正。

关键词：公路系统；BAM-TFP；交通事故；交通碳排放

一、引言

改革开放四十多年来，我国的交通行业发展取得了巨大的进步。政府对其投资也不断加大，如 2017 年国务院发布的《“十三五”现代综合交通运输体系发展规划》明确指出：到 2020 年，我国要基本建成安全、便捷、高效、绿色的现代综合交通运输体系，部分地区和领域率先基本实现交通运输现代化[1]。再如，交通运输部部长李小鹏在国务院新闻发布会上指出，在“十三五”期间，交通运输总投资规模将要达到15万亿元，其中铁路3.5万亿元，公路7.8万亿元，民航0.65万亿元，水运0.5万亿元。显而易见，在众多交通运输方式中，公路运输在所有的运输方式投资额占比近50%。然而，公路交通业如此快速的发展也带来了众多的非期望产出，限制了交通业的可持续发展，例如交通事故数量的增加、气体污染物排放的增加等。据国家统计局的数据，我国交通事故总量近年来连续排名世界第二；而在所排放的气体及其污染物中，二氧化碳占据主要地位；根据国际能源署(International Energy Agency)最新的数据，2014年全球的交通运输业的碳排放为75.47亿吨，占全部燃料消耗碳排放总量的23.31%；国际能源署发布报告称，预计到2030年，全球碳排放将会达到93亿吨；而我国交通业的碳排放为7.81亿吨，占全国燃料消耗碳排放总量的8.7%[2]。此外，张帅等人计算出我国在1995—2015年间的碳排放年均增加9.88%[3]。因此，面对如此巨大的投资额及其所带来的非期望产出，我国交通业的效率评价显然已经成为重中之重，并且现有的研究未能很好地解决这一问题。

由于现有文献尚未对上述交通相关问题达成一致且有效的解决方案，因此本研究旨在探究中国各省份在考虑交通事故以及交通碳排放的情况下，不同绩效维度之间的相互作用。我们采用基于前沿生产面的方法将生产和交通事故以及污染活动联系起来，以量化可能的改进。本文建立以BAM-DEA和生产率变化为基础的交通事故以及环境绩效模型，其中生产率变化通过Luenberger生产率指标来测度。因此，本文的方法被命名为BAM-Luenberger，这种方法允许考虑投入产出方向的绩效差距(和生产率变化)。

本文在分析交通效率时，将污染物(即交通碳排放)考虑在内，主要回答如下三个问题：首先，从两种非期望的维度的效率分解角度看，哪些变量影响TFP的增长？其次，若在生产过程中考虑期望产出的同时兼顾非期望产出是否会影响生产率的估算？最后，各省份应该选择哪种类型的交通监管模式来减少交通事故或内化污染成本？

本文的剩余部分安排如下：第二部分为相关理论综述，简要评述本文的理论基础；第三部分为研究方法与数据，简述如何有效结合改进的

BAM-DEA 和 Luenberger 模型；第四部分为实证研究；第五部分为结论以及政策分析。本文的技术路线如图 1 所示。

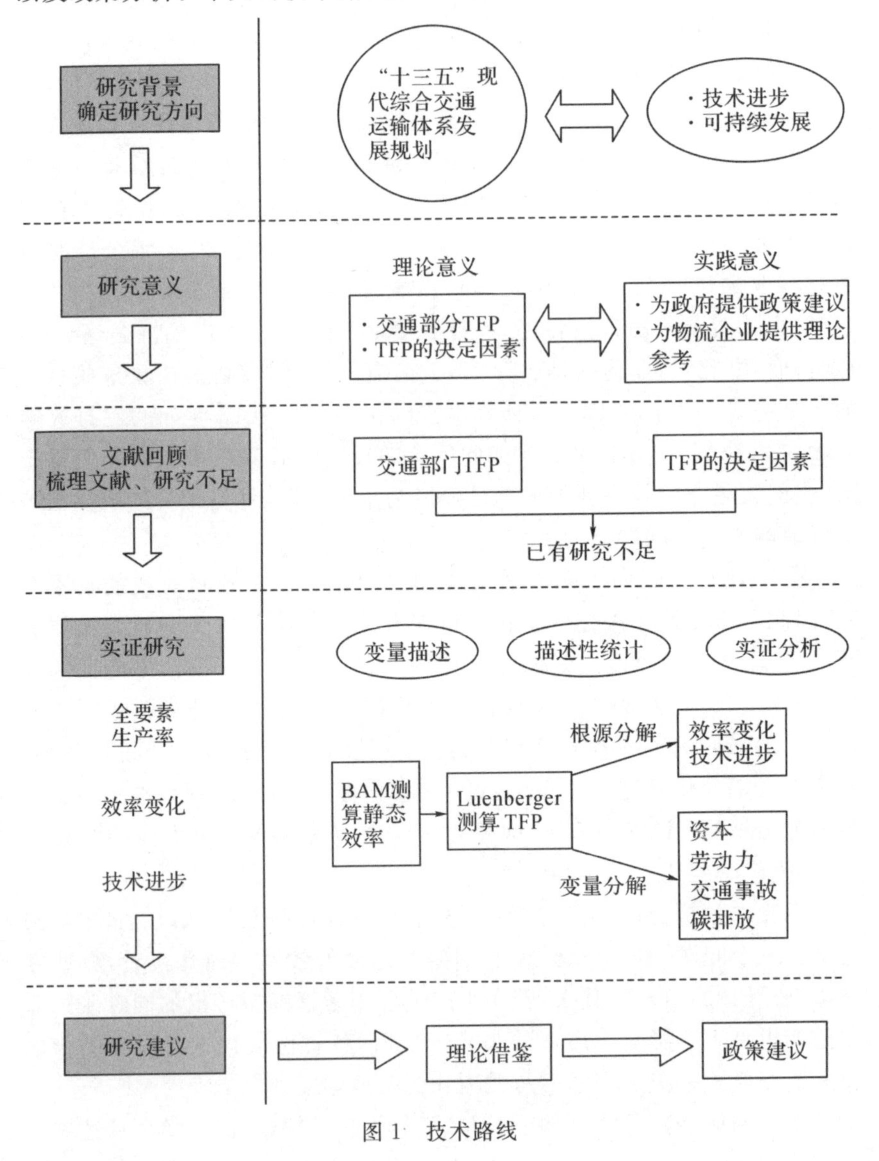

图 1 技术路线

二、相关理论综述

本文因使用了较多的专业术语，故安排本小节对相关理论进行综述，本小节是理解本文研究方法的基础。首先，本文使用静态数据包络分析模型(DEA)来测度中国公路交通系统省级的相对有效性。效率(efficiency)本是物理学中的概念，可以定义为有用功率对驱动功率的比值(如机械效率，mechnical efficiency；热效率，thermal efficiency)。后被引申到经济学与管理科学中，可以定义为在给定投入和技术等条件下，最有效地使用资源以满足设定的愿望和需要的评价方式。

其次，在测度静态效率的基础上，本文借助 Luenberger 生产率测度“十一五”“十二五”期间的公路交通的全要素生产率(total productivity indicator，TFP)。全要素生产率是经济学与管理科学的专有名词，指全部生产要素（包括资本和劳动等)的投入量都不变时而生产量仍能增加的部分。因此，全要素生产率的增加是与技术进步和生产力的发展高度相关的。TFP 越高，经济增长的潜能也就越大；TFP 越低，经济增长的潜能也就越小。本文所应用和拓展的 Luenberger 指标将全要素生产率分解为技术进步(technical progress)和效率变化(efficiency change)。具体来说，技术进步又可以理解为前沿面移动(frontier movement)，而效率变化可以理解为追赶效应(catch-up effect)。本文将以此为基础，进一步拓展方法并开展实证研究。

三、交通系统全要素运营效率研究方法及数据说明

为有针对性地对交通效率进行相关评价，对交通排放二氧化碳进行综合防治，需要把握分析框架中的关键影响因素，并知悉其演化特征与趋势。现有文献运用数据包络分析(DEA)对交通问题进行了多个方面的探讨。周和平等运用 DEA 与 SFA 模型对中国部分城市的交通效率进行评价[4]；吴群琪等在周和平等人的基础上修正环境变量并运用三阶段 DEA 对中国省级综合运输效率进行了研究，发现我国呈现出东部＞中部＞西部的梯形分布特征[5]；Chang 等应用了一种非径向的 DEA 方法对交

通系统进行绩效评价,发现大多数省份的碳排放可以被降低[6]。Cui 和 Li 提出了三阶段虚拟前沿 DEA,应用于中国能源消费效率并揭示了交通结构和交通管制对能源消费效率影响较大[7]。Cui 和 Li 应用了一种新的 DEA 模型,探究了交通碳排放效率的影响因素,并评价了十五个国家的碳排放效率[8]。Herrera-Restrepo 等提出了一种新的动态网络 DEA 方法,并评价了交通管制策略[9]。Wu 等提出了一种基于并行 DEA 方法的框架来测度中国交通系统的能源消费和环境效率[10]。Cui 和 Li 在 Cooper 等提出的 RAM 模型的基础上兼顾了投入的管理可处置和自然可处置,并将其应用于评价航空的动态效率[11,12]。Park 等运用了 SBM DEA 对美国交通部门进行了环境效率的评价,并得出美国的交通部门处于整体环境非效率[13]。Song 等运用非径向 DEA 对我国的铁路部门的环境效率进行了评价,并且揭示了 2006—2012 年间环境效率呈缓慢递增状态[14]。

梳理已有文献,不难看出,在众多评价模型中,DEA 独占鳌头,而大多停留在传统模型的阶段,如 CCR、BCC、SBM 以及 RAM 等。本文应用 Cooper 等于 2011 年提出的 Bounded Adjusted Measure (BAM),相较于传统文献而言,其优点大致如下[15]:

(1)相较于 CCR、BCC,BAM 是非径向、非角度的,即无须投入产出同比例变动。

(2)相较于 SBM,BAM 有效避免了人为设置主观参数,因而不影响效率值的客观性。

(3)相较于 RAM,BAM 具有较强的效率值辨别度,即 BAM 模型的效率差异性较大,并且 BAM 适用于任何规模报酬下的情形(any returns to scale),而传统的 RAM 在规模报酬不变的情况下则可能会出现无解的情况。

虽然 BAM DEA 模型凭借其独特的优势拥有巨大的应用价值,但模型本身的特性决定了其只能测度静态效率,而不能体现出动态变化。为此,本文结合了一种可以体现动态变化的 Luenberger 生产率指标,由 Chambers 等首次提出并应用于测度方向性距离函数的变化[16,17]。谈及 Luenberger 生产率指标,现有文献在各领域对其进行了广泛的应用。如

Brandouy 等在投资组合领域[18]，Molinos-Senante 等在污水治理领域[19]，Lansink 等在奶制品行业[20]，Zhang 等在火电行业[21]，Emrouznejad 等在制造业[22]，Liu 等在环境领域[23]，Seufert 等在航空领域[24]，Ang 等在美国的农业部门[25]，Boussemart 等在医疗领域[26]，Walheer 等在酒店行业[27]。尽管上述文献对动态效率变化进行了测度，但并未对全变量进行分解，因此，较难探讨非效率的源泉。本文将应用一种全新的方法对全变量的非效率进行分解，并测算出全变量的 Luenberger 生产率指标。

为了更好地对中国部分省级区域交通及其二氧化碳排放的全要素绩效指标进行针对性分析，在 Miao 等的研究思路基础上，本文从两个维度构建出包含省级区域公路交通事故的公路交通运营全要素生产率及二氧化碳排放的大气环境全要素生产率指标分解体系[28,29]。首先，基于城市尺度的面板数据，建立跨多个时期的统一前沿面，将每一个省份视为被评价的决策单元(DMU)，通过改进的 BAM 模型测算其技术效率，并在此基础上结合 Luenberger 生产率指标，实现全要素生产率指标的变量分解及根源分解框架，详见下文。

(一)公路交通生产技术

合理构建出针对非期望产出的分析框架，是奠定其全要素生产率的研究基础。近年来，随着对交通事故以及交通污染物排放的问题的日益重视，交通事故以及污染物作为环境约束在多种研究框架中得以表征，并对技术效率以及全要素生产率相关指标产生显著影响。此类研究成果中，Färe 等首先对环境生产技术进行了机理刻画，为包含非期望产出的环境效率研究奠定了理论基础[30,31]。Zhou 等对部分国家和地区的二氧化碳排放绩效[32]，Miao 等对中国省级区域大气污染物排放绩效进行了相关研究[28,29]。现对环境生产技术进行简介。

在环境生产技术分析框架下，决策单元存在 P 个投入变量 $x=(x_1,\cdots,x_p)\in R_P^+$，$Q$ 个期望产出变量 $y=(y_1,\cdots,y_q)\in R_Q^+$，同时伴随着 R 非期望产出 $b=(b_1,\cdots,b_r)\in R_R^+$。在 t 时期，第 i 个决策单元的投入、期望产出和非期望产出变量为(x_i^t,y_i^t,b_i^t)，在投入、期望产出、非期望产出均满足强可处置性的前提下，该环境生产技术表征为：

$$P^t(x^t)=\{(y^t,b^t):\lambda X\leqslant x_{ip}^t,\lambda Y\geqslant y_{iq}^t,\lambda B\leqslant b_{ir}^t\ \forall\ p,q,r,\lambda\geqslant 0\} \quad (1)$$

在上式中,λ 为大于等于零的权重向量,X、Y 和 B 分别是构建技术前沿面的投入、期望产出和非期望产出变量。根据对 λ 值约束条件的不同,又可具体表征为可变规模报酬(VRS)和不变规模报酬(CRS)。

(二)BAM 模型简介

BAM 模型是由 Cooper 等提出、以改进传统的 DEA 模型并应用于日本 108 家供水公司的效率评价[15]方法。其基本模型如下:

$$\max \frac{\sum_{p=1,\neq 0}^{P} S_p^x / L_p^x + \sum_{q=1,\neq 0}^{Q} S_q^y / U_q^y}{P+Q} \tag{2}$$

$$\sum_{i=1,\neq 0}^{I} x_{pi}\lambda_i + S_p^x = x_{pi},\ \sum_{i=1,\neq 0}^{I} y_{qi}\lambda_i - S_q^y = y_{qi};$$

$$\sum_{i=1,\neq 0}^{I} \lambda_i = 1,\quad \lambda_i \geqslant 0;\quad \forall\, p,q;\quad S_p^x, S_q^y \geqslant 0$$

在 Cooper 等人提出的传统 BAM 模型中,投入、产出以同样的可处置性对待,但近年来,学界已经更多地关注如何将非期望产出囊括到环境生产技术中。本文发现对非期望产出的不同可处置性也代表着不同的环境规制强度。当非期望产出变量为强可处置时,期望产出(比如本文中的公路运输产值,G)与非期望产出(比如本文中的交通事故,T;交通碳排放,C)同等对待,即其处理方式不会影响期望产出,代表着环境无规制的情形;当期望产出变为弱可处置时,要求在非期望产出保持不变的前提下尽量扩张期望产出,此种情形是一般环境规制的情形。此外,非期望产出变量还可做特殊投入处置,代表着在非期望产出缩减的前提下尽量扩大期望产出,也描述了环境规制的情形。基于以上的理论,本文以一个全新的视角,将 BAM 模型中的非期望产出独立出来,本文提出的联合 BAM 模型如下所示①:

$$\max \frac{\left[\sum_{p=1,\neq 0}^{P} S_p^x / L_p^x + \sum_{q=1,\neq 0}^{Q} S_q^y / U_q^y + \sum_{r=1,\neq 0}^{R} S_r^b / L_r^b\right]}{P+Q+R} \tag{3}$$

---

① 本文提出的联合 BAM 模型适用于 CRS 以及 VRS 情形。

$$s.t. \sum_{i=1,\neq 0}^{I} x_{pi}\lambda_i + S_p^x = x_{pi}^t, \sum_{i=1,\neq 0}^{I} y_{qi}\lambda_i - S_q^y = y_{qi}, \sum_{i=1,\neq 0}^{I} y_{ri}\lambda_i + S_i^r = b_{ri};$$

$$\sum_{i=1,\neq 0}^{I} x_{pi}\lambda_i \geqslant \min(x_{pi}), \sum_{i=1,\neq 0}^{I} y_{qi}\lambda_i \leqslant \max(y_{qi}), \sum_{i=1,\neq 0}^{I} b_{ri}\lambda_i \geqslant \min(b_{ri});$$

$$\sum_{i=1,\neq 0}^{I} \lambda_i \geqslant 0, \forall p,q,r \geqslant 0, S_p^x, S_r^b, S_r^b, \lambda_i \geqslant 0$$

上式中，将(x_{pi}, y_{qi}, b_{ri})定义为第 i 个决策单元(DMU)在时间段 t 的投入、期望产出以及非期望产出的数量。向量(S_p^x, S_q^y, S_i^r)代表了投入、期望产出以及非期望产出的松弛。向量(L_p^x, U_q^y, L_r^b)代表了投入、期望产出以及非期望产出的最大(最小)值与本身的差值，具体如下所示：

$$\begin{aligned} &L_p^x = (x_{pi}) - \min(x_{pi}), p \in P, i \in I; \\ &U_q^y = \max(y_{qi}) - (y_{qi}), q \in Q, i \in I; \\ &L_r^b = (b_{ri}) - \min(b_{ri}), r \in R, i \in I \end{aligned} \tag{4}$$

值得注意的是，当第 i 个投入满足$(x_{pi}) = \min(x_i)$时，此单元处于最优前沿面，不存在改进的空间，即$S_p^{*x}/L_p^x = 0$。相似的，期望产出与非期望产出也满足这个性质，当：

$$\begin{aligned} &(x_{qi}) = \min(x_i) \\ &\max(y_i) = (y_{qi}) \\ &(b_{ri}) = \min(b_i) \end{aligned} \tag{5}$$

满足：

$$\begin{aligned} &S_p^{*x}/L_p^x = 0 \\ &S_q^{*y}/U_q^y = 0 \\ &S_r^{*b}/L_r^b = 0 \end{aligned} \tag{6}$$

当且仅当加上以上的性质时，联合 BAM 模型才可以被完整地定义。

(三)BAM 模型的新型全变量分解方法

Cooper 等曾对非径向 DEA 的变量的非效率进行分解[12]，李涛指出这种分解是基于“平均意义”上的一致性，虽然可以简单比较投入或产出的水平非效率，但却无法找出非效率的来源[33]。而在本文中，为了针对性分析中国公路交通总的非效率的来源，进行全变量的分解是有必要的。本文借鉴对 SBM 的分解方法对其进行分解[34]，得出全变量的非效率值。

具体如下：

投入变量的无效率： $$IE_x=\frac{\sum_{p=1,\neq 0}^{P} S_p^x/L_p^x}{P+Q+R},\tag{7}$$

期望产出的无效率： $$IE_y=\frac{\sum_{q=1,\neq 0}^{Q} S_q^y/U_q^y}{P+Q+R},\tag{8}$$

非期望产出的无效率：$$IE_b=\frac{\sum_{r=1,\neq 0}^{R} S_r^b/L_r^b}{P+Q+R}.\tag{9}$$

(四)公路交通环境的全要素分解

为了对中国部分省级区域交通环境全要素绩效进行针对性分析，本文以公路里程数(万公里)(M)、劳动力数量(人)(L)、公路固定资产投资额(万元)(K)作为投入变量，以公路运输总产值(Y)作为期望产出变量，以交通事故发生数(T)和公路交通碳排放(C)作为非期望产出变量，因此公式(7)～(9)可根据本文的研究对象进行变量分解：

$$IE=IE_M+IE_L+IE_K+IE_Y+IE_T+IE_C\tag{10}$$

借鉴 Miao 等的研究思路[29]，本文以多个连续分析期内的全部投入和产出变量构建统一前沿面，测算出统一前沿面下所有样本点的技术效率，进一步通过相邻样本期数据效率值相减得到相关生产率指标变化。结合本文研究思路，可先以 BAM 模型测算出全部变量的技术无效率值 IE，并将统一前沿面前提下的技术无效率值以 GIE 表示，将某期前沿面的技术无效率值以 CIE 表示，将两种不同前沿面下的同一样本的技术差距以 TG 表示，以下标 c 表示 CRS，则两种不同前沿面下的变量无效率值的关系如下列公式所示：

$$GIE_c(t)=CIE_c(t)+TG_c(t)\tag{11}$$

Luenberger 生产率变化可表示为：

$$LTFP_t^{t+1}=GIE_c(t)-GIE_c(t+1)\tag{12}$$

进一步将全要素生产率变化分解为效率变化(LEC)和技术进步(LTP)两部分：

$$LEC_t^{t+1}=CIE_c(t)-CIE_c(t+1) \tag{13}$$

$$LTP_t^{t+1}=TG_c(t)-TG_c(t+1) \tag{14}$$

如果考虑规模效应的可变性，可将效率变化进一步分解为纯效率变化(LPEC)和规模效率变化(LSEC)，并将技术进步分解成纯技术进步(LPTP)和技术规模变化(LTPSC)。

$$LPEC_t^{t+1}=CIE_v(t)-CIE_v(t+1) \tag{15}$$

$$LSEC_t^{t+1}=[CIE_c(t)-CIE_c(t+1)]-[CIE_v(t)-CIE_v(t+1)] \tag{16}$$

$$LPTP_t^{t+1}=TG_v(t)-TG_v(t+1) \tag{17}$$

$$LTPSC_t^{t+1}=[TG_c(t)-TG_c(t+1)]-[TG_v(t)-TG_v(t+1)] \tag{18}$$

结合本文的研究对象，可将式(10)中的6个变量作为投入和产出变量，根据前式得出包含本文提出的框架内全部投入产出的生产率变化。

(五)数据来源及说明

本文结合Wu等、Liu等的研究内容和相关指标，以包含交通事故与二氧化碳排放的全要素生产率分解作为基本分析框架，以中国30个省级区域作为研究对象(DMU)，并以交通事故作为运营约束、碳排放作为环境约束，试图得出中国部分区域交通与环境相关要素的生产率变化趋势[35,36]。与同类研究不同的是，为了更好地测度公路的全要素绩效，同时兼顾数据的可获得性，本文以公路里程数、公路劳动力数量和公路固定资产为投入要素，以省级公路运输总产值为期望产出要素，以公路交通事故以及二氧化碳排放量为非期望产出要素。此外，本文将2006—2015年的省级面板数据作为研究样本。此外，西藏自治区的环境数据缺失，因此本文选择30个省(区、市)作为决策单元。

公路固定资产投资额(万元)为省级范围内年度期间，政府在各级公路建设上的投资总金额，按照公路在全行业的占比获取；公路里程数(公里)为省级范围内公路总里程数；公路劳动力数量(人)为省级范围内从事道路运输行业的总人数；公路交通事故发生数(起)为省级范围内发生的交通事故；公路交通碳排放(万吨)为省级区域范围内公路交通所排放的二氧化碳。其中，2006—2015年的省级数据源自国家统计局官网。在实证研究过程中，固定资产投资来自国家统计局“交通运输、仓储和邮政业全社会固定资产投资(亿元)”，公路里程数来自国家统计局“公路里程(万公里)”，公路劳动力数量来自国家统计局“公路运输业就业人员数(万人)”，交通运输业总产值来自国家统计局“交通运输、仓储和邮政业增加值(亿元)”，公路交通事故来自国家统计局“公路交通事故发生数总计(起)”。

排放的二氧化碳根据IPCC(2006)的排放系数以及相应能源的终端消费量相乘估算得到，以下表1为部分省(区、市)2006—2015年间投入产出的描述性统计数据，表2为2006—2015年间中国部分省级区域公路系统产生变化情况。

表1 部分省(区、市)2006—2015年间投入产出的描述性统计数据

变量	年份	最大值	最小值	平均值	标准差
资本存量(10^8元)	2006	864.98	51.26	359.46	208.21
	2010	1636.90	120.9	785.08	401.44
	2015	3074.38	261.71	1471.55	776.83
劳动力(10^{-1}人)	2006	128693.00	9697.00	53526.67	31297.30
	2010	171423.00	8188.00	53792.83	34322.38
	2015	385321.00	12640.00	129132.40	88081.67
公路里程(10^4千米)	2006	23.64	1.04	11.37	6.02
	2010	28.33	1.21	14.86	6.70
	2015	31.56	1.32	15.00	7.91
产值(10^8元)	2006	1208.82	34.92	443.66	309.21
	2010	1971.00	101.90	880.98	429.31
	2015	2928.90	90.55	1110.82	753.71
交通事故(10^{-1}起)	2006	56217.00	939.00	12601.00	11861.23
	2010	30370.00	1206.00	7291.33	6340.54
	2015	24676.00	1035.00	6248.23	5284.08

续表

变量	年份	最大值	最小值	平均值	标准差
碳排放（10^4 吨）	2006	34987.00	1088.33	11921.74	8090.18
	2010	44373.18	1587.64	15398.31	10323.42
	2015	45805.03	1955.70	16537.63	9885.93

表 2　2006—2015 年间中国部分省级区域公路系统产出变化情况一览表

（%）

省（区、市）	GDP	TRA	C	省（区、市）	GDP	TRA	C
北京	9.21	−7.72	−1.17	河南	10.89	−10.87	5.32
天津	10.68	2.60	5.03	湖北	12.54	−7.66	3.47
河北	11.04	−6.06	3.51	湖南	12.81	−2.60	3.53
山西	9.14	−8.02	3.28	广东	10.51	−8.46	3.16
内蒙古	11.53	−7.02	8.28	广西	14.84	−8.21	4.56
辽宁	13.00	−5.59	3.98	海南	11.70	4.96	7.40
吉林	9.45	−9.77	1.33	重庆	20.99	−6.52	7.70
黑龙江	8.24	−6.72	6.55	四川	14.17	−9.42	10.93
上海	6.97	−16.42	−0.08	贵州	24.07	−10.09	3.76
江苏	12.55	−6.18	3.81	云南	38.30	−0.64	2.38
浙江	11.18	−8.56	2.67	陕西	14.82	−6.41	8.29
安徽	9.11	3.52	5.24	甘肃	28.62	−4.56	3.94
福建	12.93	−10.46	4.44	青海	177.92	1.24	8.09
江西	9.19	−10.54	6.36	宁夏	72.90	−5.89	8.18
山东	9.30	−8.17	1.50	新疆	38.05	−4.13	6.67
平均值	21.48	−6.19	4.51				

2006—2015 年间，在中国部分省级区域内，不难看出，各省（区、市）的公路运输产值均有不同程度的增加，其中增加幅度较大的有青海（177.92%）、宁夏（72.90%）、云南（38.30%）和新疆（38.05%）；增加幅度

较小的有上海(6.97%)、黑龙江(8.24%),以及安徽(9.11%)和山西(9.14%)。公路系统交通事故增加的则只有海南(4.96%)、安徽(3.52%),以及天津(2.60%)和青海(1.24%);而事故减少幅度较大的有上海(−16.42%)、河南(−10.87%)、江西(−10.54%)和福建(−10.46%)。公路交通系统碳排放增加幅度较大的有四川(10.93%)、陕西(8.29%),以及内蒙古(8.28%)和宁夏(8.18%);而呈现减少趋势的则只有北京(−1.17%)和上海(−0.08%)。

从平均水平来看,交通运输产值整体呈现增长趋势(21.48%),且增长的动力主要在西部,因此后期的公路系统政策及投资均应向西部倾斜,以期增加公路系统的运输产值。公路系统交通事故总体呈现降低的趋势(−6.19%),且东部的降低幅度大于西部,这与东部实行严格的交通规制有着密不可分的联系。再看公路系统碳排放,总体呈现上升的趋势(4.51%),以北京和上海为代表的东部城市为全国的二氧化碳减排工作做出了很好的表率,而中西部则有或多或少的增幅。

四、中国部分地区公路交通系统全要素运营效率实证分析

(一)中国部分地区公路系统无效率值分析

根据改进的BAM模型,本文计算出中国30个省(区、市)在全部样本期内的公路系统技术无效率值(简称无效率值)。表3为基于规模报酬可变前提下(VRS)的无效率值结果[①],由于篇幅限制,本文列出分析期内统一前沿面前提下的公路里程数(M)、公路劳动力数量(L)和公路固定资产投资(K)作为投入变量,公路运输总产值(Y)作为期望产出变量,得出公路系统交通事故(T)和公路系统碳排放(C)等全部变量在2006—2015年间的无效率平均值(即GIE)。表3展示了2006—2015年间中国部分省级区域相关要素GIE。

---

① 若无其他说明,本文给出的数据均为基于VRS假设。

表 3 2006—2015 年间中国部分省级区域相关要素 GIE

省(区、市)	GIE	K	L	M	Y	T	C
北京	0.21	0.03	0.06	0.05	0.00	0.06	0.01
天津	0.13	0.02	0.05	0.03	0.00	0.03	0.00
河北	0.16	0.01	0.03	0.03	0.00	0.04	0.04
山西	0.56	0.11	0.14	0.03	0.00	0.14	0.13
内蒙古	0.43	0.11	0.10	0.00	0.00	0.11	0.10
辽宁	0.41	0.05	0.08	0.11	0.00	0.11	0.06
吉林	0.57	0.13	0.15	0.02	0.00	0.13	0.14
黑龙江	0.63	0.14	0.16	0.02	0.00	0.15	0.15
上海	0.04	0.01	0.02	0.00	0.00	0.01	0.00
江苏	0.16	0.01	0.03	0.05	0.00	0.05	0.02
浙江	0.42	0.07	0.08	0.11	0.00	0.13	0.03
安徽	0.64	0.14	0.16	0.03	0.00	0.16	0.15
福建	0.35	0.07	0.08	0.06	0.00	0.11	0.03
江西	0.60	0.14	0.16	0.02	0.00	0.14	0.14
山东	0.24	0.03	0.05	0.04	0.00	0.05	0.07
河南	0.52	0.10	0.14	0.04	0.00	0.13	0.11
湖北	0.61	0.14	0.15	0.04	0.00	0.14	0.13
湖南	0.59	0.15	0.14	0.04	0.00	0.13	0.13
广东	0.04	0.00	0.01	0.00	0.00	0.02	0.01
广西	0.42	0.05	0.13	0.02	0.00	0.11	0.10
海南	0.20	0.08	0.03	0.01	0.00	0.03	0.05
重庆	0.62	0.14	0.16	0.08	0.00	0.14	0.11
四川	0.64	0.13	0.16	0.06	0.00	0.15	0.15
贵州	0.49	0.13	0.12	0.02	0.00	0.09	0.13
云南	0.72	0.15	0.16	0.10	0.00	0.16	0.15

续表

省(区、市)	GIE	K	L	M	Y	T	C
陕西	0.63	0.15	0.16	0.03	0.00	0.15	0.14
甘肃	0.62	0.12	0.15	0.05	0.00	0.15	0.14
青海	0.34	0.09	0.05	0.02	0.00	0.10	0.07
宁夏	0.06	0.02	0.03	0.00	0.00	0.00	0.01
新疆	0.68	0.15	0.16	0.08	0.00	0.15	0.15
平均值	0.42	0.09	0.10	0.04	0.00	0.10	0.09

表3的数据结果显示,2006—2015年间中国部分地区公路系统环境整体无效率平均值为0.42,其中,与期望产出工业总产值相关的无效率值为0,说明在现有公路里程数(M)、公路劳动力数量(L)和公路固定资产投资(K)的约束下,各城市继续片面追求公路运输产值的提升空间有限,后期应以公路系统内部的新技术研发、新能源利用以及产业结构优化和调整作为首选措施。与公路里程数相关的无效率平均值为0.04,说明总体存在"修路热",并且导致公路运输里程过剩的情况。与公路固定投资、公路系统劳动力以及公路系统交通事故和碳排放相关的无效率值较大(0.09,0.10,0.10,0.09),其和为0.38,占据全部变量无效率的90.48%,说明中国公路系统的减少投资及劳动力、降低交通事故和减排均存在较大的空间。可见在后期,中国应注重公路系统投资结构的优化、公路安全交通以及碳排放的管制。

从区域视角来看,2006—2015年部分省份除公路运输产值以外的五个投入产出要素无效率值差异较大。上海和广东的各项无效率值均为0.04,上海和广东经济较为发达,与其他地区相比,较好地协调了公路系统的交通事故、经济发展与环境保护之间的关系,各项技术效率位于全国前列;宁夏的各项无效率值为0.06,虽然宁夏的经济总量不高,但是公路系统的交通事故、经济发展与环境保护相协调。虽然北京、天津的无效率水平值总体较低,因其公路交通单位面积对应交通事故(交通事故强度)、污染物排放(排放强度)普遍较高,仍然承受一定的交通管制以及大气环境治理压力。上述两个直辖市同样承载较高的交通压力,同属于中国政府提出的《重点区域大气污染防治"十二五"规划》所提及的"三区十群"等中心区域。此外，传统的交通大省如云南、安徽、江西和湖南，以及传统的较高工业比重的省份，如山西、河南、黑龙江以及吉林，公路系统内静态无效率值之和明显高于国内其他地区，治理形势严峻。

从整体角度，无效率值呈现明显的集聚规律。东南沿海区域省份的无效率值普遍较低（如上海、江苏、福建、广东、海南），相当大一部分省区接近前沿面（广东、上海），公路系统内显示出了良好的安全与环境绩效；而公路相关产业结构占比较大的云南、安徽、江西和湖南无效率值较高，煤炭资源丰富的山西和内蒙古的无效率值也较高。总体而言，能源和气体排放要素的无效率值呈现"东南沿海低、华北地区高"的分布与集聚态势。

（二）中国公路系统内 TFP 的要素分解

本文采用全部面板数据构建 global 前沿面，同时用某一年的截面数据构建当期前沿面的两种处理方式，结合公式(11)～(18)，计算出中国部分省级区域在 2006—2015 年间的公路系统内全要素生产率（简称生产率）的平均增长水平，并根据 Luenberger 指数的加法结构原理，将全要素增长分解为各个要素的贡献之和。结果见表 4。

表 4　2006—2015 年间中国部分省级公路系统全要素生产率平均增长率及其要素分解(%)

省(区、市)	LTFP	*K*	*L*	*M*	*Y*	*T*	*C*
北京	5.63	0.32	1.42	1.85	0.00	1.77	0.27
天津	1.36	−0.59	−0.32	0.91	0.00	0.64	0.71
河北	3.22	0.01	0.83	0.00	0.00	1.67	0.71
山西	1.40	0.17	0.32	0.19	0.00	0.29	0.43
内蒙古	2.68	0.42	0.36	0.43	0.00	0.86	0.61
辽宁	3.33	0.46	0.40	0.22	0.00	1.28	0.97
吉林	1.49	0.28	0.05	0.77	0.00	0.00	0.39
黑龙江	1.10	0.03	0.03	0.85	0.00	0.07	0.11

续表

省(区、市)	LTFP	K	L	M	Y	T	C
上海	4.34	0.73	1.44	0.00	0.00	1.65	0.51
江苏	1.12	−0.28	0.25	0.69	−1.85	1.70	0.61
浙江	2.10	−0.25	0.68	0.45	0.00	0.76	0.45
安徽	1.04	0.01	0.03	0.87	0.00	0.03	0.09
福建	3.18	−0.09	1.41	−1.26	0.00	1.71	1.40
江西	1.53	0.19	0.07	0.81	0.00	0.17	0.30
山东	−0.18	−0.11	0.50	−1.01	−1.85	0.78	1.52
河南	3.00	0.35	0.29	0.48	0.00	0.85	1.03
湖北	2.01	0.08	0.16	0.88	0.00	0.51	0.38
湖南	2.02	0.10	0.24	0.88	0.00	0.29	0.50
广东	−2.53	0.00	−1.12	0.00	0.00	−1.03	−0.38
广西	3.61	1.14	0.33	0.97	0.00	0.32	0.84
海南	−0.65	0.08	0.34	0.00	0.03	0.00	−1.10
重庆	1.81	0.02	0.08	1.00	0.00	0.15	0.57
四川	0.58	−0.33	0.06	0.56	0.00	0.19	0.11
贵州	8.84	1.70	1.85	1.60	0.00	1.85	1.84
云南	0.27	0.05	0.00	0.19	0.00	0.00	0.02
陕西	1.09	0.04	0.01	0.92	0.00	0.03	0.10
甘肃	0.28	0.09	0.00	0.16	0.00	0.00	0.03
青海	−1.82	0.00	0.00	0.00	0.04	−1.85	0.00
宁夏	1.30	0.73	0.00	0.00	0.04	0.00	0.53
新疆	1.17	0.11	0.00	1.01	0.00	0.00	0.05
平均值	1.81	0.18	0.32	0.48	−0.12	0.49	0.45

公路系统内交通事故与碳排放对全要素生产率的影响巨大，国家应该加重规制力度。由表4可以看出，2006—2015年间，公路系统内全要

素生产率总体平均进步率为 1.81%,其中非期望产出(交通事故与二氧化碳排放要素)贡献 0.94%,其他要素(劳动力、资本存量、公路里程数、GDP)影响仅贡献 0.87%,可见公路系统内交通事故与环境对全要素生产率的影响巨大,因此在后期,国家应该加重规制力度。在公路系统内的非期望产出中,不难看出:第一,交通事故对于整体全要素生产率的贡献突出,这与国家从 2008 年以来采取强制、严格的交通规制要求有关系,多年的交通规制取得了突出成效;从区域视角来看,以北京(1.77%)以及上海(1.65%)、江苏(1.70%)和浙江(0.76%)为代表的东部沿海省份交通事故进步率较高(均高于全国平均水平),这与这些省份加大交通投资、新技术的研发以及制定严格的道路交通规制有着密不可分的联系。值得注意的是,广东(−1.03%)与青海(−1.85%)呈现出负的进步率,广东的交通较为发达,但缺少规制,因此当地应在后期注重其规制;青海的交通发展相对落后,后期应注重加大投资。第二,国家在"十二五"时期对碳强度提出规制目标,"粗放式"的能源消费有所缓解,因此山西、内蒙古等富煤地区均有不同程度的生产率进步,由此引致相关碳排放减少结果较为明显,故 C 对全要素贡献较高。第三,在交通事故与碳排放作为环境约束的前提下,执意追求经济总量增长并不意味着全要素生产率的提升,几乎所有省区经济总量的改进空间为 0,而导致相应的全要素进步为 0;甚至可能出现倒退的情况,比如江苏和山东(均为−1.85%),并且由此导致了平均水平呈现出负的进步率。由上述分析可见,国家对交通系统中的交通事故和环境要素规制的实施与否,将对全要素生产率产生直接影响。

政府部门应重视不断改善交通事故绩效,以推动全国交通系统的生产率进步。由表 3 和表 4 可知,交通事故与二氧化碳排放要素既是导致全要素无效率值的主要来源(表 3),同时也对交通系统内全要素生产率增长起到一定促进作用(表 4),此结论表述并不矛盾。由式(12)可知,全要素生产率变化由统一前沿面下的技术无效率值的跨期比较而得,即表 3 涉及的静态无效率值相减得出表 4 对应的动态生产率变化。尽管样本分析期内的交通事故与二氧化碳排放无效率值较大,但部分要素因国家加强了对其规制而呈现出动态进步(尤其是交通事故);部分要素的静态无效率值原本较小,而动态进步明显(二氧化碳排放)。从区域视角来看,北京、天津及东南部沿海省区(上海、浙江、福建)的全要素进步超过平均值,尤其交通事故绩效的持续改善对全国整体生产率进步贡献较大。前述的华北、东北部分地区(山西、河南、黑龙江以及吉林)的无效值总体较大,但生产率分化较为严重,河南出现了较大的全要素进步,而河北、山西与吉林的全要素变化进步率相对不高,值得地方政府高度重视。

(三)中国公路系统 TFP 增长的根源分解

前文虽然已经完成全要素生产率变化的要素分解,仍需将全要素生产率变化进行根源解,以寻求技术效率和技术进步对于公路系统全要素生产率变化的驱动效应。根据式(13)～(18),可将中国部分省份的全要素生产率(LTFP)分解为效率变化(LEC)和技术进步(LTP)指标,并将效率变化深化分解为纯效率变化(LPEC)和规模效率变化(LSEC)的影响;同理,将技术进步分解为纯技术进步(LPTP)和技术规模变化(LTP-SC)。由于篇幅所限,表 5 和表 6 仅分别给出能源与气体排放要素的 LEC 和 LTP 的年均变化。

表 5　2006—2015 年间中国部分省级区域公路系统相关变量根源分解(技术效率部分 LEC)(%)

省(区、市)	LEC	*K*	*L*	*M*	*Y*	*T*	*C*
北京	0.00	0.00	0.00	0.00	0.00	0.00	0.00
天津	0.00	0.00	0.00	0.00	0.00	0.00	0.00
河北	0.00	0.00	0.00	0.00	0.00	0.00	0.00
山西	−2.26	−0.57	0.31	−0.30	0.00	−1.68	−0.01
内蒙古	−0.24	0.17	0.20	0.06	0.00	−0.19	−0.47
辽宁	1.78	0.49	1.28	0.02	0.00	−0.23	0.23
吉林	−0.03	−0.47	0.48	0.14	0.00	−0.41	0.23
黑龙江	−1.78	−0.96	0.88	0.09	0.00	−1.46	−0.34
上海	0.00	0.00	0.00	0.00	0.00	0.00	0.00
江苏	3.77	0.07	0.84	1.58	0.63	0.65	0.00
浙江	1.82	1.01	1.65	−0.38	0.00	0.17	−0.64

续表

省(区、市)	LEC	K	L	M	Y	T	C
安徽	−0.43	−0.15	0.83	−0.06	0.00	−0.49	−0.57
福建	−5.20	−0.82	−1.04	−1.80	0.00	−1.52	−0.03
江西	−3.28	−0.41	1.16	−0.33	0.00	−2.86	−0.83
山东	−4.88	−0.10	0.32	−1.83	−1.90	−1.02	−0.35
河南	−0.21	−0.45	1.56	−0.31	0.00	−0.56	−0.44
湖北	0.36	−0.39	1.98	−0.31	0.00	−1.14	0.22
湖南	1.15	0.38	0.54	0.26	0.00	−1.00	0.98
广东	0.00	0.00	0.00	0.00	0.00	0.00	0.00
广西	4.76	0.37	1.57	1.64	0.00	0.00	1.17
海南	−8.20	−2.08	−1.93	−2.08	−0.02	−2.08	0.00
重庆	−1.47	−0.69	0.60	0.00	0.00	−1.09	−0.29
四川	−1.40	0.67	1.09	−0.90	0.00	−2.21	−0.05
贵州	6.98	1.38	1.61	2.08	0.00	0.38	1.52
云南	−1.01	−0.41	0.34	0.03	0.00	−0.69	−0.28
陕西	−1.45	−0.16	0.99	−0.31	0.00	−1.42	−0.55
甘肃	−2.85	−1.28	0.64	−0.05	0.00	−1.81	−0.34
青海	−4.58	0.00	−2.08	0.00	−0.05	−2.08	−0.37
宁夏	2.51	−2.08	2.08	1.82	0.00	0.00	0.70
新疆	−0.29	−0.47	0.39	0.16	0.00	−0.71	0.33
平均值	−0.55	−0.23	0.54	−0.03	−0.04	−0.78	−0.01

从总体角度来看，与能源和气体排放6种变量的效率相关的生产率变化(LEC)为−0.55%，仅有 L 相关的技术效率变化为正(0.54%)，其他要素技术效率均为负数，这说明在全部分析期内，公路系统内技术效率指标总体呈现负向效应，其中 T 和 K 的滞后效应较为明显，说明交通事故规制技术效率提升以及公路系统投资结构的优化是全要素技术效率的

关键环节。值得注意的是,C 呈现微弱的滞后效应,说明公路系统的碳排放管制效果并不明显,后期政府也应当加强管制。LEC 指标整体下降尤为明显的地区有海南(−8.20%)、福建(−5.20%)、山东(−4.88%)和青海(−4.58),其中,海南、福建的 T,青海的 L,山东的 Y 和 M 均缺乏技术效率提升的实质性效果,以至于这几项要素对全要素生产率造成负面影响;仅有作为交通大省的江苏和辽宁的技术效率贡献为正(其中江苏各项要素均为正),说明此类地区通过淘汰公路系统内的落后产能改进道路安全与环境绩效,取得了实质性成果。

表 6　2006—2015 年间中国部分省级区域公路系统相关变量根源分解(技术进步部分 LTP)(%)

省(区、市)	LTP	K	L	M	Y	T	C
北京	5.63	0.32	1.42	1.85	0.00	1.77	0.27
天津	1.36	−0.59	−0.32	0.91	0.00	0.64	0.71
河北	3.22	0.01	0.83	0.00	0.00	1.67	0.71
山西	2.05	0.55	0.20	−0.28	0.00	1.74	−0.15
内蒙古	−0.49	−0.05	−0.18	−1.31	0.00	0.86	0.20
辽宁	−0.84	−0.17	−0.65	−1.37	0.00	1.28	0.06
吉林	0.59	0.94	−0.63	0.15	0.00	0.77	−0.64
黑龙江	1.33	0.50	−0.69	0.37	0.00	1.26	−0.11
上海	4.34	0.73	1.44	0.00	0.00	1.65	0.51
江苏	−2.23	−0.35	−0.50	−0.71	−2.41	1.13	0.61
浙江	−0.72	−0.93	−0.43	−0.15	0.00	0.43	0.35
安徽	1.22	0.40	−0.57	0.56	0.00	0.33	0.50
福建	3.18	−0.09	1.41	−1.26	0.00	1.71	1.40
江西	1.33	0.23	−1.41	0.69	0.00	1.24	0.59
山东	2.34	−0.11	0.50	−0.53	−0.16	1.13	1.52
河南	1.27	0.42	−1.08	0.21	0.00	1.17	0.55

续表

省(区、市)	LTP	K	L	M	Y	T	C
湖北	0.75	0.39	−1.39	0.65	0.00	1.42	−0.33
湖南	−0.26	−0.06	−0.75	0.26	0.00	0.68	−0.38
广东	−2.53	0.00	−1.12	0.00	0.00	−1.03	−0.38
广西	−0.62	0.82	−1.07	−0.49	0.00	0.32	−0.20
海南	6.62	1.93	2.05	1.85	0.03	1.85	−1.10
重庆	2.17	0.53	−0.99	1.00	0.00	0.91	0.72
四川	1.52	−0.75	−0.86	1.13	0.00	1.62	0.37
贵州	2.64	0.47	0.42	−0.25	0.00	1.51	0.49
云南	0.93	0.42	−0.30	0.13	0.00	0.61	0.07
陕西	0.97	0.39	−1.63	0.86	0.00	0.76	0.58
甘肃	2.20	1.23	−0.44	0.08	0.00	0.87	0.46
青海	2.24	0.00	1.85	0.00	0.06	0.00	0.33
宁夏	−3.19	0.73	−1.85	−1.62	0.04	0.00	−0.49
新疆	0.26	0.48	−0.81	0.74	0.00	0.23	−0.37
全国	1.24	0.28	−0.25	0.12	−0.08	0.95	0.23

与公路系统2种非期望产出变量的技术进步相关的生产率变化为1.18%，说明交通事故与碳排放变化的全方位技术进步是带动全要素生产率增长的深层次驱动，能够抵消技术效率退化(−0.55%)的负面效应。从LTP变化的区域角度，海南以及位于华北地区的北京、天津、河北和山东，上海、福建所在的东南沿海区域的整体技术进步尤为明显，宁夏、新疆等部分西部省区以及部分华南省份(广东)的整体进步率为负或较低(均在0.5%以下)。从LTP变化的要素分解角度，T安全技术进步引致的生产率增长最为明显(0.95%)，其次是K(0.28%)和C(0.23%)，但L和Y处于技术落后。从T安全技术进步角度，海南、北京、山西和福建的增长率较为明显，海南、甘肃、吉林的K优化投资，山东和福建的碳减排技术进步增长率处于国内领先地位。

此外,由表6不难看出,中国公路交通业在“十一五”“十二五”期间的TFP的增长主要由技术进步驱动。因此,在未来的一段时间内,“新能源”汽车、智慧交通等新型产业仍应受到重视并得到政府支持。

五、结论与政策建议

针对交通事故和交通碳排放研究之不足,本文首次将交通运输产值、交通事故以及交通碳排放同时纳入公路系统生产技术分析框架,以非径向的松弛变量计算为基础,采用基于BAM模型效率测度与加法结构的Luenberger指数分解,对2006—2015年中国部分省份公路系统静态无效率值以及动态的全要素生产率变化进行测度,并对全要素和根源进行分解分析,重点关注交通事故与二氧化碳排放要素影响,并对部分省级区域的交通事故与二氧化碳排放和交通运输产值的脱钩关系进行分析。

根据本文的研究,发现在公路里程数、公路劳动力、公路投资额、交通事故以及公路碳排放等多重约束下,中国部分省级区域整体无效率值分化较为严重,T、C、K依次构成公路系统整体无效率的主要源泉,而M、L、Y的无效率值水平相对较低,呈现“东南沿海低、华北地区高”的整体分布。全部样本分析期间的中国公路系统全要素生产率平均增长率为1.81%,经要素分解后发现交通事故和交通碳排放对生产率贡献为0.94%,其中贡献最大的是T,而Y对全要素绩效起负面影响,可见“十一五”“十二五”时期的交通规制政策对相应要素生产率提升产生了显著效果,但影响了交通运输业的发展。经全要素生产率指标分解后,能源与环境要素的技术效率对全要素生产率起到负面效应(−0.55%),必须依靠技术的“扭亏为正”(1.24%)才能实现整体的全要素生产率增长。

不可避免地,本文仍存在一些缺陷。比如,公路系统的变量选取依据需要进一步阐明;此外,借助计量模型来证明本文的结论是稳健的将成为下一步的工作;最后,全变量分解的应用将在后续的研究中进一步得到拓展。

参考文献

[1] 中华人民共和国国家发展和改革委员会,2017[EB/OL]. http://www.ndrc.gov.cn/gzdt/201703/t20170302_840225.html.

[2] IEA,2016 [EB/OL],https://www.iea.org/.

[3] 张帅,袁长伟,赵小曼. 中国交通运输碳排放空间聚类与关联网络结构分析[J]. 经济地理,2019,39(1):122-129.

[4] 周和平,陈凤. 基于DEA与SFA方法的城市公共交通运输效率评价[J]. 长沙大学学报,2008,22(5):79-82.

[5] 吴群琪,宋京妮,巨佩伦,等. 中国省域综合运输效率及其空间分布研究[J]. 经济地理,2015,35(12):43-49.

[6] Chang Y, Zhang N, Danao D, et al. Environmental efficiency analysis of transportation system in China: A non-radial DEA approach [J]. Energy Policy, 2013, 58: 277-283.

[7] Cui Q, Li Y. The evaluation of transportation energy efficiency: An application of three-stage virtual frontier DEA [J]. Transportation Research Part D: Transport and Environment, 2014, 29: 1-11.

[8] Cui Q, Li Y. An empirical study on the influencing factors of transportation carbon efficiency: Evidences from fifteen countries [J]. Applied Energy, 2015, 141: 209-217.

[9] Herrera-Restrepo O, Triantis K, Trainor J, et al. A multi-perspective dynamic network performance efficiency measurement of an evacuation: A dynamic network-DEA approach [J]. Omega, 2016, 60: 45-59.

[10] Wu J, Zhu Q, Chu J, et al. Measuring energy and environmental efficiency of transportation systems in China based on a parallel DEA approach [J]. Transportation Research Part D: Transport and Environment, 2016, 48: 460-472.

[11] Cui Q, Li Y. Airline dynamic efficiency measures with a Dy-

namic RAM with unified natural & managerial disposability [J]. Energy Economics, 2018, 75: 534-546.

[12] Cooper W W, Park K S, Pastor J T. RAM: A range adjusted measure of inefficiency for use with additive models, and relations to other models and measures in DEA [J]. Journal of Productivity Analysis, 1999, 11 (5): 5-42.

[13] Park Y, Lim S, Egilmez G, et al. Environmental efficiency assessment of U. S. transport sector: A slack-based data envelopment analysis approach [J]. Transportation Research Part D: Transport and Environment, 2018, 61(A): 152-164.

[14] Song M, Zhang G, Zeng W, et al. Railway transportation and environmental efficiency in China [J]. Transportation Research Part D: Transport and Environment, 2016, 48: 488-498.

[15] Cooper W, Pastor J, Borras F, et al. BAM: a bounded adjusted measure of efficiency for use with bounded additive models [J]. Journal of Productivity Analysis, 2011, 35: 85-94.

[16] Chambers R, Färe R, Grosskopf S. Productivity growth in APEC countries [J]. Pacific Economic Review, 1996, 1 (3): 181-190.

[17] Chambers R. Exact nonradial input, output, and productivity measurement [J]. Economic Theory, 2002, 20 (4): 751-765.

[18] Brandouy O, Briec W, Kerstens K, et al. Portfolio performance gauging in discrete time using a Luenberger productivity indicator [J]. Journal of Banking & Finance, 2010, 34 (8): 1899-1910.

[19] Molinos-Senante M, Maziotis A, Sala-Garrido R. The Luenberger productivity indicator in the water industry: An empirical analysis for England and Wales [J]. Utilities Policy, 2014, 30: 18-28.

[20] Landsink A, Stefanou S, Serra T. Primal and dual dynamic Luenberger productivity indicators [J]. European Journal of Operational Research, 2015, 241 (2): 555-563.

[21] Zhang N, Wang B. A deterministic parametric metafrontier Luenberger indicator for measuring environmentally-sensitive productivity growth: A Korean fossil-fuel power case [J]. Energy Economics, 2015, 51: 88-98.

[22] Emrouznejad A, Yang G. A framework for measuring global Malmquist-Luenberger productivity index with CO_2 emissions on Chinese manufacturing industries [J]. Energy, 2016, 115 (1): 840-856.

[23] Liu G, Wang B, Zhang N. A coin has two sides: Which one is driving China's green TFP growth? [J]. Economic Systems, 2016, 40: 481-498.

[24] Seufert J, Arjomandi A, Dakpo K. Evaluating airline operational performance: A Luenberger-Hicks-Moorsteen productivity indicator [J]. Transportation Research Part E: Logistics and Transportation Review, 2017, 104: 52-68.

[25] Ang F, Kerstens O. Decomposing the Luenberger-Hicks-Moorsteen Total Factor Productivity indicator: An application to U. S. agriculture [J]. European Journal of Operational Research, 2017, 260 (1): 359-375.

[26] Boussemart J, Ferrier G, Leleu H, et al. An expanded decomposition of the Luenberger productivity indicator with an application to the Chinese healthcare sector [J]. Omega, in press.

[27] Walheer B, Zhang L. Profit Luenberger and Malmquist-Luenberger indexes for multi-activity decision-making units: The case of the star-rated hotel industry in China [J]. Tourism Management, 2018, 69: 1-11.

[28] Miao Z, Sheng J, Michael W, et al. Measuring water use performance in the cities along China's South-North Water Transfer Project [J]. Applied Geography, 2018, 98: 184-200.

[29] Miao Z, Baležentis T, Tian Z, et al. Environmental performance and regulation effect of China's atmospheric pollutant emissions: Evidence from "three regions and ten urban agglomerations" [J]. Environmental and Resource Economics, 2019, 1-32.

[30] Färe R, Grosskopf S, Lovell C K. Multilateral productivity comparisons when some outputs are undesirable: A non-parametric approach [J]. The Review of Economics and Statistics, 1989, 71(2): 90-98.

[31] Färe R, Grosskopf S, Pasurka C A. Environmental production functions and environmental directional distance functions [J]. Energy, 2007, 32: 1055-1066.

[32] Zhou P, Ang B W, Poh K L. Measuring environmental performance under different environmental DEA technologies [J]. Energy Economics, 2008, 30 (1): 1-14.

[33] 李涛.资源约束下中国碳减排与经济增长的双赢绩效研究——基于非径向DEA方法RAM模型的测度[J].经济学(季刊), 2013,12(2): 667-692.

[34] Cooper W, Seiford L, Tone K. Data Envelopment Analysis (second edition) [M]. Boston: Kluwer Academic Publishers, 2007.

[35] Wu J, Zhu Q, Chu J, et al. Measuring energy and environmental efficiency of transportation systems in China based on a parallel DEA approach [J]. Transportation research part D: Transport and Environment.

[36] Liu H, Zhang Y, Zhu Q, et al. Environment efficiency of

land transportation in China: A parallel slack-based measure for regional and temporal analysis [J]. Journal of Cleaner Production, 142, 867-876.

中国新能源汽车推广应用示范试点评估*

——基于十二个城市的比较研究

叶瑞克[1] 王钰婷[2] 孙华平[3]

倪维铭[4] 周云亨[5] 吴昊俊[6]

1. 浙江工业大学经济学院；2. 南京师范大学教育科学学院；

3. 江苏大学财经学院；4. 浙江工业大学马克思主义学院；

5. 浙江大学公共管理学院；6. 苏州大学政治与公共管理学院

摘要：新能源汽车是战略性新兴产业，在补贴退坡甚至最终退出的背景下，面临着摆脱补贴依赖的重大课题，因此对新能源汽车推广应用示范试点进行评估实有必要。为此，本文构建了新能源汽车推广应用“内源驱动”的理论模型、分析框架和指标体系，采用因素层次分析、综合指数测算、维度耦合协调度分析和观测值聚类分析，对12个示范试点城市进行了全面评估。研究发现：(1)新能源汽车推广应用是一个由基础资源、需求条件、配套政策和模式创新等维度（子系统）构成的复杂系统；(2)专家权重问卷表明，影响“内源驱动”的12大因素中，财税政策、充换电设施和其他配套政策位居前三；(3)维度及因素间存在协同作用及相应的耦合机理，相对四维耦合协调度而言，双维耦合协调度有着更为显著的城市异质性；(4)12个目标城市可分为四大类型：高分高效型、高分低效型、低分低效型与低分高效型，关键维度（因素）的木桶效应和晕轮效应同样显著。

关键词：新能源汽车推广应用；内源驱动；示范试点；综合评估

新能源汽车推广应用是应对气候变化、城市大气污染治理乃至应对全球能源危机的重大举措，美国、日本、欧盟及欧洲各国都将其列为能源

---

* 国家社科基金项目，项目名称：“后补贴时代”新能源汽车推广应用政策研究(17BGL66)。

气候政策的核心议题之一[1]。早在2009年，《中美政府联合声明》就发布倡议，把新能源汽车推广应用提到国家间战略合作的高度。作为《"十三五"国家战略性新兴产业发展规划》的五大领域之一和《中国制造2025》的十大产业之一，新能源汽车推广应用也备受我国各级政府重视，将其作为节能减碳和城市雾霾治理的重要手段之一[2]。工信部《企业平均燃料消耗量与新能源汽车积分并行管理暂行办法》的发布，更是进一步凸显了我国政府加强新能源汽车推广应用的决心。

近年来，我国新能源汽车推广应用在示范试点城市和"购车补贴"政策推动下，经历了快速的规模扩张。2018年，我国新能源汽车的产销量分别为124.2万辆和120.6万辆，连续五年位居世界第一。但是相关财税政策的合理性和可持续性一直备受诟病，"车企骗补"更是进一步凸显了财政补贴的依赖效应和挤出效应[3]。2020年4月，财政部、工业和信息化部、科技部、发展改革委四部委联合发布《关于完善新能源汽车推广应用财政补贴政策的通知》(财建〔2020〕86号)，明确2020—2022年补贴标准分别在上一年基础上退坡10%、20%、30%。然而，"平缓退坡"或可延缓却无法从根本上阻止"后补贴时代"的到来。那么如何通过合理的制度设计和政策工具选择，实现新能源汽车推广应用从"补贴推动"到"内源驱动"的转型升级，已然成为亟待研究解决的重要课题。再则，自2010年国家公布第一批试点城市以来，新能源汽车推广应用已经历了两个完整的五年规划期，"车企骗补"和巨大的"财政投入"客观上要求对试点及其成效进行总结和评估，分析公共政策和相关举措的成败得失，从而有所借鉴，有所创新，有所推进。

一、文献述评

基于新能源汽车推广应用的战略意义，相关研究一直备受重视，诸多文献从不同的视角，采用不同的方法进行评估和研究。为了全面考察研究现状，本文从成本收益评估、财税等政策评估、需求供给分析、推广应用模式较析等四个方面进行梳理与总结。

首先，成本收益评估。鉴于针对传统汽车和新能源汽车财税政策的动态性，总成本动态测量成为学界、政府和公众共同关注的议题[1,4]。根据新能源汽车的类型，需采取不同的评估策略及方法，但大都聚焦于新能源汽车保有量、减排效果、碳排放计量、使用成本、电网收益、电池及能源管理、车辆控制等方面[1,5-7]。评估显示，新能源汽车可提供灵活的电力消耗和存储，有利于消纳风电和其他不够稳定的可再生能源电力[8]，保证电力系统的灵活性和弹性[9,10]。显然，相关研究更多是从技术层面切入的，更关注其经济效益和环境效应。

其次，财税等政策评估。相关研究表明，中国已经构建起较为完善的新能源汽车发展政策体系，与市场表现之间存在强关联关系[11]。包含购置补贴、税收减免在内的公共政策可作用于运输成本、消费行为以及技术创新和扩散，从而对汽车的性能、能源效率、续航里程产生重要影响[1,8,12]，其有效性已得到诸多研究和实践的证明[13-17]。但也有研究认为，财税政策的作用有限[18]，并没有取得预期效果[19]，甚至已不再是各国新能源汽车推广应用存在巨大差异的原因[20]。原因包括政策效果显现的时间要求、极大的不确定性、强烈的正反馈效应带来的政策依赖，以及地方和国际的相互依存关系[21]等。甚至有研究认为，不合理的补贴政策诱导了“车企骗补”，造成了财政依赖和巨大的财政压力[22]，引发了“大跃进”式发展的“造车运动”，导致了产能过剩、资本浪费和金融风险[23,24]。鉴于此，近年来诸多研究开始关注补贴退坡甚至退出背景下的新能源汽车推广应用问题。一些政策仿真研究发现，补贴取消将导致我国新能源汽车市场份额下降 42%[25]，鉴于新能源汽车销售与充电基础设施建设之间的间接网络效应，购置补贴可转为充电基础设施建设补贴[26]；随着财政补贴逐步退坡，实施新能源汽车积分管理制度和碳配额管理制度将成为持续推动新能源汽车推广应用的有效手段[27,28]。

再次，需求供给分析。相关研究普遍认为，当前新能源汽车市场仍处于培育期，产品成熟度和消费者认可度都与理想存在差距，政策工具的根本作用就在于对市场情势、市场环境和技术知识等创新需求要素发生作用，为新能源汽车推广应用营造有利的市场环境[29]。从供给侧看，我国新能源汽车发展前景并不乐观，由于缺乏核心技术和自主创新能力[30,31]，相关研究认为应加大协同研发力度，突破关键技术难题，逐步提高电池续航里程和使用寿命，降低成本，通过舆论宣传和政策引导，来提升消费者的认可度[24,32]；且应根据不同的性别、年龄、收入和受教育水平关注细分市场的产品与服务供给[33]。从需求侧看，相关研究发现，汽车购置补贴、基础设施、传统汽车限购、新能源汽车不限行政策、碳税及个人碳交易对其推广有明显的积极作用，可激发市场需求，提升消费者购买意愿和购买能力，为需求市场提供持续拉力[3,25,34-38]；一些研究发现，技术水平、市场营销、初始效用、感知风险和环境意识对新能源汽车的需求有显著影响[39-44]；也有研究认为，智能电网建设、基础设施建设的完善程度、充换电标准的统一以保障资源共享，或将比价格更能影响购买决策[45-48]。

最后，推广应用模式较析。基于技术突破的不可预期性，新能源汽车推广应用应以市场为导向，而不是以技术为导向[49,50]，于是推广方式和商业模式受到相关研究人员的关注。一些研究讨论了政府采购、商业运营和私人乘用三类异质性市场之间的互动关系、资源配置以及相关政策效果的异质性问题[21,51]；一些研究则关注不同产业阶段中的商业模式创新，如深圳普天模式、合肥定向购买模式、杭州微公交模式和北京车纷享模式等[52-54]。近年来，大数据技术应用诱发产品和服务创新，最终驱动商业模式变革，新能源汽车更是如此，其对新商业模式、车联网和智能化的需求比传统汽车要更为强烈[55-57]。已有研究表明，鉴于新能源汽车智能化、网联化的发展趋势[58]，基于“互联网＋”等新一代信息技术的汽车共享将成为新能源汽车推广应用的新模式，可以通过资源共享解决技术障碍和成本门槛等多重问题和挑战，但亟须公共政策的顶层设计[45,59,60]。

综上所述，现有研究呈现以下特征：(1)对我国新能源汽车推广应用的评估研究往往更加关注数量规模、经济效益和环境效应等可量化的直观成效，忽视了推广应用综合能力的评价及其影响因素分析；(2)新能源汽车推广应用是一个复杂系统，影响因素不胜枚举，已有研究往往更加关注相关因素(如购车补贴政策、消费者购买意愿)的个别独立分析或少数因素的相互作用，鲜有将上述多重因素纳入一个统一的分析框架的综合评估，导致难以发现相关因素协同作用的内在关系和深层机理；(3)现有研究往往习惯从全国宏观层面讨论推广应用及其成效，进而提出改进方案，忽视了不同城市之间在产业基础、需求条件、城市建设、市场发育等方面的异质性,导致难以发现不同类型城市存在的不同障碍,进而亦较难提出有针对性的解决方案。

鉴于此,本研究聚焦于新能源汽车推广应用的综合能力视角,通过构建“内源驱动”理论模型、分析框架及相应的评价指标体系,通过因素层次分析、综合指数测算分析、系统耦合机理分析和城市聚类分析,对12个目标城市的新能源汽车推广应用进行综合评价。试图发现制约与影响我国城市新能源汽车推广应用的薄弱环节及其阻碍因素,进而探讨补贴退坡背景下,新能源汽车推广应用从“补贴推动”向“内源驱动”转型升级的制度设计和政策工具选择。

二、研究方法与数据来源

(一)理论模型、分析框架及指标体系构建

如文献综述所示,新能源汽车推广应用是一个系统工程[61],不仅是产业发展问题,也是公共政策问题,事关产业基础、技术创新、能源环境、城市建设和市场发展等各个方面。为了更好地反映新能源汽车推广应用

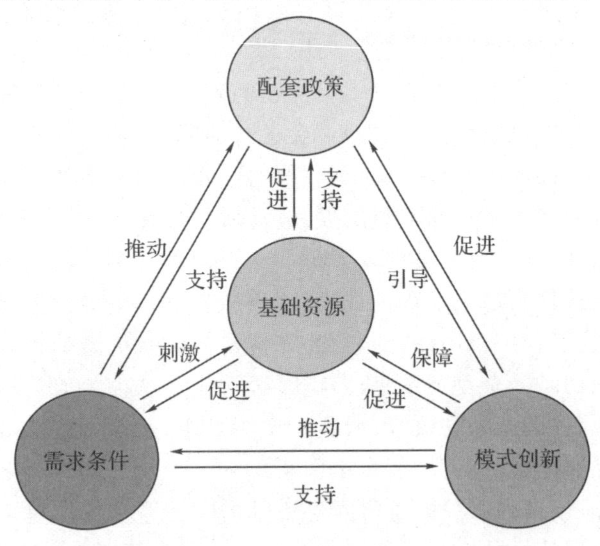

图1 新能源汽车推广应用“内源驱动”理论模型及其耦合协调机理

的系统性和多维度特征，本文借鉴了迈克尔·波特的“钻石模型”[62]，在广泛的文献分析的基础上构建了新能源汽车推广应用“内源驱动”理论模型(图 1)及其分析框架(表 1)。以基础资源、需求条件、配套政策和模式创新四个维度为一级指标，并进一步分解为若干二级指标，并基于数据可靠性、可比性和可得性等原则，从中筛选出产业基础、市场水平、充换电设施、交通承载力、环保压力、能耗压力、购买力、潜在需求、财税政策、其他政策、推广方式和商业模式，共计 12 个二级指标。

表 1　新能源汽车推广应用“内源驱动”分析框架

维度	内　涵	外　延
基础资源	新能源汽车推广应用有关产业基础、城市公共设施等基础条件	充换电基础设施建设水平、新能源汽车产业企业发展水平、城市道路承载空间等
需求条件	促进新能源汽车消费的市场规模、购买力等需求要素条件	潜在市场规模、环保压力、能耗压力、居民收入水平等
配套政策	与新能源汽车推广应用紧密关联或具备拉动效应的相关配套政策	维修维护系统建设、城市规划空间预留及其他配套政策措施(如:不限行限号、停车优惠、社区停车设施建设支持)等
模式创新	新能源汽车推广方式和商业模式的创新性和灵活性	推广应用方式的多样性、商业模式的创新性、社会组织和社会资本的参与，以及有利于模式创新的其他条件等

为保证指标权重赋值的合理性，本文运用层次分析法和德尔菲法，向国际能源署、国家生态环境局、中国汽车技术研究中心、中国石油天然气集团有限公司和浙江吉利控股集团等单位的从业专家，以及巴黎大学、悉尼科技大学、南京大学、浙江大学等高等学校的研究学者发放指标权重专家判断矩阵问卷，将权重判断矩阵输入层次分析法软件(yaahp 7.0)进行一致性检验，若不一致则邀请专家修订判断矩阵；最终成功回收 35 份有效问卷，即 35 位专家的判断矩阵通过一致性检验(CR 数值小于 0.1)；最

后计算得到各项指标权重(表 2)。

整体看,专家学者更看重配套政策维度,不论是财税政策抑或是其他配套政策,权重都很高,说明新能源汽车推广应用的公共政策推动作用不容小觑,财税政策的退坡或退出值得慎重考量和进一步研究。在基础资源维度,充换电设施权重最大,说明专家认为新能源汽车基础设施对其推广应用至关重要,相较而言产业基础影响力一般。需求条件维度,整体上不如前两者重要,专家认为消费者购买力相对较为关键。模式创新维度,相对商业模式,专家们显然认为推广方式更为关键,一定程度上进一步强调了政府决策的重要性。

表 2　新能源汽车推广应用"内源驱动"综合评价指标体系

综合指数	一级指标	一级指标权重	二级指标	二级指标权重
城市新能源汽车推广应用综合指数	基础资源	0.3284	产业基础	0.0739
			市场水平	0.0562
			充换电设施	0.1408
			交通承载力	0.0575
	需求条件	0.1948	环保压力	0.0466
			能耗压力	0.0313
			购买力	0.0700
			潜在需求	0.0469
	配套政策	0.3393	财税政策	0.2015
			其他政策	0.1378
	模式创新	0.1375	推广方式	0.0817
			商业模式	0.0558

(二)研究方法

1. 综合指数统计测算方法

基于不同指标数据之间的可比性、直观性差异和统计分析的需要,本文采用最大最小值法对相关指标数据进行标准化。处理正相关逻辑关系指标数标准化公式为:

$$X_i = [x_i - x_{min}]/[x_{max} - x_{min}]$$

处理负相关逻辑关系指标数值标准化公式为：

$$X_i = [x_{max} - x_i]/[x_{max} - x_{min}]$$

式中，X_i 为标准化后二级指标得分，x_i 为二级指标原数值，x_{max}、x_{min} 分别为 12 个城市二级指标原数值中的最大值和最小值。

根据权重和标准化数据，按照以下公式汇总计算，可得 12 个城市新能源汽车推广应用综合指数：

$$F_j = \sum_{i=1}^{n} W_i \times X_{ij}$$

式中，X_{ij} 为 j 城市标准化后二级指标得分，W_i 为二级指标权重，F_j 为 j 城市新能源汽车推广应用综合指数。

2. 结果分析方法

(1)耦合度与耦合协调度分析。耦合度可刻画系统间相互作用、相互影响的程度，它决定系统在达到临界状态时会走向何种结构。新能源汽车推广应用是“基础资源、需求条件、配套政策、模式创新”4 个维度（子系统）相互作用、相互影响、相互促进的有机统一体（图 1）。四维耦合度计算公式如下：

$$C = \sqrt[4]{U_1 \times U_2 \times U_3 \times U_4 / [(U_1 + U_2 + U_3 + U_4)/4]^4}$$

式中，C 为耦合度；U_1、U_2、U_3 和 U_4 分别指“基础资源、需求条件、配套政策、模式创新”4 个维度对新能源汽车推广应用的综合效用（维度得分）。

由于耦合度只能说明 4 个维度之间的相互影响及作用的大小，而不能反映四者协调发展水平的高低，如 4 个维度有可能处于高度耦合的状态，但却处于一种低水平发展阶段，所以需要引入耦合协调度来更好地表征“基础资源、需求条件、配套政策、模式创新”这 4 个维度之间的耦合协调程度。四维耦合协调度计算公式如下：

$$D = C \times T$$

$$T = \alpha U_1 + \beta U_2 + \gamma U_3 + \delta U_4$$

式中，D 为系统耦合协调度，代表 4 个维度协调发展程度；C 为耦合度；T 为新能源汽车推广应用发展综合指数，反映 4 个维度的整体协同效益和发展水平；α、β、γ、δ 为待定参数。

另外，为考察两个维度之间的耦合协调水平，本文还分别计算了双维耦合度和耦合协调度，计算方法与四维耦合度和耦合协调度的计算原理相同，不一一赘述。耦合协同水平的划分标准如表 3 所示。

表 3 耦合度与耦合协调度划分标准

指数	取值范围	所处阶段和层次
耦合度 C	$0<C\leqslant0.3$	低水平耦合阶段
	$0.3<C\leqslant0.5$	拮抗阶段
	$0.5<C\leqslant0.8$	磨合阶段
	$0.8<C\leqslant1.0$	高水平耦合阶段
耦合协调度 D	$0<D\leqslant0.3$	低度耦合协调
	$0.3<D\leqslant0.5$	中度耦合协调
	$0.5<D\leqslant0.8$	高度耦合协调
	$0.8<D\leqslant1.0$	极度耦合协调

(2)观测值聚类算法。本文采用观测值聚类算法对 12 个目标城市进行类型划分。观测值聚类算法是层次聚类算法中的一种，是一种对每个观察值进行分组观察的算法，该算法会在各种距离的基础上创建一个集群树，其“多层次结构”的特性使得某一个级别的不同类可能会在下一个更高级别中被聚为一类。使用观测值聚类算法，可以使具有相同特征的观测值在分层过程形成组，在没有对数据进行初始分类的情况下，该分类方法最为适用。

3. 评估对象、表征数据及其来源

基于数据可获得性和城市代表性原则，本文选取了第一批试点城市 7 个（北京、上海、深圳、杭州、合肥、武汉、重庆）、第二批试点城市 3 个（广州、天津、厦门）和第三批试点城市 2 个（成都、沈阳），共计 12 个城市。从城市能级看，这 12 个城市皆为一线城市或准一线城市，是新能源汽车推广应用的重点城市，其推广应用总量占到了全国的 70%以上；从地理区位看，以上城市既有沿海城市，也有内陆城市，且在华北、华南、华东、华中、西部都有分布。另外，考虑到新能源汽车推广应用的根本目标是进入家庭，我们将研究重心放在了新能源乘用车的推广应用。相关指标的表征数据及其说明和来源如表4所示。

表4　二级指标表征数据说明及来源

二级指标	表征数据	数据说明	数据来源
产业基础	新能源汽车企业数	产业是新能源汽车推广应用的基础，一个城市的新能源汽车企业（或生产基地）数量越多，说明产业基础越好	第一电动网 https://www.d1ev.com/
市场水平	新能源汽车4S网点数	新能源汽车4S网点能够反映该城市的新能源汽车市场的发展水平，4S网点数量越多，说明发展水平越高	第一电动网 https://www.d1ev.com/
充换电设施	充电桩数	充电桩数量能够反映一个城市基础设施水平，充电桩越多，越有利于新能源汽车推广应用	第一电动网 https://www.d1ev.com/
交通承载力	车辆平均公路里程（米/辆）	车辆平均占有公路里程是常用的衡量交通承载力的数据，车辆占有里程越多，说明交通承载力越好，越有利于推广新能源汽车	各市统计年鉴
环保压力	空气质量未达标天数	我们选择空气质量未达标天数来表征环境压力，空气质量未达标天数越多，说明环境压力越大，新能源汽车推广的动力越大	各市统计年鉴
能耗压力	单位GDP能耗（吨标准煤/万元）	单位GDP能耗越高，能耗压力越大，越有利于刺激地方政府支持高能效的新能源汽车的推广应用	各市统计年鉴

续表

二级指标	表征数据	数据说明	数据来源
购买力	人均可支配收入	人均可支配收入越高,购买力越强,越有利于新能源汽车推广应用	各市统计年鉴
潜在需求	人均汽车保有量(辆/千人)	近期看,现有人均汽车保有量越大,汽车市场饱和度越高,新能源汽车潜在需求越小	各市统计年鉴
财税政策	地方补贴与中央比值	考虑到中央财政的全国一致性,地方补贴与中央的比值能够反映一个城市财税政策的力度,比值越高则力度越大	中国汽车技术研究中心 各市政府门户网站
其他政策	其他政策数	财税政策外,还有许多配套政策,如:不限行、不摇号、停车优惠等,政策越多,说明其他配套政策越完善	中国汽车技术研究中心 各市政府门户网站
推广方式	推广方式数	指以政府为主体的推广方式,包括政府购买、公共事业用车示范运营等,方式越多,越有利于推广	中国汽车技术研究中心 各市政府门户网站
商业模式	商业模式数	是指以企业为主体的商业模式,包括分时租赁、整车租赁等不同的模式,模式越多,越有利于推广	中国汽车技术研究中心 各市政府门户网站

注:为保证数据一致性和结果分析的有效性,以上数据皆截至 2018 年底。

三、结果分析

(一)综合评价结果及分析

1. 综合排名结果及分析

12个城市新能源汽车推广应用综合评价结果如表5所示。总体上,从城市能级看,一线城市尤其是北上广要好于其他城市,地理区位分布上则没有显著特征;排名前50%的城市综合得分皆在平均水平以上,综合排名第二的上海表现最为均衡,是唯一一个四维度得分都超过均值的城市。标准差分析表明,城市之间异质性较大,且综合指数异质性较维度异质性更为显著,例如,排名第一的北京和排名最后的厦门之间的指数差值为0.4200,接近平均分0.4493和深圳(排第4)综合得分0.4510。从各维度表现看,基础资源、需求条件、配套政策、模式创新四维度得分在均值之上的城市占比分别为50.00%、41.67%、50.00%、58.33%,综合排名前50%的城市四维度得分达均值的城市占比分别为83.33%、50%、66.67%、66.67%;各个城市尤其是排名前50%城市基础资源维度的表现较好,说明基础资源对于一个城市的新能源汽车推广应用而言确实至关重要;占比最低的需求条件维度则存在较大的提升空间,未来或成为各个城市的发力点之一。

表5 新能源汽车推广应用"内源驱动"综合指数

城市	基础资源	需求条件	配套政策	模式创新	综合指数	排名
北京	0.2587	0.1386	0.1970	0.0762	0.6706	1
上海	0.2224	0.1536	0.1970	0.0967	0.6697	2
广州	0.1087	0.1329	0.2466	0.0967	0.5848	3
合肥	0.2184	0.0941	0.0592	0.1375	0.5092	4
重庆	0.1581	0.0920	0.1092	0.1375	0.4969	5
深圳	0.1482	0.1059	0.1281	0.0688	0.4510	6
武汉	0.0914	0.0908	0.0911	0.1096	0.3829	7
杭州	0.0928	0.1152	0.0689	0.0967	0.3735	8

续表

城市	基础资源	需求条件	配套政策	模式创新	综合指数	排名
沈阳	0.0083	0.0899	0.2015	0.0409	0.3406	9
成都	0.1088	0.0663	0.1281	0.0279	0.3312	10
天津	0.1307	0.1312	0.0000	0.0688	0.3307	11
厦门	0.0079	0.0664	0.0592	0.1171	0.2506	12
平均值	0.1295	0.1064	0.1238	0.0895	0.4493	
标准差	0.0750	0.0270	0.0706	0.0331	0.1327	

2. 维度及指标结果及分析

(1)从基础资源维度看，得益于其发达的充换电设施网络，北京、上海、合肥、天津和深圳五市的基础资源得分明显高于其他城市；其中，北京、上海和合肥三市充电桩数高达 3.5 万个以上，是武汉、厦门的 7～8 倍。

(2)从需求条件维度看，排名前三的是北上广三市，紧接着是杭州、深圳和天津三市，除天津外，皆是消费者购买力位居前五的城市；相对而言，北京、重庆、天津面临着更大的能源环境压力，重庆的潜在需求最为旺盛。

(3)从配套政策看，50%的城市得分超均值，可见多数城市的财税配套政策与中央政策较为一致，广州和沈阳的表现尤为突出，排名第一和第二；鉴于对传统汽车的限行和牌照摇号政策的实施，北京和上海表现良好，分别排第三和第四。

(4)从模式创新看，除沈阳和武汉外，其余 10 个城市的表现基本相当，说明推广方式、商业模式在各个城市的异质性并不显著，其原因或是“互联网＋”时代模式创新的迅速扩散机理。

(二)耦合协调度结果及分析

1. 四维耦合协调结果及分析

如表 6 所示，12 个城市新能源汽车推广应用四维耦合度和耦合协调度的均值分别为 0.8908(高水平耦合阶段)和 0.6273(高度耦合协调)，说明系统整体耦合协调性良好；但是没有一个城市达到极度耦合协调，说明所有城市在四维度间的协调作用发挥上都有上升空间。根据耦合度和耦合协调度等级划分标准，12 个城市可分为高度耦合协调型(高水平耦合阶段，高度协调)与中度磨合协调型(磨合阶段，中度协调)两种类型。其中，10 个城市属于前者，说明城市之间趋同性较强；后者有且仅有沈阳和厦门，两市不论是耦合度还是耦合协调度都处于倒数最后两名，说明四维度间的相互促进的协调作用尚未发挥，有待提升的空间相对更大。

表 6　12 个城市的四维耦合度和耦合协调度

城市	C_4	D_4	耦合协调类型
北京	0.9087	0.7806	高水平耦合，高度耦合协调
上海	0.9540	0.7992	高水平耦合，高度耦合协调
广州	0.9316	0.7381	高水平耦合，高度耦合协调
深圳	0.9618	0.6586	高水平耦合，高度耦合协调
杭州	0.9836	0.6061	高水平耦合，高度耦合协调
天津	0.9380	0.5570	高水平耦合，高度耦合协调
沈阳	0.5848	0.4463	磨合，中度耦合协调
成都	0.8608	0.5340	高水平耦合，高度耦合协调
武汉	0.9967	0.6177	高水平耦合，高度耦合协调
重庆	0.9788	0.6973	高水平耦合，高度耦合协调
厦门	0.6970	0.4179	磨合，中度耦合协调
合肥	0.8936	0.6745	高水平耦合，高度耦合协调
平均值	0.8908	0.6273	

2. 双维耦合协调度分析

在四维耦合协调度分析的基础上，我们将维度进行两两组合，对不同组合的双维度耦合协调作用进行深度挖掘。双维耦合协调分析的结果和四维耦合协调分析的结果基本吻合，但不同城市的双维耦合协调作用存在深层异质性：

(1)沈阳、厦门和成都皆有部分双维耦合度处于较低水平(磨合或拮抗)；沈阳的基配双维耦合度、厦门的基模双维耦合度甚至处于拮抗阶段。

(2)相对双维耦合度而言，不同城市的双维耦合协调度展现出了更为显著的异质性;72 个双维耦合协调度(平均一个城市 6 个)中有 9 个属中度耦合协调,分别来自杭州(1 个)、天津(2 个)、成都(1 个)、沈阳(2 个)和厦门(3 个);另有 3 个属低度耦合协调,分别为沈阳的基模耦合协调度,厦门的基配和基需双维耦合协调度。以上结果说明,相对四维耦合度和耦合协调度而言,双维耦合度和耦合协调度提升空间更大。

(三)观测值聚类结果及分析

如果说综合指数及其得分表征了一个城市新能源汽车推广应用"内源驱动"的综合能力,那么新能源汽车保有量则是其外在表现。为发现

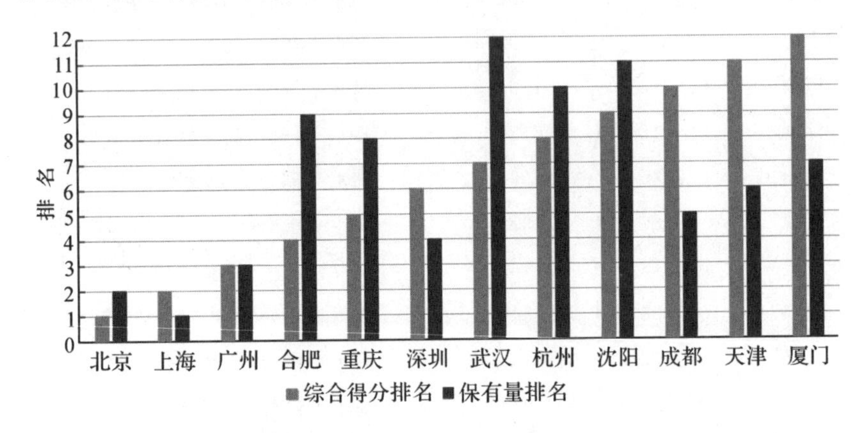

图 2 12 个城市新能源汽车推广应用综合得分及保有量排名

"内源驱动"和外在表现的契合程度及其原因,本文基于各城市综合指数排名和新能源汽车保有量排名(图 2),应用 Matlab 软件,采用基于欧氏距离(Euclidean)和最短距联接法的观测值聚类算法,对 12 个城市进行了聚类分析,将 12 个城市划分为 4 种类型。

(1)高分高效型:唯有全面优秀,才能领先。北京、上海、广州、深圳皆为第一批试点城市,起步早,基础资源好,配套政策力度大,消费者购买力强,模式创新活力足,且不论是四维耦合协调度抑或是双维耦合协调度都处于高水平,说明这四个城市不仅有着较好的维度得分,且充分发挥了四个维度及相关因素之间的耦合协同作用。

(2)低分高效型:关键维度(因素)的晕轮效应。综合指数得分靠后的

天津、厦门、成都新能源汽车保有量排名靠前，说明在新能源汽车推广应用中，即使有某些方面的短板，但仍可凭借某些关键维度（因素）的“晕轮效应”而获得高回报。例如，天津扎实的汽车工业基础和相对较大的能源环境倒逼推力，厦门丰富多样的推广方式和商业模式以及相对较高的消费者购买力，以及成都成熟的新能源汽车充电设施和销售网络；即便其可持续性尚待时间检验。

(3)低分低效型：短板多，关键维度（因素）无优势。杭州、沈阳、武汉三市共同的特点是短板很显著，且关键维度（因素）没有建立优势，新能源汽车的推广应用受到很大限制。

(4)高分低效型：关键维度（因素）的“木桶效应”。重庆、合肥综合得分不低，但保有量却不高，原因在于关键维度（因素）存在明显短板，如重庆落后的充换电设施以及两市羸弱的消费者购买力。

四、结论与讨论

在补贴退坡甚至终将退出的背景下，对新能源汽车推广应用示范试点进行评估实有必要。为此，本文构建了新能源汽车推广应用的“内源驱动”理论模型及其分析框架，构建相应的评价指标体系，采用因素层次分析、综合指数测算、维度耦合协调度分析和观测值聚类分析，对 12 个示范试点城市进行全面评估。研究发现：

(1)新能源汽车推广应用是一个由基础资源、需求条件、配套政策和模式创新等维度（子系统）构成的复杂系统，唯有在四个方面都有较好表现的城市才能取得好的推广应用成效。

(2)专家权重问卷表明，影响新能源汽车推广应用“内源驱动”的 12 大因素中，财税政策、充换电设施和其他配套政策位居前三。

(3)四维度及两两维度间存在协同作用及相应的耦合机理，相对四维耦合协调度而言，双维耦合协调度有着更为显著的城市异质性。

(4)12 个目标城市可分为四大类型：高分高效型、高分低效型、低分低效型与低分高效型，关键维度（因素）的“晕轮效应”和“木桶效应”同样显著。

上述结论蕴含的政策含义如下：

(1)近期看,新能源汽车推广应用应重视基础设施建设、财税政策和其他配套政策三大关键因素,集中力量优先发力;长期看,在补贴退坡的背景下,尤其要关注其他两大因素,激发"晕轮效应",抑制"木桶效应"。

(2)着力提升维度及因素间的耦合协调度,发挥协同效应,在补贴退坡及政策交叠期,尤应注意充电设施的数量、质量、布局与推广方式、商业模式的适配性,以及其他配套政策出台的适时性和稳定性。

(3)不同类型的城市应选择与自身"内源驱动"水平契合的政策组合:高分高效型城市要注重政策举措的可持续性,充分利用先发优势,保持领先地位;低分高效型城市要在维持关键维度(因素)优势的基础上,出台针对性举措补齐短板;低分低效型城市应抓住关键维度(因素),打造优势条件;高分低效型城市应转换推广应用思路,出台的举措要着力解决新能源汽车市场痛点,进一步刺激消费者需求。

囿于研究水平和篇幅,我们的研究或许还存在诸多不足或遗憾,例如,受限于城市的个体差异性、因素的可量化性和数据的可获得性,本研究尚未全面考察新能源汽车推广应用的所有影响因素,如城市地理位置、气候条件、居民消费习惯等。但本研究所构建的理论模型及其分析框架、评估指标体系和分析方法的融合运用或可为其他示范试点项目评估提供一定的研究参考。再则,本研究的相关结论及其政策含义或可影响相关城市政府新能源汽车推广应用的政策议程,或可为各级政府的城市环境治理、低碳城市建设的相关公共项目决策、实施及其评估提供研究借鉴。

参考文献

[1] Gass V, Schmidt J, Schmid E, et al. Analysis of alternative policy instruments to promote electric vehicles in Austria [J]. Renewable Energy, 2014, 61 (1): 96-101.

[2] Guo J F, Zhang X M, Gu F, et al. Does air pollution stimulate electric vehicle sales? Empirical evidence from twenty major cities in China [J]. Journal of Cleaner Production, 2020, 249 (3): 119-372.

[3] 范如国,冯晓丹."后补贴"时代地方政府新能源汽车补贴策略研

究[J]. 中国人口·资源与环境,2017,27(3):30-38.
[4] Hardman S, Tal G. Exploring the decision to adopt a high-end battery electric vehicle: Role of financial and nonfinancial motivations [J]. Transportation Research Record Journal of the Transportation Research Board, 2016, (2572): 20-27.
[5] Olson E L. The financial and environmental costs and benefits for Norwegian electric car subsidies: are they good public policy? [J]. International Journal of Technology, Policy and Management, 2015, 15 (3).
[6] Cuma M U, Koroglu T. A comprehensive review on estimation strategies used in hybrid and battery electric vehicles [J]. Renewable and Sustainable Energy Reviews, 2015, 42 (2): 517-531.
[7] 唐葆君,马也."十三五"北京市新能源汽车节能减排潜力[J]. 北京理工大学学报(社会科学版),2016,18(2):13-17.
[8] Peng M H, Liu L, Jiang C W, et al. A review on the economic dispatch and risk management of the large-scale plug-in electric vehicles (PHEVs)-penetrated power systems [J]. Renewable and Sustainable Energy Reviews, 2012, 16 (3): 1508-1515.
[9] Juul N. Battery prices and capacity sensitivity: Electric drive vehicles [J]. Energy, 2012, 47 (1): 403-410.
[10] Shafiei E, Davidsdottir B, Stefansson H, et al. Simulation-based appraisal of tax-induced electro-mobility promotion in Iceland and prospects for energy-economic development [J]. Energy Policy, 2019, 133 (10): 110-894.
[11] 李苏秀,刘颖琦,王静宇,等. 基于市场表现的中国新能源汽车产业发展政策剖析[J]. 中国人口·资源与环境,2016,26(9):158-166.
[12] Langbroek J H, Franklin J P, Susilo Y O, et al. The effect of policy incentives on electric vehicle adoption [J]. Energy Pol-

icy, 2016, 94 (7): 94-103.

[13] Munzel C, Plotz P, Sprei F, et al. How large is the effect of financial incentives on electric vehicle sales? — A global review and European analysis [J]. Energy Economics, 2019, 84 (10): 104493.

[14] Li W B, Long R Y, Chen H, et al. Effects of personal carbon trading on the decision to adopt battery electric vehicles: Analysis based on a choice experiment in Jiangsu, China [J]. Applied Energy, 2018, 209 (1): 478-488.

[15] Yu J L, Yang P, Zhang K, et al. Evaluating the effect of policies and the development of charging infrastructure on electric vehicle diffusion in China [J]. Sustainability, 2018, 10 (10): 33-49.

[16] Wang Y, Liu Z, Shi J M, et al. Joint optimal policy for subsidy on electric vehicles and infrastructure construction in highway network [J]. Energies, 2018, 11 (9): 1-21.

[17] 李国栋,罗瑞琦,张鸿.推广政策对新能源汽车需求的影响——基于城市和车型销量数据的研究[J].上海对外经贸大学学报,2019,26(2): 49-58,68.

[18] Zhang X, Liang Y, Yu E, et al. Review of electric vehicle policies in China: Content summary and effect analysis [J]. Renewable and Sustainable Energy Reviews, 2017, 70 (4): 698-714.

[19] 张永安,周怡园.新能源汽车补贴政策工具挖掘及量化评价[J].中国人口·资源与环境,2017,27(10): 188-197.

[20] Wang N, Tang L H, Pan H Z, et al. A global comparison and assessment of incentive policy on electric vehicle promotion [J]. Sustainable Cities and Society, 2019, (44): 597-603.

[21] Greene D L, Park S, Liu C Z, et al. Public policy and the

transition to electric drive vehicles in the U. S.: The role of the zero emission vehicles mandates [J]. Energy Strategy Reviews, 2014, 5 (11): 66-77.

[22] 杨裕生."十三五"电动汽车补贴政策必须改革[J]. 电器工业, 2015,(5): 50-52.

[23] 张厚明. 我国新能源汽车市场产能过剩危机的成因与对策研究[J]. 科学管理研究,2018,36(3): 28-30,35.

[24] 唐葆君,刘江鹏. 中国新能源汽车产业发展展望[J]. 北京理工大学学报(社会科学版),2015,17(2): 1-6.

[25] Wang N, Tang L H, Zhang W J, et al. How to face the challenges caused by the abolishment of subsidies for electric vehicles in China [J]. Energy, 2019, 166 (1): 359-372.

[26] Zhu L J, Wang P Z, Zhang Q, et al. Indirect network effects in China's electric vehicle diffusion under phasing out subsidies [J]. Applied Energy, 2019, 251 (10): 113350.

[27] 刘宏笪,孙华平,张茜. 中国新能源汽车产业政策演化及执行阻滞分析——兼论双积分政策的协同实施[J]. 管理现代化, 2019,39(4): 41-46.

[28] 唐葆君,王翔宇,王彬,等. 中国新能源汽车行业发展水平分析及展望[J]. 北京理工大学学报(社会科学版),2019,21(2): 6-11.

[29] 王静,王海龙,丁堃,等. 新能源汽车产业政策工具与产业创新需求要素关联分析[J]. 科学学与科学技术管理,2018,39(5): 28-38.

[30] Meng F S, Jin X J. Evaluation of the development capability of the new energy vehicle industry: An empirical study from China [J]. Sustainability, 2019, 11 (9): 2635.

[31] 潘苏楠,李北伟,聂洪光. 我国新能源汽车产业可持续发展综合评价及制约因素分析——基于创新生态系统视角[J]. 科技管理研究,2019,39(22): 41-47.

[32] 王莉.技术创新驱动的转型发展研究——基于新能源汽车产业[J].科学管理研究,2016,34(5):48-52.

[33] 朱勇胜,朱继松,余升文,等.新能源汽车的消费者特征研究——基于深圳市消费者调查的分析[J].北京大学学报(自然科学版),2017,53(3):429-435.

[34] 李国栋,罗瑞琦,谷永芬.政府推广政策与新能源汽车需求:来自上海的证据[J].中国工业经济,2019,(4):42-61.

[35] 熊勇清,陈曼琳.新能源汽车需求市场培育的政策取向:供给侧抑或需求侧[J].中国人口·资源与环境,2016,26(5):129-137.

[36] 熊勇清,黄恬恬,李小龙.新能源汽车消费促进政策实施效果的区域差异性——"购买"和"使用"环节政策比较视角[J].中国人口·资源与环境,2019,29(5):71-78.

[37] Li W B, Long R Y, Chen H, et al. Public preference for electric vehicle incentive policies in China: A conjoint analysis [J]. International Journal of Environmental Research and Public Health, 2020, 17 (1): 318.

[38] Li W B, Long R Y, Chen H, et al. Would personal carbon trading enhance individual adopting intention of battery electric vehicles more effectively than a carbon tax [J]. Resources Conservation and Recycling, 2019, 149 (10): 638-645.

[39] Ma S C, Xu J H, Fan Y, et al. Willingness to pay and preferences for alternative incentives to EV purchase subsidies: An empirical study in China [J]. Energy Economics, 2019, 81 (3): 197-215.

[40] Wang N, Tang L H, Pan H Z, et al. Analysis of public acceptance of electric vehicles: An empirical study in Shanghai [J]. Technological Forecasting and Social Change, 2018, 126 (1): 284-291.

[41] Zhang X, Bai X, Shang J, et al. Is subsidized electric vehicles

adoption sustainable: Consumers' perceptions and motivation toward incentive policies, environmental benefits, and risks [J]. Journal of Cleaner Production, 2018, 192 (8): 71-79.

[42] Sovacool B K, Abrahamse W, Zhang L, et al. Pleasure or profit? Surveying the purchasing intentions of potential electric vehicle adopters in China [J]. Transportation Research, Part A:Policy and Practice, 2019, 124 (3): 69-81.

[43] 马少超,范英.基于时间序列协整的中国新能源汽车政策评估[J].中国人口·资源与环境,2018,28(4): 117-124.

[44] 李苏秀,刘颖琦,Kokko A.新能源汽车产业公众意识培育策略——北京数据与国际经验[J].北京理工大学学报(社会科学版),2017, 19 (3): 57-66.

[45] 叶瑞克,朱方思宇,范非,等.电动汽车共享系统(EVSS)研究[J].自然辩证法研究, 2015, 31 (7): 76-80.

[46] Reid S, Spence D B. Methodology for evaluating existing infrastructure and facilitating the diffusion of PEVs [J]. Energy Policy, 2016, 89 (2): 1-10.

[47] Wang N, Pan H Z, Zheng W H, et al. Assessment of the incentives on electric vehicle promotion in China [J]. Transportation Research, Part A: Policy and Practice, 2017, 101 (7): 177-189.

[48] 黄建军,刘芡.新能源汽车网络效应分析——来自我国城市面板数据的证据[J].工业技术经济, 2018, 37 (3): 56-60.

[49] 杨裕生.低速微型电动车的历史性作用[J].科技导报,2016,34(6): 23-25.

[50] Li Z J. Eco-innovation and firm growth: Leading edge of China's electric vehicle business [J]. International Journal of Automotive Technology and Management, 2015, 15 (3): 226-243.

[51] 熊勇清,李小龙.新能源汽车供需双侧政策在异质性市场作用

的差异[J]. 科学学研究,2019, 37(4): 597-606.

[52] 李苏秀,刘颖琦,Kokko A. 中国新能源汽车产业不同阶段商业模式创新特点及案例研究[J]. 经济问题探索,2017,(8): 158-168.

[53] 陈志恒,丁小宸,金京淑. 中国新能源汽车商业模式的实践与创新分析[J]. 税务与经济,2018, (6): 45-51.

[54] 李求硕,颜志豪,张家峰,等. 新能源汽车的交换电设施运营模式研究[J]. 科技展望,2016,26(4): 248-249.

[55] 陈清泉,高金燕,何璇,等. 新能源汽车发展意义及技术路线研究[J]. 中国工程科学,2018,20(1): 68-73.

[56] 陈清泉,郑彬. 创新思维下的新能源汽车发展理念[J]. 中国工程科学,2019,21(3): 70-75.

[57] 张静静,刘璐,李剑玲. 生态消费视角下的新能源汽车商业模式创新研究[J]. 生态经济,2020,36(3): 72-77.

[58] 欧阳明高. 新能源汽车:新进展、新趋势、新挑战[J]. 新能源经贸观察,2017,(7): 36-39.

[59] 黄毅祥,蒲勇健,孙衔华. 电动汽车分时租赁市场联盟定价博弈[J]. 软科学,2018, 32(2): 20-23, 43.

[60] 张立章,徐顺治,纪雪洪,等. 汽车分时租赁行业发展政策研究[J]. 宏观经济管理,2019,(7): 85-90.

[61] 蔡萍,武杰. 新能源汽车未来发展系统的机制研究[J]. 系统科学学报,2019,27(4): 35-40.

[62] Porter M E. The Competitive Advantage of Nations [M]. New York: The Free Press, A Division of Macmillan Incorporation, 1990.

城市收缩、城市扩张与空气污染
——基于中国的经验证据

强　卫[1]　李　峰[2]　朱鹏宇[3]

1. 香港大学城市规划与设计系；2. 香港中文大学地理与资源管理学系；
3. 香港科技大学公共政策系

摘要：本研究计算了2016年中国地级市与县级市的PM 2.5浓度数据，并使用一般嵌套空间模型分析了城市收缩，城市扩张与空气污染的联系。我们的结果显示，不断收缩的城市对于当地的空气污染缺乏显著的直接影响作用，但可能导致邻近城市的空气质量恶化。此外，建成区面积快速增加的收缩城市，其空气污染水平也会显著提升。该研究验证了收缩城市，城市扩张与空气污染的区域联系，对于收缩城市的规划者来说，应考虑更为可持续的发展模式来替代再工业化尝试。

关键词：收缩城市；城市扩张；空气污染；可持续发展

一、引言

城市收缩是发达国家城市发展中的重要现象，其典型特征是人口减少、失业率上升、经济衰退以及空置和荒废的建筑物数量增加等[1-3]。虽然城市收缩往往发生于发达国家，但近年来的一些迹象表明，一些发展中国家的城市也显现出收缩态势，这其中就包括中国。虽然中国大多数地方政府的城市规划仍然对人口增长表示乐观，但根据《世界城市报告》，中国有50多个城市正在经历收缩过程，这些城市往往为中小型城市和资源城市。因此，研究中国的收缩城市逐渐成为一个新兴的研究领域。

中国的城市发展与大多数西方国家不同，城市土地所有权不包括财产税[4]。因此，如果城市收缩导致土地扩张停止，政府将损失土地租金和相关的固定收入,这无法通过其他方式补偿。为了减轻损失,地方政府往往需要通过吸引投资来使城市再次扩张。它们通常会以较低的价格向工业企业提供土地,并提供宽松的环境法规以实现上述目的。在这一背景下,收缩城市的地方政府可能会在较为廉价的土地上寻找新的发展机会或重新进行工业化尝试,而这可能是以牺牲环境为代价的[5,6]。然而,许多研究集中在中国城市收缩的原因而非后果上,上述现象很少被系统地研究。因此,有必要对收缩城市与空气污染的联系进行深入研究。

本研究采用建成区的地级市与县级市 PM 2.5浓度数据,对城市收缩与空气污染之间的关系进行了实证研究。由于地方政府可能考虑扩大建成区进行再工业化尝试,因此我们也将建成区的扩张纳入了研究框架内。值得注意的是,许多先前的研究已经发现中国空气污染的空间联系。因此,我们将采用一般嵌套空间模型以研究收缩城市空气污染的空间溢出效应。

二、变量与模型构建选择

(一)变量选择

本研究样本来自中国 640 个县级市和地级市,所采用的变量如下:

1. 空气污染变量

我们采用 PM 2.5浓度在 16 年的总体增长率作为空气污染变量,用 2016 年和 2000 年的 PM 2.5年均浓度来计算空气污染在 16 年间的总体增长情况,其具体公式如下:

$$\gamma_{PM2.5}=\frac{concentration_{2016}}{concentration_{2000}}$$

其中 $\gamma_{PM2.5}$ 为 PM 2.5增长率,$concentration_{2016}$ 为 2016 年 PM 2.5的年均浓度,$concentration_{2000}$ 为 2000 年 PM 2.5的年均浓度。PM 2.5年均浓度由哥伦比亚大学国际地球科学信息网络中心(CIESIN)管理的社会经济数据和应用中心(SEDAC)提供[7]。该数据集来源于多颗卫星,其覆盖面较为精准且统一。

我们利用 2013 年中国 1∶1000000 的地理数据提取了中国地级市与县级市的行政区划图像,以对 PM 2.5的浓度数据进行识别,并根据 2016

年行政区划进行了修订。此外，2000 年和 2016 年的 PM 2.5年均浓度分别考虑了 2000 年和 2014 年的建成区情况。我们采用欧盟委员会（European Commission）发布的 GHS BUILT-UP GRID 数据来更为精准地测量城市区域的 PM 2.5 浓度数据。该数据提供全球建成区的高分辨率（38m×38m）栅格。

2. 城市收缩变量

城市收缩变量采用吴康等人提供的收缩城市数据[8]。该数据识别了中国 80 余个收缩城市。本研究将其转换为虚拟变量以观测收缩城市对于空气污染的影响作用。

3. 城市扩张变量

在这项研究中，我们采用新建成区增长率作为城市扩张变量。该变量使用了欧盟委员会（European Commission）发布的 2000 年与 2014 年期间的世界建成区数据。该数据提供全球建成区的高分辨率（38m×38m）栅格数据。这些影像分为六类，其中第 3 类和第 4 类分别提供 2000 年以前的建成区情况和 2000—2014 年的建成区情况。我们好为人将栅格数据转换成矢量数据，根据分辨率图像，分别计算了 2000 年的成区面积和 2000—2014 年的新建成区面积，计算出新建土地增长率[9]，其公式如下：

$$r_n = \frac{B_n}{B_o}$$

其中，r_n 为建设用地增长率，B_n 为 2000—2014 年的新建成区，B_o 为 2000 年以前的旧建成区。

4. 控制变量

本研究考虑采用人口规模、人均 GDP、财政支出、规模工业总产值占 GDP 比重以及第三产业占 GDP 比重作为控制变量。

（二）计量模型构建

1. 空间自相关检验

许多研究证实了中国的大气污染具有空间自相关特征，因此应该采用空间计量分析，而不是传统的计量分析。我们使用莫兰检验作为空间自相关的检验依据，该检验由 STATA 16 的 estata moran 命令提供，其原假设为模型的残差为独立同分布。当该检验结果显著时,则表明残差与空间矩阵定义的周边残差相关,应考虑选用空间计量模型。

2. 一般嵌套空间模型

本研究考虑采用一般嵌套空间模型作为基础模型,其一般定义如下:

$$Y_i = \alpha + \rho\sum_{j=1}^{n} W_{ij} Y_i + \beta X_i + \theta\sum_{j=1}^{n} W_{ij} X_j + u_i$$

$$u_i = \lambda W_u + \varepsilon_i$$

其中,i 是城市,j 是与 i 相邻的城市,$j \neq i$。Y 是空气污染的离散系数。α 是截距项。W_{ij} 是一个空间权重矩阵。ρ 是一个空间标量参数,有三种可能的情况。当 $\rho=0$ 时,表示不存在内生的空间相互作用,即大气污染与城市间的空间关系无关。当 $\rho>0$ 时,表明大气污染与邻近城市的污染趋于匹配,存在正的空间集聚。当 $\rho<0$ 时,表明大气污染呈现分散的空间分布格局。X_j 是解释因子的 k 向量。β 是解释变量的系数。值得注意的是,变量的边际效应不能直接从测量的回归估计系数中获得。因此,有必要计算估计模型的直接和间接影响。θ 是解释变量的空间内生相互作用项 $W_{ij}X_j$ 的系数。u_i 是一种空间自相关扰动,通常通过空间自回归来构造,$u_i=\lambda W_u+\varepsilon_i \cdot W_u$ 是不同单元扰动项之间的相互作用效应[10]。λ 为空间误差系数。基于以上,本研究的计量模型构建为:

$$\begin{aligned}
\ln(\mathrm{AP})_i = {} & \alpha + \rho\sum_{j=1}^{n} W_{ij}\ln(\mathrm{AP})_i + \beta_1\ln(\mathrm{SC})_i \\
& + \beta_2\ln(\mathrm{BULGR})_i + \beta_3\ln(\mathrm{SC} * \mathrm{BULGR})_i \\
& + \beta_4(\mathrm{PS})_i + \beta_5(\mathrm{ES})_i + \beta_6(\mathrm{FE})_i + \beta_7(\mathrm{IOVAGDP})_i + \beta_8(\mathrm{TIIVR})_i \\
& + \theta_1\sum_{j=1}^{n} W_{ij}\ln(\mathrm{AP})_i + \theta_2\sum_{j=1}^{n} W_{ij}\ln(\mathrm{SC})_i + \theta_3\sum_{j=1}^{n} W_{ij}\ln(\mathrm{BULGR})_i \\
& + \theta_4\sum_{j=1}^{n} W_{ij}\ln(\mathrm{SC} * \mathrm{BULGR})_i + \theta_5\sum_{j=1}^{n} W_{ij}\ln(\mathrm{PS})_i \\
& + \theta_6\sum_{j=1}^{n} W_{ij}(\mathrm{ES})_i + \theta_7\sum_{j=1}^{n} W_{ij}(\mathrm{FE})_i + \theta_8\sum_{j=1}^{n} W_{ij}(\mathrm{IOVAGDP})_i \\
& + \theta_9\sum_{j=1}^{n} W_{ij}(\mathrm{TIIVR})_i + u_i
\end{aligned}$$

$$u_i = \lambda WMu + \varepsilon_i$$

其中,AP 表示空气污染;SC 表示城市收缩;BULGR 表示建设用地增长率;PS 表示人口规模;ES 表示经济规模;FE 表示财政支出;OVAGDP 表示规模以上工业总产值 10000 元 GDP;TIIVR 表示第三产业占 GDP 比重。

(三)数据来源

空气污染、城市收缩以及城市扩张变量的数据如前所述,其余数据均来源于 2001 与 2017 年《中国城市统计年鉴》。本研究所用变量的统计描述见表 1。

表 1 描述性统计

Variable	Obs	Mean	Std. Dev.	Min	Max
AP	640	1.497516	0.382947	0.784211	3.550822
SC	640	0.092188	0.289517	0	1
BULGR	640	0.415435	0.665685	0.035556	15
PS	640	109.8298	156.7958	0.2	2449
ES	640	9369183	23697586.85	174767	281786500
FE	640	1426798	4664576	32160	69189405
OVAGDP	640	1.468137	0.955236	0.037376	14.56675
TIIVR	640	0.528024	2.106635	0.118155	53.66

三、研究结果

表 2 报告了一般嵌套空间模型的回归结果。空间莫兰检验显著,表明模型采用空间计量模型估计是合适的。空间标量参数和空间误差系数均显著,表明大气污染与邻近城市的污染趋于匹配,存在正的空间集聚,同时,也存在无法观测的空间因素影响大气污染。

如前所述,空间测量的回归系数是边际效应递归计算的一部分,没有特别的解释意义。因此,需要通过表 3 的平均效应来解释各个变量的影响作用。

表3列出了空间模型的平均效应结果。模型1的结果显示,收缩城

表 2　一般嵌套模型回归结果

	(1)	(2)
VARIABLES	Model1	Model2
SC	−0.0301	−0.124**
	(0.0361)	(0.0527)
BULGR	0.0150	0.0112
	(0.0145)	(0.0145)
SC * BULGR		0.281**
		(0.116)
VARIABLES	Model1	Model2
ln(PS)	−0.0290	−0.0218
	(0.0215)	(0.0216)
ln(ES)	−0.0301	−0.0346
	(0.0216)	(0.0214)
ln(FE)	0.0493**	0.0493**
	(0.0232)	(0.0230)
IOVAGDP	0.0261**	0.0271**
	(0.0108)	(0.0107)
TIIVR	−0.00476	−0.00393
	(0.00540)	(0.00540)
W * SC	−2.165**	−2.803**
	(0.922)	(1.366)
W * BULGR	0.666	0.536
	(0.484)	(0.502)
W * (SC * BULGR)		1.769
		(4.279)
W* ln(PS)	1.152***	1.172***
	(0.394)	(0.367)
W* ln(ES)	−0.903**	−0.979***

续表

VARIABLES	(1) Model1	(2) Model2
	(0.410)	(0.192)
W * ln(FE)	0.720**	0.804**
	(0.358)	(0.336)
W * IOVAGDP	0.110	0.120
	(0.259)	(0.225)
W * TIIVR	0.00361	0.00897
	(0.0667)	(0.0664)
VARIABLES	Model1	Model2
P	3.820***	3.820***
	(0.0976)	(0.0971)
λ	3.577***	3.577***
	(0.0945)	(0.0930)
Constant	−5.456**	−5.445**
	(2.507)	(2.224)
Morantest	1807.51***	1822.55***
Observations	640	640

注：括号内为标准误，*** $p<0.01$，** $p<0.05$，* $p<0.1$.

表 3 一般嵌套模型的平均效应

VARIABLES	(1) Model1	(2) Model2
	直接效应	
SC	−0.0242	−0.116*
BULGR	0.0131	0.00972
SC * BULGR		0.274**
ln(PS)	−0.0317	−0.0247

续表

VARIABLES	(1) Model1	(2) Model2
ln(ES)	−0.0275	−0.0317
ln(FE)	0.0469*	0.0467*
IOVAGDP	0.0255**	0.0265**
TIIVR	−0.00472	−0.00391
	间接效应	
SC	0.803**	1.15**
BULGR	−0.255	−0.204
SC * BULGR		−1.001
ln(PS)	−0.366***	−0.383***
ln(ES)	0.359**	0.391***
ln(FE)	−0.32**	−0.349***
IOVAGDP	−0.0738	−0.0785
TIIVR	0.00513	0.00213
	总效应	
SC	0.778**	1.04**
BULGR	−0.242	−0.194
SC * BULGR		−0.727
ln(PS)	−0.398***	−0.408***
ln(ES)	0.331**	0.359***
ln(FE)	−0.273**	−0.302**
IOVAGDP	−0.0483	−0.052
TIIVR	0.000407	−0.00179

注：*** $p<0.01$，** $p<0.05$，* $p<0.1$.

市与城市扩张对于空气污染缺少直接的影响作用，但收缩城市对于周边城市存在显著的正向影响作用。这意味着，城市处于收缩状态时，可能会使得周边城市的空气污染加重。而模型2的交互效应显示，城市建成区快速扩张的收缩城市，可能导致当地的空气污染显著增加。但这些城市并不会影响周边城市的污染情况。

此外，人口规模缩小会显著降低周边城市的空气污染，而经济规模扩大会加重周边城市的污染情况，工业规模扩大则会对当地的空气污染产生显著的正向影响作用。

四、结论与讨论

本文采用空间计量方法，对收缩城市，城市扩张与空气污染的关系进行了实证分析。结果显示，收缩城市本身对于周边的空气污染具有正向空间溢出，表明收缩城市存在向周边的污染转移情况。而收缩城市的地方政府可能会仍然坚持选择扩大建成区范围，这可能导致收缩城市当地的污染水平显著提升。

处于收缩态势的城市，其污染水平可能仍会升高。这取决于地方政府对于土地扩张的态度。在人口流失的状态下进行大规模土地开发，其廉价的土地价格可能会为当地引入高污染产业，进一步恶化空气质量。虽然这在一定程度上可能会减缓城市的收缩步伐，但长远来看，恶化的环境会进一步导致人口流失。因此，城市的地方政府和规划部门应当考虑城市的发展状态，谨慎考虑再工业化政策。对于已经发生收缩的城市来说，逐步提升环境质量和城市的服务水平，创造宜居空间可能是更为可持续的发展路径。

参考文献

[1] Oswalt P. Shrinking Cities [M]. Ostfildern-Ruit: Hatje Cantz, 2005.

[2] Richardson H W, Nam C W. Shrinking Cities: A global perspective [M]. Routledge, 2014.

[3] He S Y, Lee J, Zhou T, et al. Shrinking cities and resource-based economy: The economic restructuring in China's mining cities [J]. 2017, Cities, 60: 75-83.

[4] Long Y, Gao S. Shrinking Cities in China: The Overall Profile and Paradox in Planning [M]. Singapore: Springer, 2019.

[5] Tao R, Su F, Liu M, et al. Land leasing and local public finance in China's regional development: Evidence from prefecture-level cities [J]. Urban Studies, 2010, 47 (10): 2217-2236.

[6] Huang Z, Du X. Strategic interaction in local governments' industrial land supply: Evidence from China [J]. Urban Studies, 2017, 54 (6): 1328-1346.

[7] Van Donkelaar A, Martin R V, Brauer M, et al. Global estimates of fine particulate matter using a combined geophysical-statistical method with information from satellites, models, and monitors [J]. Environmental Science and Technology, 2016, DOI: 10.1021/acs.est.5b05833.

[8] 吴康，李耀川. 收缩情境下城市土地利用及其生态系统服务的研究进展[J]. 自然资源学报，2019，34 (5): 1121-1134.

[9] Pesaresi M, Florczyk A, Schiavina M, et al. GHS settlement grid, updated and refined REGIO model 2014 in application to GHS-BUILT R2018A and GHS-POP R2019A [P]. Multitemporal (1975-1990-2000-2015), R2019A.

[10] Elhorst J P. Applied spatial econometrics: Raising the bar [J]. Spatial Economic Analysis, 2010. https://doi.org/10.1080/17421770903541772.

图书在版编目（CIP）数据

环境治理与可持续发展：中国经验和全球进展 / 郭苏建，方恺，周云亨主编. —杭州：浙江大学出版社，2020.10
ISBN 978-7-308-20463-7

Ⅰ. ①环… Ⅱ. ①郭… ②方… ③周… Ⅲ. ①环境综合整治－研究－中国②环境保护－可持续性发展－研究－中国 Ⅳ. ①X321.2②X22
中国版本图书馆 CIP 数据核字（2020）第 150614 号

环境治理与可持续发展：中国经验和全球进展
主　编　郭苏建　方　恺　周云亨

责任编辑　余健波
责任校对　陈　宇　汪淑芳
封面设计　周　灵
出版发行　浙江大学出版社
（杭州市天目山路 148 号　邮政编码 310007）
（网址：http://www.zjupress.com）
排　　版　杭州好友排版工作室
印　　刷　杭州良诸印刷有限公司
开　　本　710mm×1000mm　1/16
印　　张　19
字　　数　306 千
版 印 次　2020 年 10 月第 1 版　2020 年 10 月第 1 次印刷
书　　号　ISBN 978-7-308-20463-7
定　　价　68.00 元